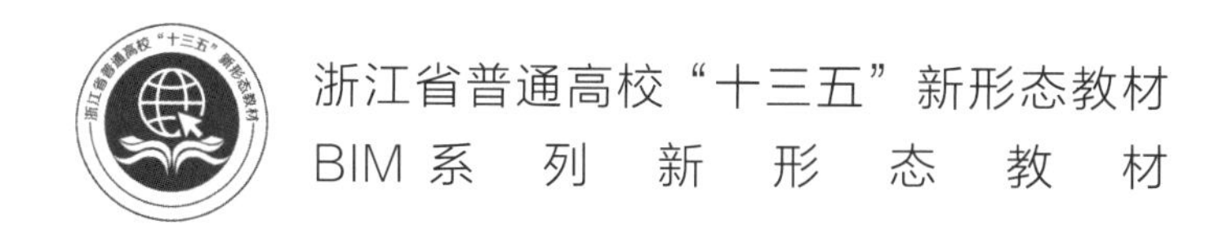

BIM 建模之安装建模

主　编　朱维香
副主编　王　漪　程小春　刘孝衡
主　审　宁先平

BIM OF INSTALLATION ENGINEERING

图书在版编目(CIP)数据

BIM建模之安装建模/朱维香主编. —杭州：浙江大学出版社，2018.8(2022.1重印)

ISBN 978-7-308-18485-4

Ⅰ.①B… Ⅱ.①朱… Ⅲ.①建筑设计—计算机辅助设计—应用软件—高等职业教育—教材 Ⅳ.①TU201.4

中国版本图书馆CIP数据核字(2018)第179095号

BIM建模之安装建模

朱维香 主编

责任编辑 王 波

责任校对 刘 郡

封面设计 春天书装

出版发行 浙江大学出版社

(杭州市天目山路148号 邮政编码310007)

(网址：http://www.zjupress.com)

排 版 浙江时代出版服务有限公司

印 刷 浙江省邮电印刷股份有限公司

开 本 787mm×1092mm 1/16

印 张 15

插 页 22

字 数 393千

版 印 次 2018年8月第1版 2022年1月第2次印刷

书 号 ISBN 978-7-308-18485-4

定 价 49.00元

序

建筑业是国民经济的支柱产业，其科技发展有两条主线：一条是转型经济引发的绿色发展，核心是抓好低碳建筑；另一条是数字经济引发的数字科技，其基础是 BIM（Building Information Modeling，建筑信息化模型）技术。BIM 技术是我国数字建筑业的发展基础，从 2011 年开始至今，住房和城乡建设部每年均强力发文，对 BIM 技术的应用提出了明确要求。这些要求体现了从“提倡应用”到相关项目“必须应用”，从“设计、施工应用”到工程项目“全生命周期应用”，从全生命周期各阶段“单独应用”到“集成应用”，从“BIM 技术单独应用”到提倡“BIM 与大数据、智能化、移动通信、云计算、物联网等信息技术集成应用”的递进上升过程。然而与密集出台的政策不匹配的是，BIM 人才短缺严重制约了 BIM 技术应用的推行。《中国建设行业施工 BIM 应用分析报告（2017）》显示，在“实施 BIM 中遇到的阻碍因素”中，缺乏 BIM 人才占 63.3%，远高于其他因素，BIM 人才短缺成为企业目前应用 BIM 技术首先要解决的问题。

浙江广厦建设职业技术学院与国内以“建造 BIM 领航者”为己任的上海鲁班软件股份有限公司合作，创立了企业冠名的“鲁班学院”，专注培养 BIM 技术应用紧缺人才。以 BIM 人才培养为契机，校企顺势而为，在鲁班学院教学试用的基础上，联合编写了浙江省“十三五”BIM 系列新形态教材。该系列教材有以下特点：

1. 立足 BIM 技术应用人才培养目标，编写一体化、项目化教材。在 BIM 土建、钢筋、安装、钢结构 4 门 BIM 建模课程及 1 门 BIM 综合应用课程开发的基础上，重点围绕同一实际工程项目，编写了 4 本 BIM 建模和 1 本 BIM 用模共 5 本 BIM 项目化系列教材。该系列教材既遵循了 BIM 学习者的认知规律，循序渐进地培养 BIM 技术应用者，又改变了市场上或以 BIM 软件命令介绍为主，或以 BIM 知识点为内容框架，或以单个工程项目为编写背景的割裂孤立的现状，具有系统性和逻辑连贯性。

2. 引领 BIM 教材形态创新，助力教育教学模式改革。在对 5 门 BIM 项目化课程进行任务拆分的基础上，以任务为单元，通过移动互联网技术，以嵌入二维码的纸质教材为载体，嵌入视频、在线练习、在线作业、在线测试、拓展资源等数字资源，既可满足学习者全方位的个性化移动学习需要，又为师生开展线上线下混合教学、翻转课堂等课堂教学创新奠定了基础，助力“移动互联”教育教学模式改革的同时，创新形成了以任务为单元的 BIM 新形态教材。

3. 校企合作编写，助推 BIM 技术的落地应用。对接 BIM 实际工作需要，围绕 BIM 人才培养目标，突出适用、实用和应用原则，校企精选精兵强将共同研讨制订教材大纲及教材编写标准，双方按既定的任务完成了编写，满足 BIM 学习者和应用者的实际使用需求，能够有效地助推 BIM 技术的落地应用。

4.教材以云技术为核心的平台化应用，实现优质资源开放共享。教材依托云技术支持下的浙江大学出版社“立方书”平台、浙江省高等学校在线开放课程共享平台、鲁班大学平台等网络平台，具有开放性和实践性，为师生、行业、企业等人员自主学习提供了更多的机会，充分体现“互联网＋教育”，实现优质资源的开放共享。

习近平总书记在 2017 年 12 月 8 日的中共中央政治局会议上强调指出，要实施国家大数据战略，加快建设数字中国。BIM 技术作为建筑产业数字化转型、实现数字建筑及数字建筑业的重要基础支撑，必将推动中国建筑业进入智慧建造时代。浙江广厦建设职业技术学院与上海鲁班软件股份有限公司深度合作，借 BIM 技术应用之“势”，编写本套 BIM 系列新形态教材，希望能成为高职高专土木建筑类专业师生教与学的好帮手，成为建筑行业企业专业人士 BIM 技术应用学习的基础用书。由于能力和水平所限，本系列教材还有很多不足之处，热忱欢迎各界朋友提出宝贵意见。

浙江广厦建设职业技术学院鲁班学院常务副院长

宁先平

2018 年 6 月

前　言

《BIM 建模之安装建模》是依托浙江广厦建设职业技术学院与上海鲁班软件股份有限公司合作创办的鲁班学院，以 BIM 技术应用人才培养为目标，在校企合作开发 BIM 安装建模课程的基础上编写而成的。本教材是浙江省“十三五”新形态教材项目的 BIM 项目化系列教材之一。

本教材以实际工程项目为载体，对实际工程项目进行任务分解，分解为 6 个子项目及 16 个子任务；以子任务为单元，通过移动互联网技术，在纸质文本上嵌入二维码，链接视频、在线测试等数字资源，力求打造“教材即课堂”的教学模式。

本教材采用项目任务式的编写体例，每个子项目包括学习目标、项目导入、项目小结、项目测试、项目拓展五大内容。每个项目又分解成若干任务，每一个任务又包括任务引入、任务实施、任务测试、任务训练四块内容，以鲁班安装软件建模工作过程为导向组织教材内容。本教材编写体例一是对接了项目化课程教学改革，二是与“做中学、做中教”课堂教学模式改革相结合，以提高课堂教学的有效性。

本教材由朱维香担任主编，由王漪、程小春、刘孝衡担任副主编，宁先平任主审。具体分工如下：项目 1 初识 BIM 安装建模软件，浙江广厦建设职业技术学院朱维香；项目 2 建筑给排水系统 BIM 建模，浙江广厦建设职业技术学院程小春、宁夏建设职业技术学院马金忠；项目 3 建筑消防给水系统 BIM 建模，浙江广厦建设职业技术学院王漪；项目 4 建筑电气系统 BIM 建模，浙江广厦建设职业技术学院祝小红、上海鲁班软件股份有限公司刘孝衡；项目 5 建筑暖通系统 BIM 建模，浙江广厦建设职业技术学院王漪、朱维香；项目 6 BIM 安装建模软件应用，上海鲁班软件股份有限公司刘孝衡、浙江广厦建设职业技术学院程小春、宁夏建设职业技术学院马金忠；A 办公楼实际工程项目图纸由上海鲁班软件股份有限公司张洪军提供。

本教材可作为高职高专土木建筑类专业学生的教材和教学参考书，也可作为建设类行业企业相关技术人员的学习用书。

由于编者水平有限，加上 BIM 技术应用日新月异，本教材难免存在不足之处，敬请广大读者提出宝贵意见。

编　者

2018 年 6 月

目　录

项目 1　初识 BIM 安装建模软件

【学习目标】

通过本项目的学习，了解鲁班安装软件的安装与运行方法，熟悉鲁班安装软件的界面及功能要求，掌握 BIM 安装建模流程。

通过本项目的学习，能进行 BIM 安装建模软件的安装，能应用软件界面功能菜单，能熟知 BIM 安装建模的基本要求。

视频 1.0
认知项目

【项目导入】

要准确快速地建模、用模，首先必须对 BIM 安装建模软件有一个基本认知，要了解软件的工作原理，熟悉软件的操作界面及功能，领会安装建模的流程、方法及标准，从而提高建模效率。

本项目模块主要的任务内容有

(1)软件安装与运行：软件运行环境配置→软件安装→软件运行。

(2)鲁班安装软件初识：BIM 安装建模软件界面认知→BIM 安装建模内容认知→BIM 安装建模流程认知。

任务 1.1　软件安装与运行

视频 1.1
软件安装
与运行

◎任务引入◎

在利用 BIM 安装建模软件建模前，需做好两个基础工作：一是硬件方面，配备好计算机，明确计算机的配置要求，做好硬件准备工作；二是软件方面，安装好软件，熟悉软件如何获得、如何安装、如何运行等，为建模做好基础准备。

本次任务的基本工作流程为：软件运行环境配置→软件安装→软件运行。

◎任务实施◎

1.1.1　软件运行环境配置

鲁班安装软件基于 AutoCAD 的图形平台，其计算需要大量的 CPU 及内存资源，因此电脑配置越高，操作与计算的速度越快。计算机推荐配置见表 1.1.1。

表 1.1.1 计算机推荐配置

硬件与软件	最低配置	推荐配置
处理器	Intel Pentium Ⅲ 1.0GHz	Intel Pentium Ⅲ 1.0GHz 或以上
内存	1GB	2GB 以上独立显卡
硬盘	500MB 磁盘空间	1TB 磁盘空间或以上
光驱	52 倍速 CD-ROM	52 倍速 CD-ROM 或以上
显示器	1280×1024 分辨率	1280×1024 分辨率或以上
鼠标	标准两键鼠标	标准三键+滚轮鼠标
键盘	PC 标准键盘	PC 标准键盘+鲁班快手
操作系统	Windows 7 简体中文版	Windows 7 简体中文版
CAD 图形软件	AutoCAD 2012 简体中文版	AutoCAD2012 简体中文版

1.1.2 软件安装

1. 软件下载

进入鲁班官网(网址 http://www.lubansoft.com),单击"下载中心"选择"建模·算量"模块中的"鲁班安装",界面如图 1.1.1 所示,下载即可。

图 1.1.1 软件下载

2. 软件安装

(1)AutoCAD 的安装

在软件安装前要确认计算机已安装有 AutoCAD 2012 软件,并且能够正常运行。

单击 AutoCAD 安装程序,弹出 AutoCAD 安装对话框,单击"安装",如图 1.1.2 所示。

图 1.1.2　安装 AutoCAD

计算机弹出 AutoCAD 安装许可协议，界面如图 1.1.3 所示。

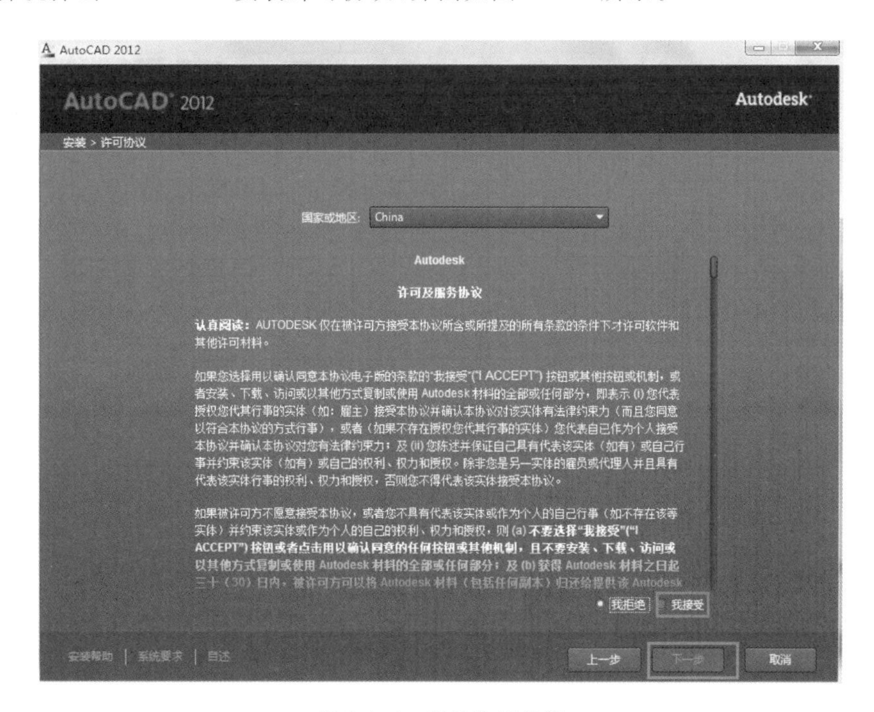

图 1.1.3　安装许可协议

选择“我接受”，再单击“下一步”，弹出“产品信息”对话框，如图 1.1.4 所示。

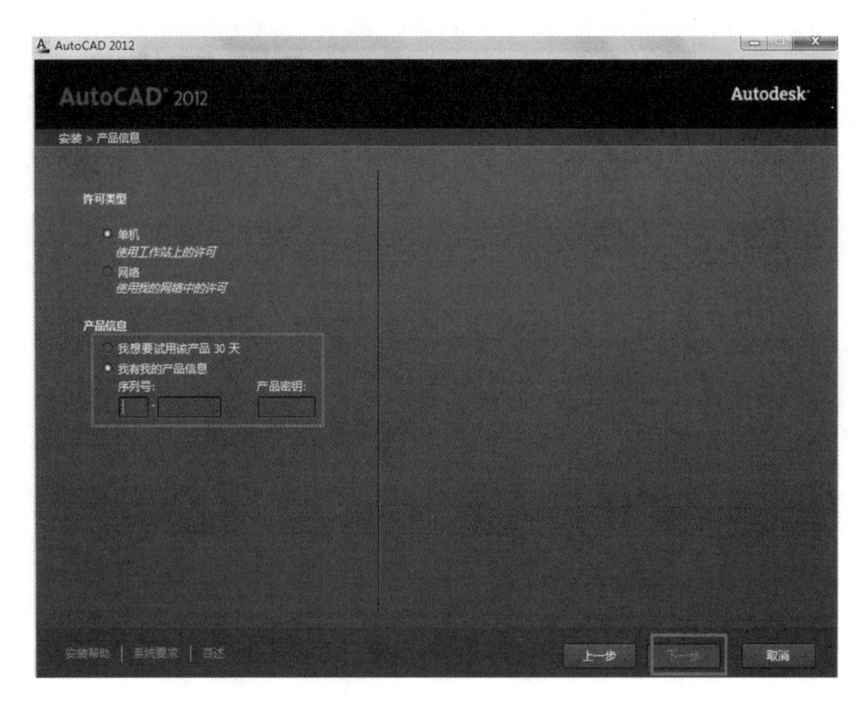

图 1.1.4 “产品信息”对话框

输入“序列号”“产品密钥”，单击“下一步”，弹出“配置安装”对话框，如图 1.1.5 所示。

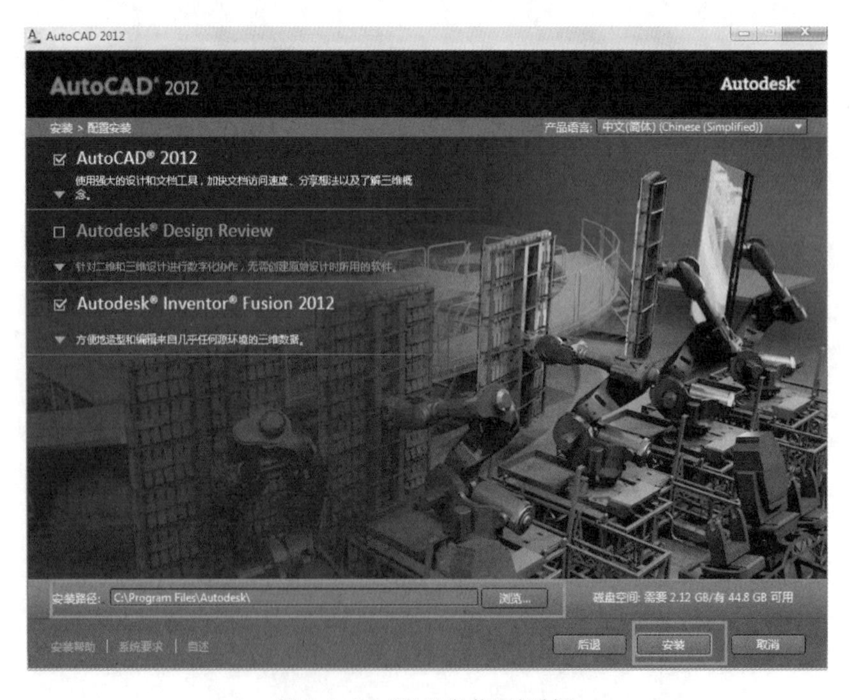

图 1.1.5 “配置安装”对话框

勾选相应的配置，选择好安装路径，单击“安装”，弹出“安装进度”提示框，如图 1.1.6 所示。

图 1.1.6 “安装进度”提示框

程序安装结束后，弹出“安装完成”对话框，单击“完成”按钮，完成 AutoCAD 安装，如图 1.1.7 所示。

图 1.1.7 “安装完成”对话框

【提示】

在安装 AutoCAD 过程中，若出现“错误 1935”提示，原因可能是系统存在漏洞或在安装过程中没有退出所有的杀毒软件和防火墙。解决的办法是先利用杀毒软件修复系统的漏洞，然后再退出杀毒软件和防火墙，重新安装即可。

(2)鲁班安装软件的安装

鲁班安装软件因一直在升级与完善，版本众多，现以鲁班安装 2016 版为例进行软件安装方法说明，其余各版本软件的安装方法相同。

单击运行 Lubansoft 文件夹中的“鲁班安装 2016”，出现安装提示框，如图 1.1.8所示。

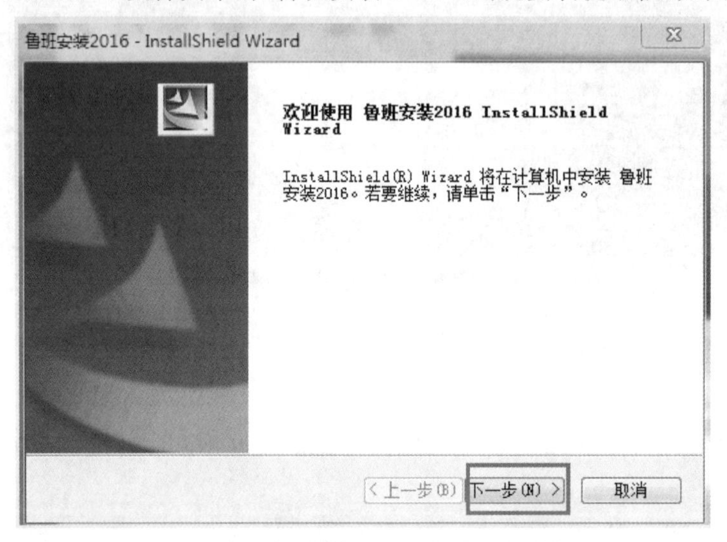

图 1.1.8　安装提示框

单击“下一步”按钮，出现“许可证协议”对话框，如图 1.1.9 所示。

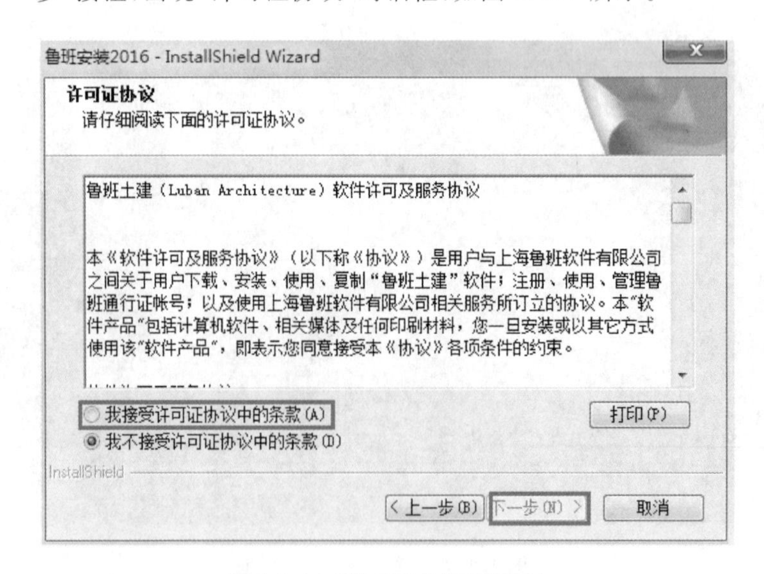

图 1.1.9　“许可证协议”对话框

选择"我接受许可证协议中的条款",并单击"下一步"按钮,出现安装路径选择界面,如图 1.1.10 所示。

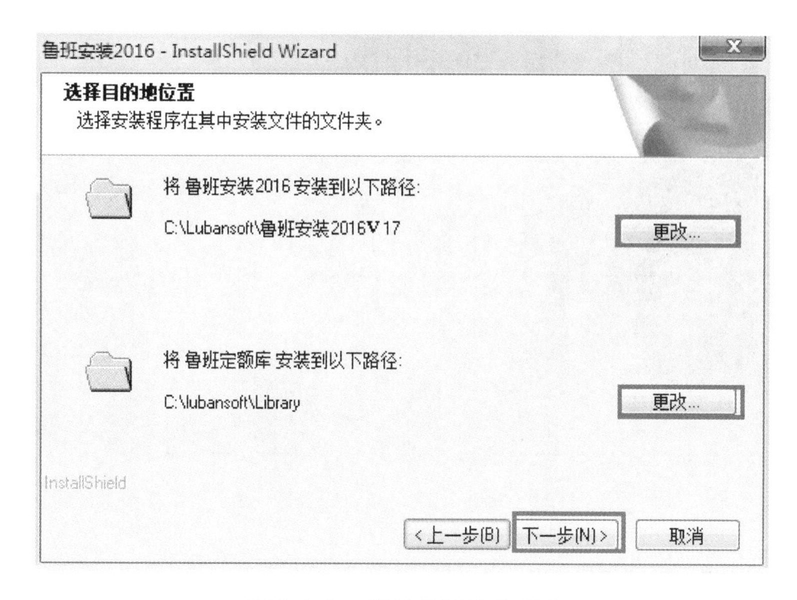

图 1.1.10　安装路径选择界面

默认安装路径为"C:\Lubansoft\鲁班安装 2016",如果需要将软件安装到其他路径,请单击"更改"按钮,设置好安装路径后,单击"下一步"按钮,出现选择程序图标的文件夹的对话框;选择好后,单击"下一步"按钮,出现安装提示对话框,如图 1.1.11 所示。

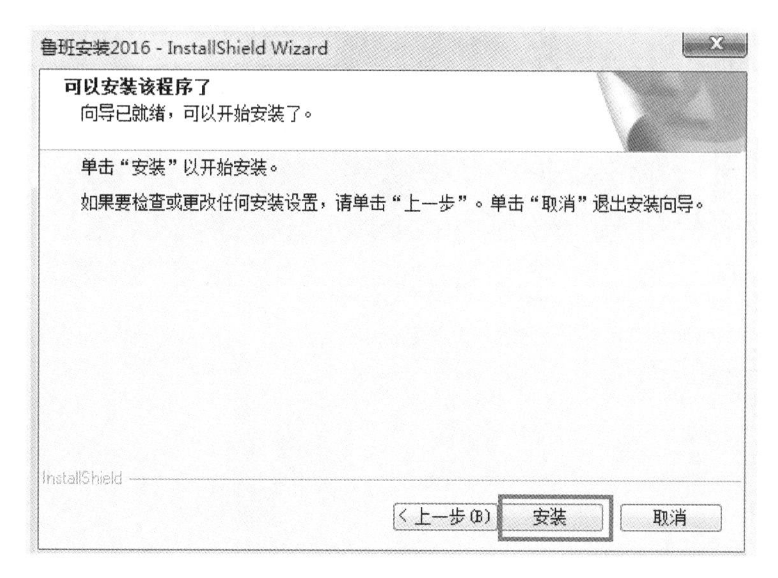

图 1.1.11　安装提示对话框

单击"安装"按钮,软件开始安装;安装完成后,出现完成对话框;单击"完成"按钮,鲁班安装软件安装完毕,如图 1.1.12 所示。

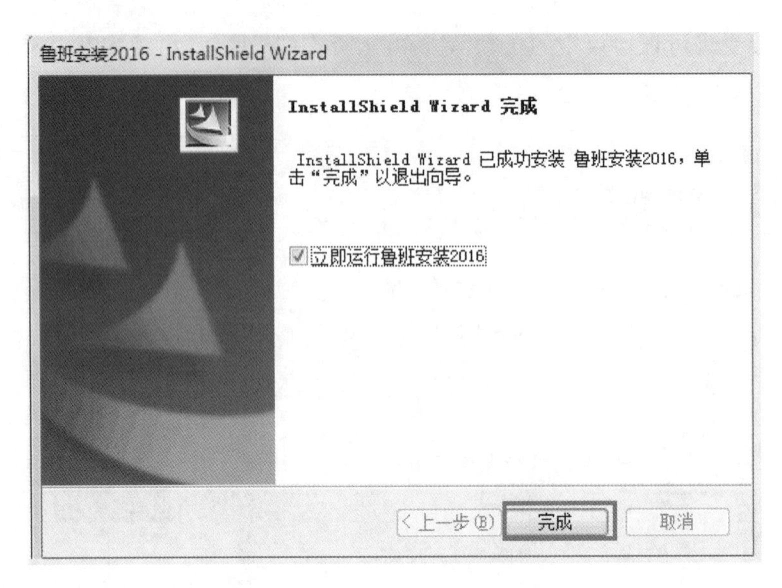

图 1.1.12　安装完成

1.1.3　软件运行

1. 软件启动

双击桌面上的“鲁班安装”图标，进入鲁班安装软件的欢迎界面，如图 1.1.13 所示。

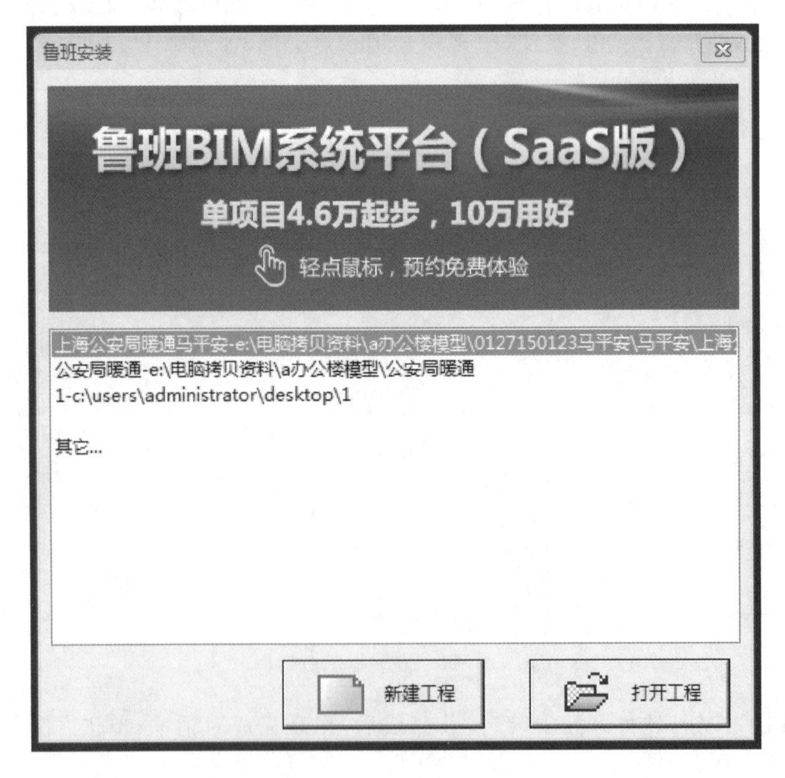

图 1.1.13　欢迎界面

单击“新建工程”，弹出软件用户界面，完成鲁班软件启动。

2. 软件退出

选择“工程”下拉菜单中的“退出”命令，如图 1.1.14 所示，或直接单击“关闭窗口”按钮，即可退出。

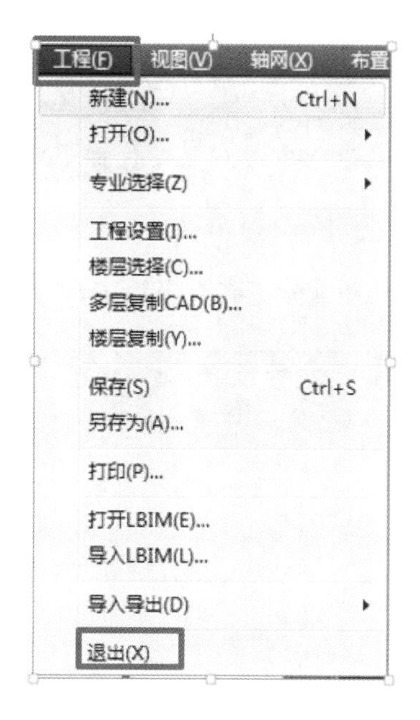

图 1.1.14　软件退出

3. 软件卸载

单击 Windows“开始”命令按钮，选择“控制面板”→“程序和功能”→“鲁班安装”，右击后选择“卸载”命令，按照提示即可完成卸载工作，如图 1.1.15 所示。

图 1.1.15　软件卸载

4. 软件更新

选择菜单栏“云功能”下拉菜单中的“检查更新”命令，如图 1.1.16 所示。

图 1.1.16 菜单选择

软件弹出“检查更新”界面，自动搜索更新升级补丁，如图 1.1.17 所示。

图 1.1.17 “检查更新”界面

◎任务测试◎

任务 1.1 测试

◎任务训练◎

除了鲁班安装软件外，BIM 安装建模软件还有哪些？各自的优、缺点怎样？各软件的市场占有率及评价如何？

任务 1.2 初识鲁班安装软件

视频 1.2

鲁班安装初识

◎任务引入◎

在 BIM 建模前，需对鲁班安装软件有一个基本认识。首先要熟悉建模操作界面，了解各图标、按钮等的功能，提高操作速度；二是熟知建模内容，提高模型准确性;三是领会建模流程,提高建模效率。

本次任务基本工作流程为:熟悉建模界面→熟知建模内容→领会建模流程。

◎任务实施◎

1.2.1 BIM 安装建模软件界面认知

1.界面内容

在正式建模前,必须先熟悉软件的操作界面,从而提高建模操作效率。鲁班安装软件的操作界面如图 1.2.1 所示。

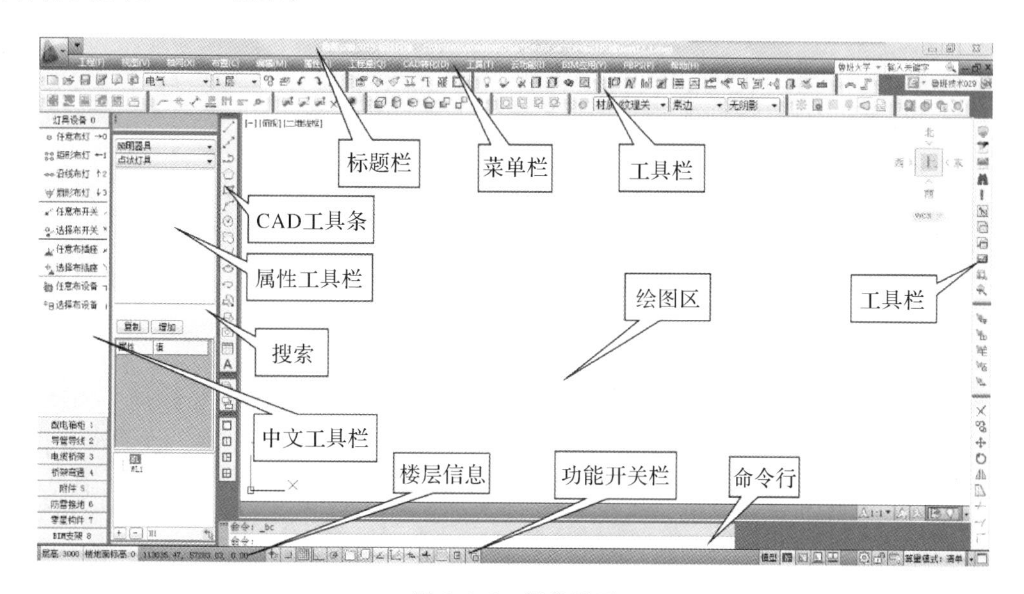

图 1.2.1 操作界面

2.功能介绍

标题栏:显示软件的名称、版本号、当前的楼层号、当前操作的平面图名称。

菜单栏:菜单栏是 Windows 应用程序标准的菜单形式,包括“工程”“视图”“轴网”“布置”“编辑”“属性”“工程量”“CAD 转化”“工具”“云功能”“BIM 应用”“帮助”。

工具栏:形象而又直观的图标形式,让我们只需单击相应的图标就可以执行相应的操作,从而提高绘图效率。其在实际绘图中非常有用。

属性工具栏:在此界面上可以直接复制、增加构件,并修改构件的各个属性,如标高、规格、型号等。

中文工具栏:此处的中文命令与工具栏中的图标命令作用一致,用中文显示出来,更便于操作。例如单击“灯具”,会出现与灯具有关的信息。

命令行:是屏幕下端的文本窗口。它包括两部分:第一部分是命令行,用于接收从键盘输入的命令和命令参数,显示命令运行状态,CAD 中的绝大部分命令均可在此输入,如画线等;第二部分是命令历史记录,记录着曾经执行的命令和运行情况,它可以通过滚动条上下滚动,以显示更多的历史记录。

功能开关栏:在图形绘制或编辑时,状态栏显示光标处的三维坐标和代表“捕捉”

(SNAP)、“正交”(ORTHO)等功能的开关按钮。按钮凹下去表示开关已打开,正在执行该命令;按钮凸出来表示开关已关闭,退出该命令。

【提示】

操作界面上的工具栏没有被锁定时,经常会被不小心关闭。我们可以单击软件右下角的锁定按钮,之后在全部选中后单击锁定,这样就不会误操作造成工具栏关闭。

1.2.2 BIM 安装建模软件内容认知

1. 建模内容

BIM 安装建模软件按专业分系统进行建模,软件中分为给排水、消防、电气、弱电、暖通五个专业,在每个专业下又分系统进行逐个构件建模。每个构件建模主要分为两大内容:一是构件属性定义;二是绘制构件,进行构件布置。

(1)定义每种构件的属性。

构件属性主要分为三类:物理属性,如构件的规格、材质等标识信息;几何属性,如断面形状等几何尺寸数据信息;清单属性,主要指构件的工程做法,即套用的清单信息等。

构件的属性定义好后,也可通过“属性工具栏”或“构件属性定义”按钮,对相关属性进行编辑和重新定义。

(2)绘制安装平面图,确定管道、导线等骨架构件及寄生构件的平面位置。

根据工程特点,构件一般分成三类:骨架(主体)构件,需精确定位,如给排水构件的管道;寄生构件,需在骨架构件绘制完成后才能绘制,如管道上的阀门、法兰、水嘴、仪器仪表、排水附件等;区域型构件,根据骨架构件自动形成的构件,如管道配件、三通、四通及接线盒等。

【提示】

当主体构件不存在时,无法建立寄生构件。

删除了主体构件,寄生构件将同时被删除。

寄生构件可以随主体构件一同移动。

2. 建模顺序

可按照以下两种顺序完成建模工作:

(1)首先定义构件属性,再绘制安装平面图。

(2)在绘制安装平面图的过程中,同时定义构件的属性。

【技巧】

在布置各类构件之前,首先熟悉图纸,然后一次性地将构件的属性在“属性定义”中加以定义,提高建模速度与效率。

1.2.3 BIM 安装建模流程认知

1. 识读施工图

建模前首先根据设计说明,以及系统图、平面图等施工图,提取与建模相关的信息,如楼层高度、设备信息、管材信息、安装方式等。

施工图与软件操作对应关系见表 1.2.1。

表 1.2.1 施工图与软件操作对应关系

序号	图纸内容	软件操作
1	建筑施工:典型剖面图	工程设置、楼层层高设置
2	给排水施工:底层平面图	绘制水平管、地漏、阀门、法兰等
3	给排水施工:上下水系统图	布置立管等
4	电气施工:照明平面图	布置水平管线、水平桥架等
5	暖通施工:暖通空调平面图	布置风管、水管等

2. 运行鲁班安装软件

双击桌面上的"鲁班安装"图标,进入鲁班安装软件。具体操作详见"任务 1.1 软件安装与运行"。

3. 工程设置

工程设置主要包括新建工程、楼层设置、图纸调入、系统编号等。根据图纸中的项目名称、楼层高度进行工程设置;选择相同基点将图纸调入对应楼层;根据项目概况进行系统编号的编辑。

一张平面图即表示一个楼层中的给排水、电气照明系统、通风空调、供暖以及消防的构件。对于一个实际工程,需要按照以下原则划分出不同的楼层,以分别建立起对应的安装平面图,楼层用编号表示。

0:表示基础层。(一般不推荐在 0 层布置构件。)

1:表示地上的第 1 层。

−1:表示地下 1 层。

3,5:表示第 3 层到第 5 层,共 3 层,为标准层。

4/6:表示第 4 层和第 6 层,共 2 层,为标准层。

4. 选择专业

选择对应专业进行 BIM 建模,包括给排水、消防、电气、暖通、弱电等专业。执行菜单中"工程"—"专业选择"命令,或选择界面 给排水 ▾ 按钮,直接单击小三角,选择即可。

5. BIM 建模

进行构件属性定义,根据安装平面图对构件进行布置。构件的布置可以使用多种不同的命令,具体选择哪一种依个人操作习惯而定。

(1)构件属性设置原理

±0.000 标高:是工程上拟定的起点标高,我们规定以底层楼地面为基准,也就是说如果底层地坪标高用户输入为−0.5m 时,±0.000 就位于底层地坪垂直向上 0.5m 处的水平面上。

工程相对标高:是构件相对于±0.000 为起点的标高。

楼层相对标高:是构件相对于当前楼层为起点的标高。

楼层图:是反映某个楼层上包括所有土建和安装构件的 DWG 文件。

主立管:采用立管命令并用工程相对标高绘制的立管;在工程上是跨越楼层的总立管。

短立管:采用立管命令并用楼层相对标高绘制的立管或采用布置管道附件、扣管等命令自动生成的立管;在工程上是楼层中的短立管。

水平管:采用布置“任意布管道”命令绘制的水平管(包括斜管)。

(2)基本操作

鼠标:鼠标左键——对象选择;鼠标右键——确定键及快捷菜单;滚轮键——向前推动界面放大,向后推动界面缩小;双击则图形定位界面。

选框:实框选——从左向右框选,框为实线,被选图形必须框选在内,才可选中图形;虚框选——从右往左框选,框为虚线,被选图形不必完全框选在内,只要有图形的部分被框选中,即可选中图形。

Space 键:重复上一个命令。

建模具体操作详见项目 2 至项目 5。

6.计算工程量

单击右侧快捷工具栏中的 ! 图标,弹出“工程量计算”对话框,如图 1.2.2 所示。

图 1.2.2 “工程量计算”对话框

软件支持两种选择构件的方式,按楼层或按系统,单击即选择。按楼层选择与按系统选择两者互不联系,按楼层选择后切换至按系统选择,再切换至按楼层选择时,上次选择会被清空;按系统选择时,切换专业标签,系统列表项内系统编号应发生变化,即选择项内只显示当前专业的系统编号;不同的专业可以互相切换选择。

单击“计算”,软件自动计算,计算完成后弹出“计算监视器”对话框,如图 1.2.3 所示。

单击“打开报表”,弹出“鲁班安装计算报表”,可对数据进行统计、输出、打印等,完成工程量计算。

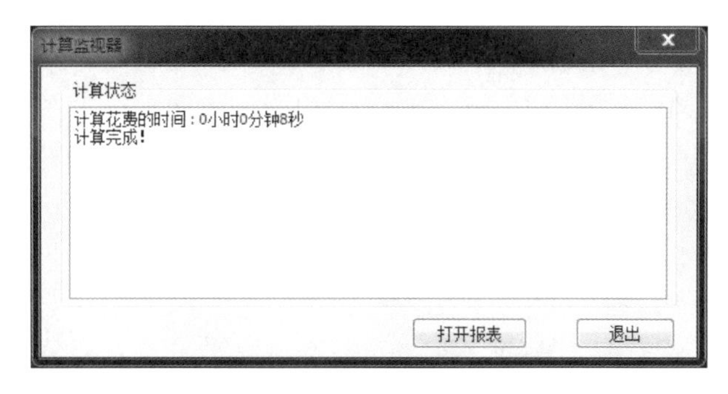

图 1.2.3 “计算监视器”对话框

7. 云模型检查

对模型进行云模型检查，查找模型是否有遗漏、错误或者存在建模不合理的地方。云模型检查前要先计算工程量，否则软件会提示有未计算的构件。对模型错误的地方进行反查修改。具体操作详见“项目 6 BIM 安装建模软件应用”。

8. 结果输出

目前软件支持 Excel、PDF 等文件输出类型，具体操作详见“项目 6 BIM 安装建模软件应用”。

◎任务测试◎

任务 1.2 测试

◎任务训练◎

1. 如何从鲁班软件界面切换到 CAD 界面？
2. 调入 CAD 图纸后，字体出现乱码，该如何处理？

【项目小结】

使用鲁班安装软件建模前一定要熟悉软件的操作界面及功能按钮的位置，只有熟悉了操作才会带来工作效率的提高。鲁班安装 BIM 建模主要包括构件属性定义和构件平面布置两大内容。在建模时需特别注意，主体构件不存在的时候，无法建立寄生构件。在鲁班安装软件中，要达到同一个目的可以使用多种不同的命令，具体选择哪一种更为合适，将随个人熟练程度与操作习惯而定。

【项目测试】

项目测试

【项目拓展】

若需要更加全面学习鲁班安装软件，以及了解其他 BIM 应用的最新消息，请登录上海鲁班软件股份有限公司官网（网址 http://www.lubansoft.com）。

也可进入鲁班大学网站（网址 http://www.lubannu.com），在线学习鲁班软件，学员之间可互动交流、探讨软件的使用与学习心得。

也可进入电子鲁班（网址 http://bbs.lubannu.com），网上进行问题的交流和探讨安装软件的使用与学习心得。

为了快速学习 BIM 安装建模，也可进入浙江省高等学校在线开放课程共享平台（网址 http://zjedu.moocollege.com/）中的“BIM 建模之安装建模”课程，开展线上学习。

项目 2　建筑给排水系统 BIM 建模

【学习目标】

学生通过本项目的学习，熟悉鲁班安装软件给排水专业建模界面，掌握建筑给排水系统 BIM 建模流程，掌握建筑给排水 BIM 模型的创建方法。

学生通过本项目的学习，能熟练识读建筑给排水施工图，能用鲁班安装软件创建建筑给排水系统 BIM 模型。

【项目导入】

本工程为上海某厂项目 A 办公楼，其给排水系统主要包括室内生活给水系统、室内生活排水系统、消火栓系统、喷淋系统等。本项目主要任务是室内生活给水、排水系统 BIM 建模。A 办公楼给排水 BIM 模型见图 2.0.1①。

任务分解及建模流程：

(1)建模准备：给排水施工图识读→工程设置→图纸调入→系统编号。

(2)给水系统建模：给水主管道布置→卫生间(标准房间)给水系统布置→给水附件布置→给水设备布置→给水系统 BIM 模型展示。

(3)排水系统建模：排水主管道布置→卫生间(标准房间)排水系统布置→洁具设备布置→排水系统 BIM 模型展示。

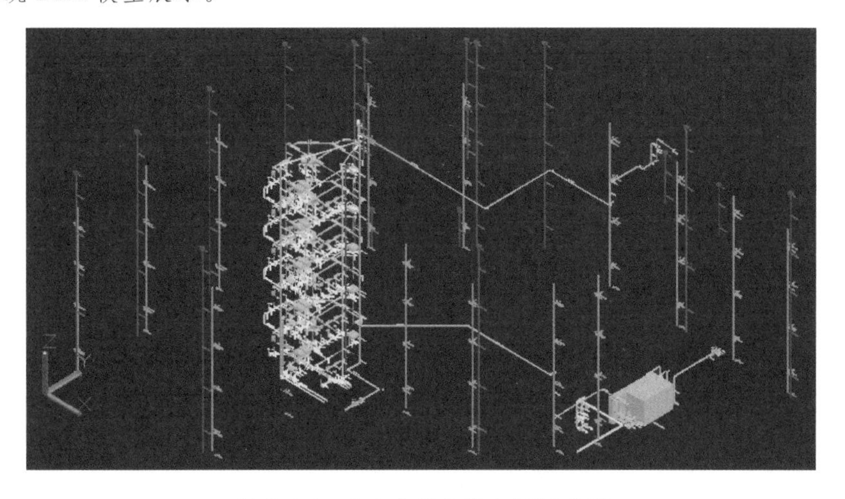

图 2.0.1　A 办公楼给排水 BIM 模型

---

① A 办公楼相关施工图由书后二维码地址下载，全书同。

任务 2.1　给排水系统 BIM 建模准备

◎任务引入◎

在给排水系统 BIM 建模前，需做好两方面的准备：一是熟悉项目概况，阅读给排水施工图，提取相关的各项工程参数，如层高、管材、管道连接方式、设备安装高度等，便于各项工程参数的选定，提高建模速度；二是熟悉给排水专业软件操作界面，掌握工程设置及图纸调入等操作，为后期各系统建模做好基础准备。

BIM 建模准备工作流程为：给排水施工图识读→工程设置→图纸调入→系统编号。

◎任务实施◎

2.1.1　给排水施工图识读

视频 2.1.1
给排水
施工图识读

1. 工程概况

本工程为上海某厂项目 A 办公楼，总建筑面积为 5975m^2，框架结构，地下 1 层，地上 5 层，建筑高度为 22m。其中各层层高：地下一层 4000mm，首层 4500mm，地上一层 4200mm，地上三至五层均为 3800mm。

(1)生活给水系统

本工程生活给水系统中，一层、二层采用市政给水管网直接供给，三层及以上采用变频泵加压给水。给水水泵设于地下室水泵房内，生活水箱采用 SUS444 组装式水箱，一用一备。

(2)生活排水系统

本工程生活排水系统采用污废水合流，地下水泵集水井设潜水排水泵，经排水泵提升排至室外雨水井。

2. 管材附件设备

(1)生活给水系统

室内生活给水管采用 PP-R 管，热熔连接，管径规格有 De75、De63、De50、De40、De32、De25、De20 等。给水管道保温材料采用厚度为 25mm 橡塑保温材料，防结露保温厚度为 10mm，保护层采用玻璃布缠绕，外刷两道色标调和漆。

地下一层生活水箱采用 SUS444 组装式水箱，水泵 2 个。给水管上阀门均为全铜或不锈钢制品，管径小于等于 50mm 用截止阀，管径大于 50mm 用闸阀。水龙头采用陶瓷阀芯。

(2)生活排水系统

室内生活污水排水管及屋面雨水排水管采用 PVC-U 管，承插黏合，管径规格有 De110、De75、De50 等。生活排水压力管道采用热镀锌钢管，沟槽式连接，与潜污泵连接的管段采用法兰连接。排水管采用 15mm 厚石棉灰胶泥，外缠玻璃布，刷两道灰色调和漆。

地下一层设有集水井，井内设有 2 台排水泵，排水泵出水管上阀门采用铁壳铜芯旋启式止回阀。卫生洁具选用节水型，小便器采用自动感应式冲洗阀。

【思考与讨论】

建筑给排水系统由哪些部分组成？建筑给排水施工图识读的方法及步骤是怎样的？

2.1.2 工程设置

视频 2.1.2 工程设置

1. 新建工程

双击“鲁班安装”快捷图标，进入鲁班安装软件界面，如图 2.1.1 所示。

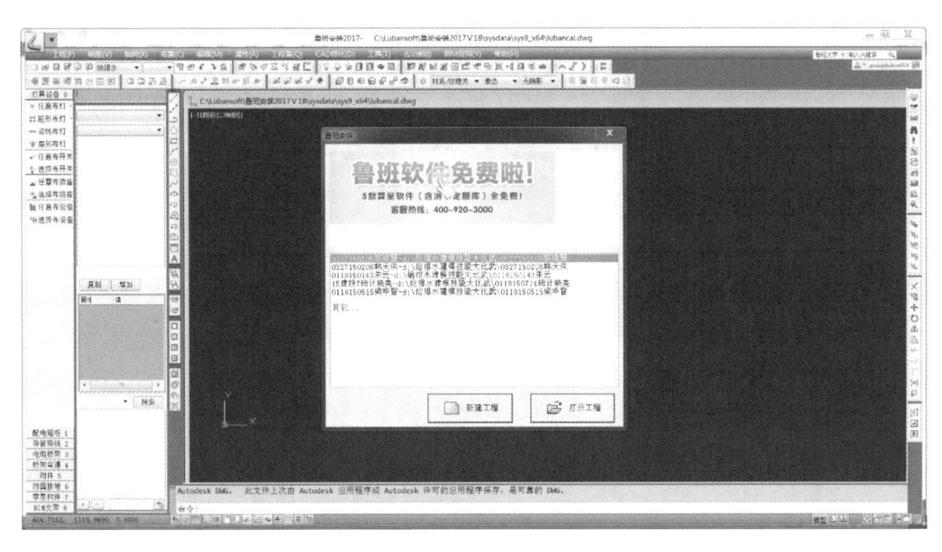

图 2.1.1 鲁班安装软件界面

选择“新建工程”，弹出工程保存界面，如图 2.1.2 所示。首先单击“保存在”选择框边上的“▾”按钮，选择工程需要保存的位置，然后在“文件名”文本框中输入文件名，如“A 办公楼给排水”，最后单击“保存”。

图 2.1.2 工程保存界面

【提示】

若是要打开以前做过的或者想要接着做的工程，选择“其他”，单击“打开工程”，弹出“打开”对话框，在“查找范围”中单击“▼”按钮，选择文件保存的位置，找到工程文件夹(如“A办公楼给排水”)，再打开列表中的lba文件，就可以进入要打开的工程。

2.用户模板

新建工程设置好文件保存路径之后，会弹出“用户模板”界面，如图2.1.3所示。该功能主要用于在建立一个新工程时可以选择过去我们做好的工程模板，以便我们直接调用以前工程的构件属性，从而加快建模速度。如果是第一次做工程或者以前的工程没有另存为模板的话，“列表”中就只有“软件默认的属性模板”供我们选择。选择好需要的属性模板，单击“确定”就完成了用户模板的设置。

图2.1.3 “用户模板”界面

【提示】

安装用户模板可以保存定义好的构件属性、新增加入图库的构件图形、安装材质规格表中新增加的管材、构件颜色管理中定义好的颜色、构件计算项目设置中设置的内容、风阀长度设置中设置的内容、套好的清单和定额等。

3.工程概况

当用户模板设置完成之后，软件会自动弹出“工程概况”对话框，也可以在软件工具栏中单击“📝”按钮，弹出该对话框，如图2.1.4所示。根据工程实际情况填写，填写完成后单击“下一步”。

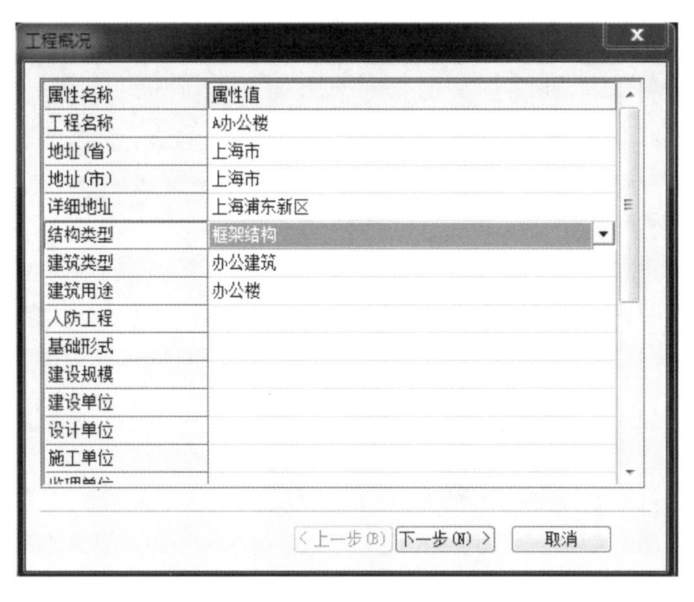

图 2.1.4 “工程概况”对话框

4.算量模式

设置好工程概况后单击“下一步”按钮,软件自动进入算量模式的选择界面,如图 2.1.5 所示。

图 2.1.5 算量模式选择

根据实际工程需要选择“清单”或“定额”模式。当需要更换“清单”或“定额”时,分别单击旁边的“…”按钮,弹出清单或定额选择界面,选择相应的清单和定额,如图 2.1.6 所示。

单击“确定”,完成算量模式设置。

图 2.1.6　鲁班清单定额库

5.楼层设置

设置完算量模式,软件直接进入“楼层设置”界面,如图 2.1.7 所示。根据 A 办公楼图纸,楼层设置如图 2.1.7 所示,定义好楼层设置后,单击“完成”结束设置。

图 2.1.7　“楼层设置”界面

【提示】

在“楼层设置”对话框中黄色的区域是不可以修改的，只要在白色的区域修改参数就可以联动修改黄色区域的数据。

“名称”中“0”表示基础层，“1”对应地上一层，“2”对应地上二层。如果需要增加一层，单击右下方的“增加”按钮就会在列表中多出一行，“名称”也自动取为“3”。如果要设置地下室，把“名称”改成“−1”就表示地下一层。需要说明的是 0 层基础层，永远是最底下的一层，“0”只是名称，不表示数学符号。

在“层高”一栏中，我们单击相应楼层的层高数字（如 4000）就可以将其更改为需要的高度。需要注意的是基础层层高一般我们就定义为“0”，不用修改。我们输入的是建筑高度。

“室外设计地坪标高”和“自然地坪标高”主要是和实际工程中室外装饰高度与室外挖土深度有关的参数设置。

视频 2.1.3
图纸调入

2.1.3 图纸调入

1. CAD 文件调入

选择专业“给排水”，楼层“0 层”，再单击“CAD 转化”—“CAD 文件调入”，如图 2.1.8 所示。

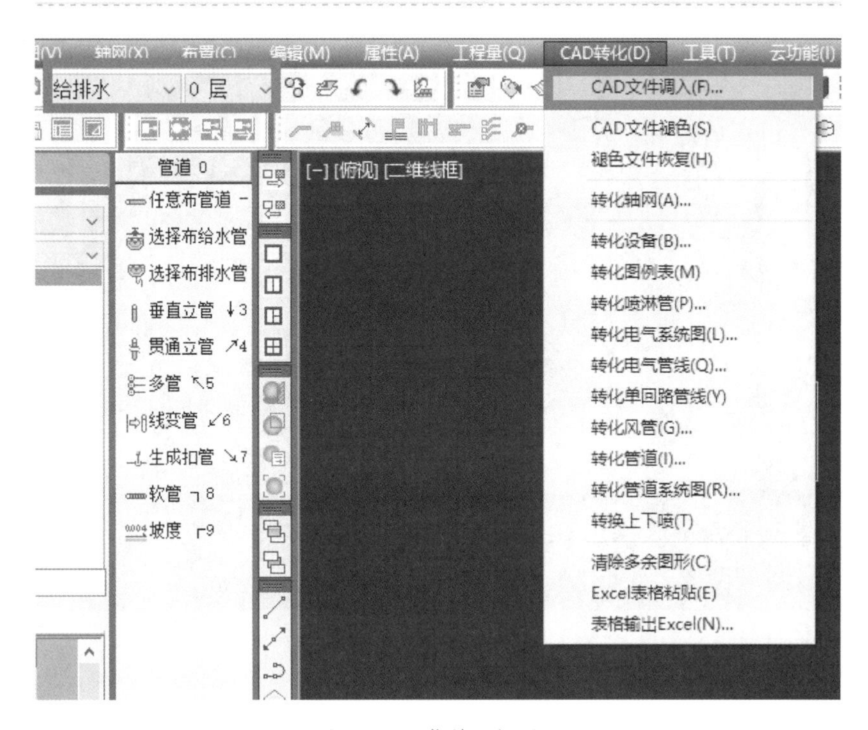

图 2.1.8 菜单选择界面

软件弹出如图 2.1.9 所示对话框。在该对话框中找到要调入的 A 办公楼 CAD 图形，单击“打开”按钮，界面切换到绘图状态下，命令行提示“请选择插入点”，单击或直接按

Enter 键确定插入点，CAD 图形调入完成。完成后界面如图 2.1.10 所示。

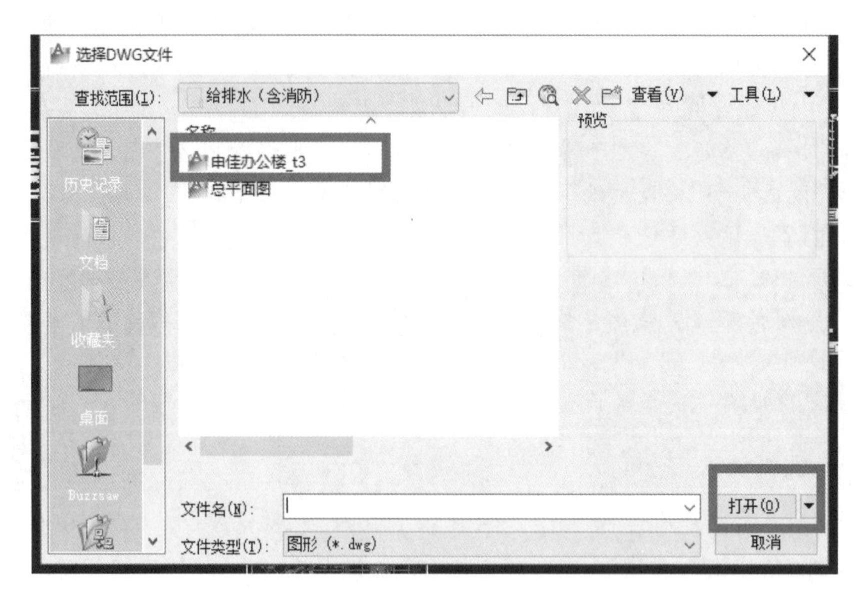

图 2.1.9 “选择 DWG 文件”对话框

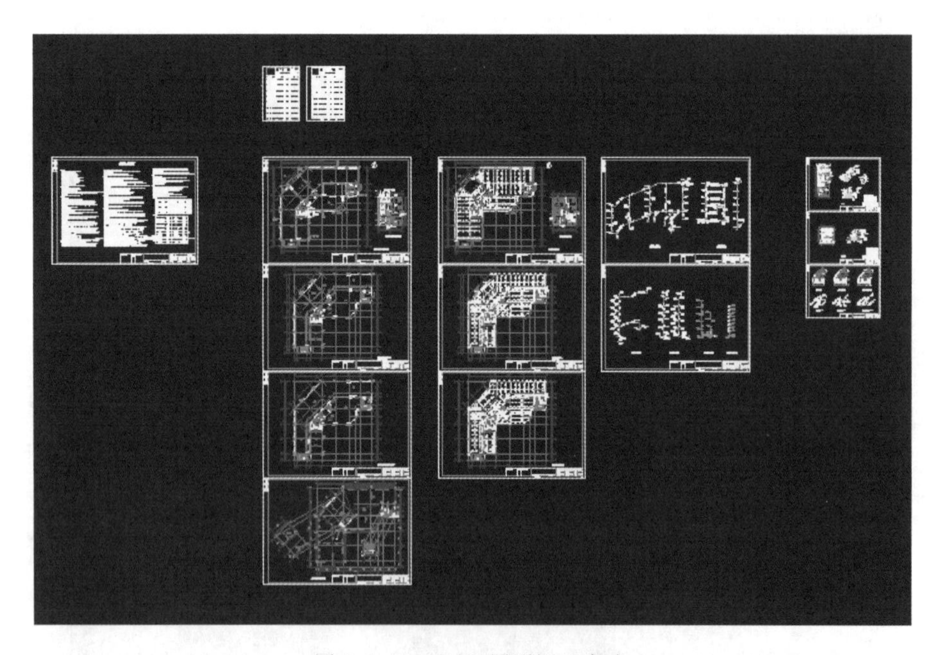

图 2.1.10 CAD 图形调入完成

2. 多层复制 CAD

单击工具栏中“多层复制”命令，单击对应楼层后的“选择图形”，指定基点（A 办公楼 1 轴与 A 轴的交点定为基点），按住鼠标左键不放，拖动鼠标框选需要复制的图形后，右击完成复制，依此类推，完成各楼层图纸导入指定楼层中。再指定插入点（0，0，0），单击“确定”，如图 2.1.11 所示。

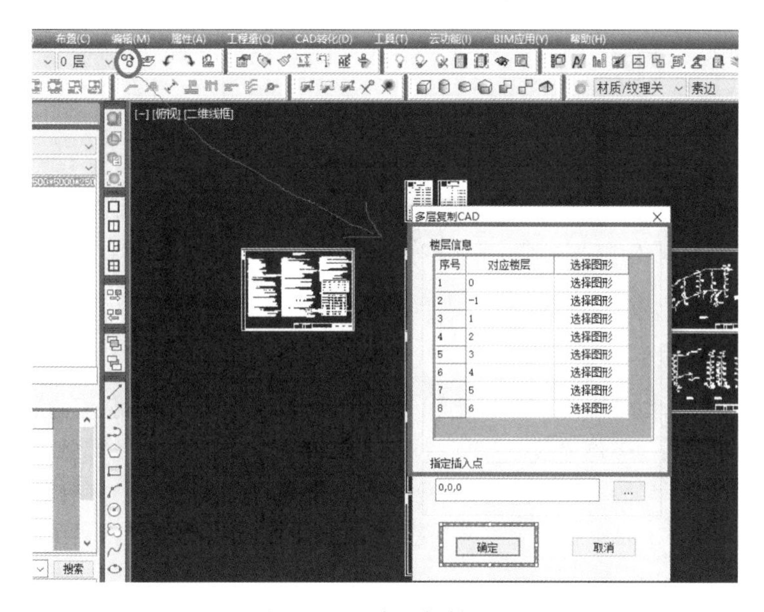

图 2.1.11　多层复制 CAD

【提示】

如果所给图纸每个平面都放在不同的 CAD 文件中，也可采用“带基点复制”命令，将图纸同一基点复制到指定楼层中。操作流程为：在绘图区空白处右击，选择“带基点复制”命令；指定基点（图纸 1 轴与 A 轴交点）；选择要复制的对象，或按 Enter 键结束命令；配合粘贴命令，将图纸粘贴到鲁班软件中的(0,0)（坐标原点）位置。

2.1.4　系统编号

单击“系统编号管理”按钮，按照管道类型划分不同的系统编号。A 办公楼给排水专业管道按类型分为给水管、污水管、排水管、雨水管、冷凝水管，为此分为五个系统编号 J、P、W、Y、N，如图 2.1.12 所示。选中一个回路，直接右击，在右键快捷菜单中选择增加平级或者增加子级，即可增加新的系统编号。单击“确定”，完成系统编号管理。

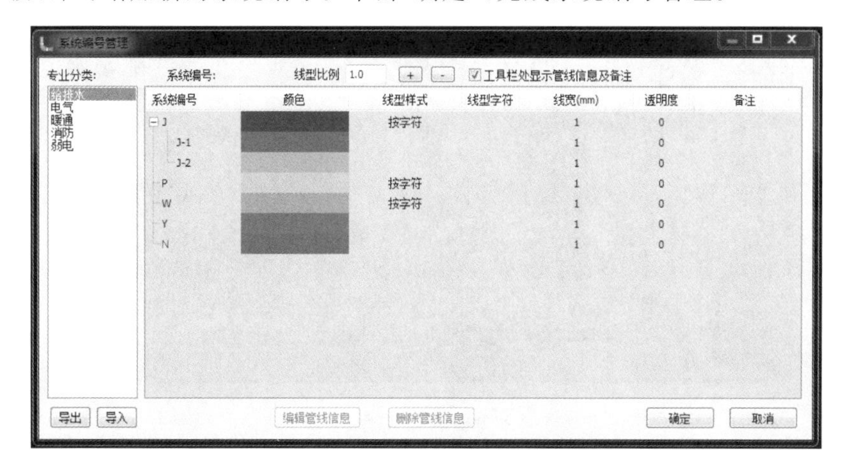

图 2.1.12　“系统编号管理”界面

系统编号增加不能超过三级。若超过三级，软件将会自动提示已达上限。

◎任务测试◎

任务 2.1 测试

任务 2.2 建筑给水系统 BIM 建模

◎任务引入◎

建筑室内给水系统的工作方式是自室外给水管网取水，靠水压作用，经配水管网，以各种方式将水分配给室内各用水点。

由 A 办公楼给水系统图可知，给水系统分两个子系统：一是由市政管网直接供给水，从一层引入管（管径规格 De75）引入，经给水干管、给水立管，送至一、二层卫生间给水设备，为 J-1 给水系统；二是从市政管网引入至地下室生活水箱，经水泵加压送至三至五层卫生间给水设备，为 J-2 给水系统。

给水系统一般由引入管、水表节点、给水管网、给水附件及给水设备组成。结合工程实际，可将 BIM 建模流程分解为：给水主管道布置→卫生间给水系统布置→给水附件布置→给水设备布置→给水系统 BIM 模型展示。

在本任务中我们主要以 J-1 给水系统为例进行给水系统建模，J-2 给水系统参照 J-1 类似布置。A 办公楼给水系统 BIM 模型见图 2.2.1。

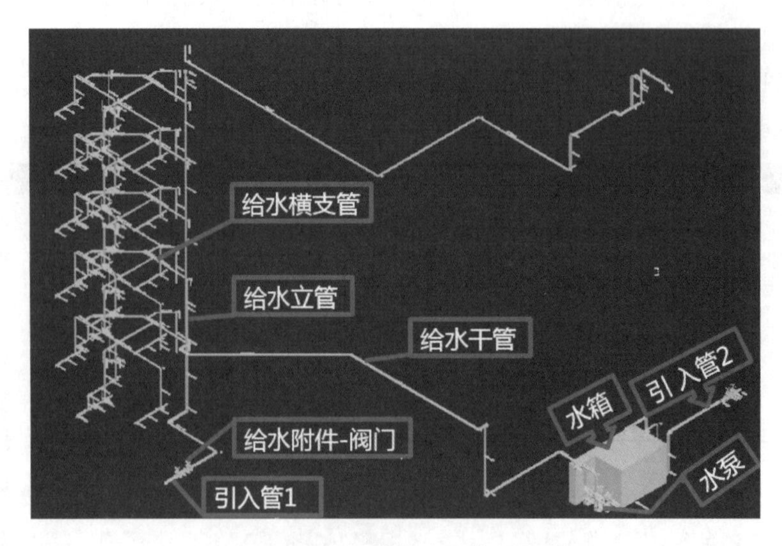

图 2.2.1　A 办公楼给水系统 BIM 模型

◎任务实施◎

视频 2.2.1
给水水平管
布置

2.2.1 给水主管道布置

A 办公楼 J-1 给水系统主管道有引入管、给水干管、给水立管等。其中引入管、给水干管为水平管，布置时选择水平管布置命令；给水立管为垂直管，布置时选择垂直管布置命令。给水主管采用 PP-R 管，热熔连接，管径规格有 De75、De63 等。在布置管道前先进行属性定义，再进行管道绘制。

1. 属性定义

在给排水专业模块下，双击属性工具栏空白处或单击“ ”按钮，软件弹出构件“属性定义”界面，如图 2.2.2 所示。

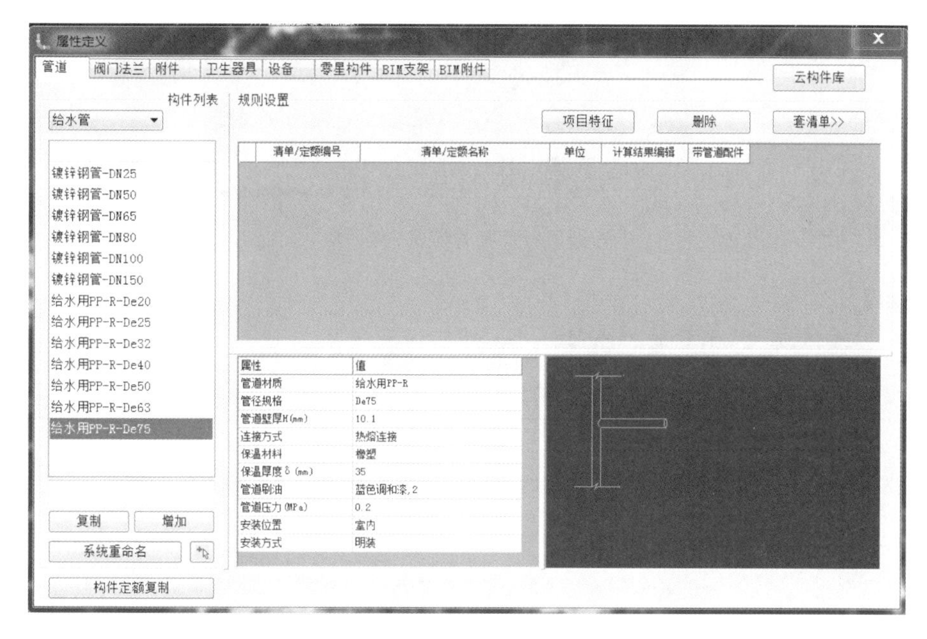

图 2.2.2 “属性定义”界面

选择“管道”标签，再选择“给水管”，单击“增加”，弹出“构件定义”对话框，如图 2.2.3 所示。可在该对话框中对管道的材质、规格、连接方式等进行定义。

这里的构件规格软件直接调用“材质规格表”里的参数选择。如果软件里没有需要的规格，则需要在“工具”—“材质规格表”中增加，然后再回到“构件定义”对话框中选择。选择好构件材质后，其他的属性参数软件默认为最常用的参数设置，可以直接选择调整。

本工程给水管道的规格及属性详见图 2.2.2。

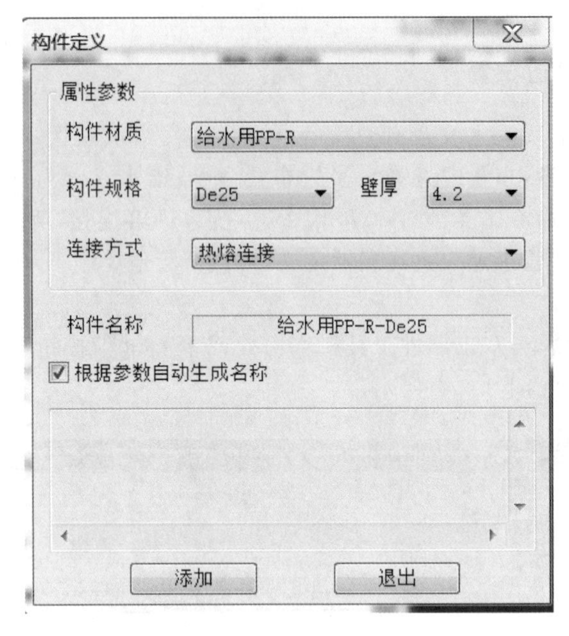

图 2.2.3 “构件定义”对话框

【提示】

构件的“属性定义”界面的组成部分及其功能详见表 2.2.1。

表 2.2.1 构件的“属性定义”界面介绍

组成部分	功能
“复制”按钮	复制小类构件，复制的新构件与原构件属性完全相同
“增加”按钮	增加一个新的小类构件，新构件的属性要重新定义
“系统重命名”按钮	对已定义好的构件，如果调整了属性参数设置，软件可以自动读取相关参数替换原来的构件名称
“构件定额复制”按钮	对构件套用的定额进行复制
“构件分类”按钮	分为照明器具、设备、配电箱柜、管线、电缆桥架、附件、防雷接地、零星构件八大类构件；每一大类构件中的小类构件，单击下拉按钮，可以选择
“构件列表”下拉框	小类构件的详细列表，构件个数多于一个时，支持鼠标滚轮的上下翻动功能
右键菜单	右击弹出右键菜单，对小类构件中的每一种构件重命名，删除和生成云功能构件
“项目特征”按钮	显示相关项目特征信息
“删除”按钮	对已套用的定额、清单的删除，删除清单时清单下的定额也被删除
“套清单”按钮	构件套用清单按钮，土建专业的所有构件和电气专业中的导线、导管构件均不支持套定额和计算，套定额呈灰色；且当构件列表无构件时不能打开清单和定额库

续表

组成部分	功能
属性参数	对应每一个小类构件的属性值，对应构件不同，属性项目会有所不同。在属性参数框内右击可以添加和删除属性项目，同时可以增加厂商、产品型号和作者
计算设置	主要是套清单的设置，可以对其中的计算单位、计算结果等进行设置
参数设置	可以对构件的三维图形的大小进行设置
关闭	对话框的内容完成后，退出，与右上角的“关闭”按钮图标作用相同

2.引入管布置

管道布置可采用手动布置与转化布置两种，其中手动布置还可以选择任意布置与选择布置等方式。

(1)任意布置

单击左边中文工具栏“管道”中“任意布管道”图标，弹出如图2.2.4所示对话框。

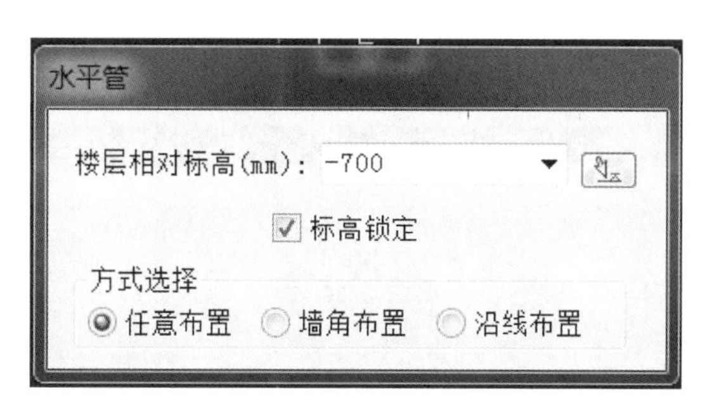

图2.2.4　选择任意布置

楼层相对标高：相对于本层楼地面的高度。这样就明确了我们布置的水平管的高度位置，可以直接输入参数对它进行调整，也可以单击后面的“标高提取”按钮自动提取。

标高提取：可以通过直接单击选取平面图形来读取该图形的标高参数。注意：该按钮只能提取平面图形(如水平管、喷淋头等)上的标高参数，不能提取立面图形(如立管及其立管上的构件)的标高参数。

标高锁定：当“标高锁定”打钩时，“楼层相对标高”显亮，可以直接输入水平管标高；当“标高锁定”未打钩时，软件默认管道标高为楼地面标高。

选择引入管种类及规格“给水用PP-R-De75”，系统编号J-1，输入引入管楼层相对标高为−700mm。设置好管道标高、规格及系统编号后，根据CAD图纸的管道走向进行手动绘制。命令行提示“指定第一点【参考点(R)】”，选取管道上一点单击选择起点，单击后软件提示“指定下一点【圆弧(A)/回退(U)】〈回车结束〉”，单击选择下一点。引入管及给水干管三维效果如图2.2.5所示。

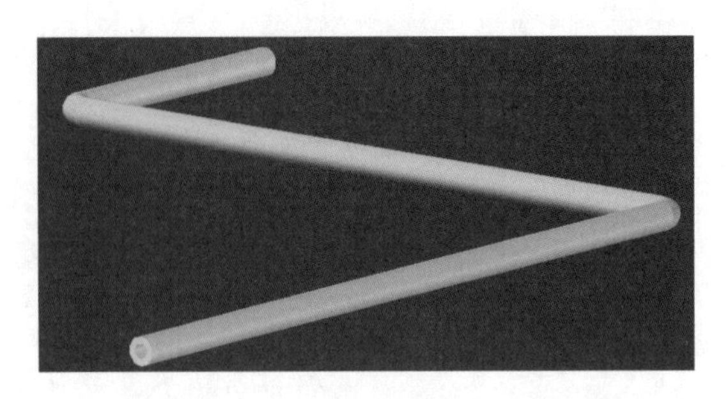

图 2.2.5　引入管及给水干管三维效果

(2)选择布置

该命令主要用于洁具设备连接自动生成水平管和垂直短立管。单击左边中文工具栏"管道"中"选择布给水管"图标,按命令行提示进行管道布置。引入管布置不适用于选择布置,这里不再细述。

(3)转化布置

单击右侧工具栏中的"转化管道"按钮,弹出"转化管道"对话框,如图 2.2.6 所示。

图 2.2.6　"转化管道"对话框(1)

单击"增加",命令行提示"选择需进行转化的管道",单击选取引入管,右击确认;命令行提示"选择需进行转化的管道标注",提取引入管标注 De75,提取好后右击确认,返回到如图 2.2.7 所示"转化管道"对话框中。

管道类别:可以在下拉菜单中对转化管道的类型进行选择。

管道材质:可以在下拉菜单中对转化管道的材质进行选择。

系统编号:可以在下拉菜单中对转化管道的系统编号进行选择。

标高:可以直接输入设置,也支持标高提取。

范围:可选"整个图形",也可选"选择当前"。

设置好之后,单击"转化"按钮,完成管道转化。

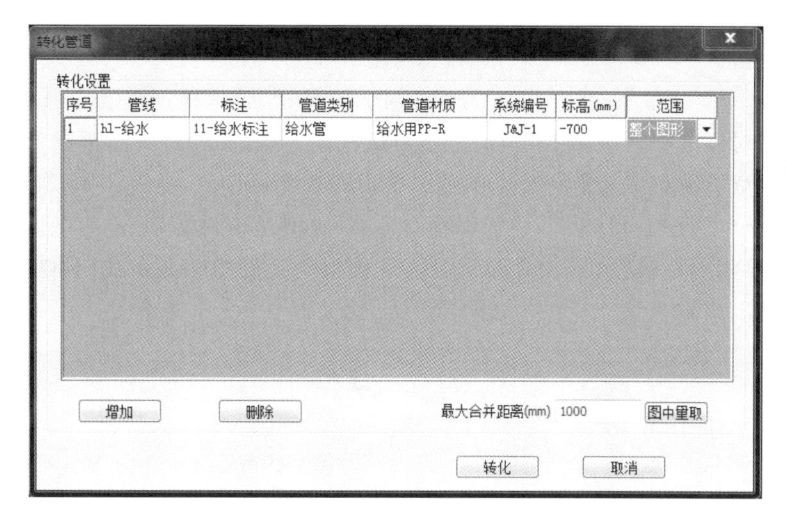

图 2.2.7 “转化管道”对话框(2)

3. 给水干管布置

给水干管布置方式同引入管,请参照布置。

【提示】

不同标高的水平管的布置方法:布置完一个标高上的水平管后,调整“楼层相对标高”参数,单击确认,再布置其他高度的水平管。在这种连续布管过程中若出现一点的两侧管道的标高不同时,软件弹出如图 2.2.8 所示对话框。

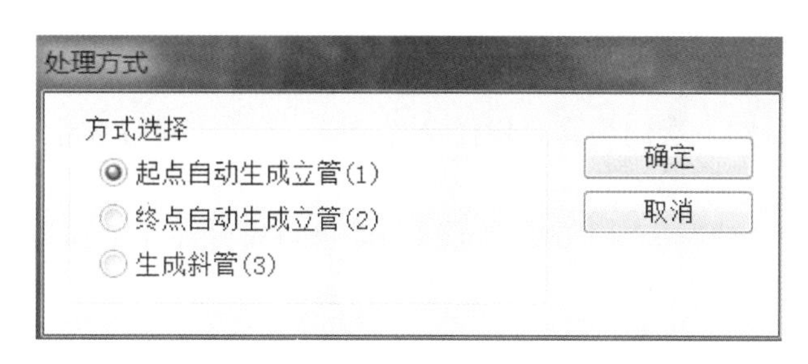

图 2.2.8 “处理方式”对话框

起点自动生成立管:在标高需要调整的水平管的起点自动生成连接这两根不同标高的水平管的立管,该水平管的标高以后一次输入的标高为准。

终点自动生成立管:在标高调整后的水平管的终点自动生成立管。该水平管还是按原标高生成,调整的标高只对立管有效。

生成斜管:调整标高后生成的管道的起点是原标高,终点为调整后标高,即生成斜管。

视频 2.2.2
给水立管布置

4. 给水立管布置

立管有变径和不变径两类,针对不同类型的立管,布置命令有“垂直立管”和“贯通立管”两种,其中“垂直立管”适用于不变径立管,“贯通立管”适用于变径立管。查阅 A 办公楼给水系统图,给水主立管 JL-1、JL-2 都为变径主立管,需按贯通立管进行布置。

(1)垂直立管

该命令主要用于布置同一垂直方向上的不变径主立管。单击“垂直立管”按钮 垂直立管,选择对应的立管规格、系统编号及对应标高方式,在软件提示框输入标高信息,命令行提示“指定立管的插入点【参考点(R)】”,单击布置即可。

软件默认是“工程相对标高”。“工程相对标高”也就是构件相对于该工程±0.000为起点的标高;“楼层相对标高”就是构件相对于当前楼层为起点的标高。我们可以直接在“起点标高”“终点标高”中输入该立管的上、下端标高位置,如图2.2.9所示。

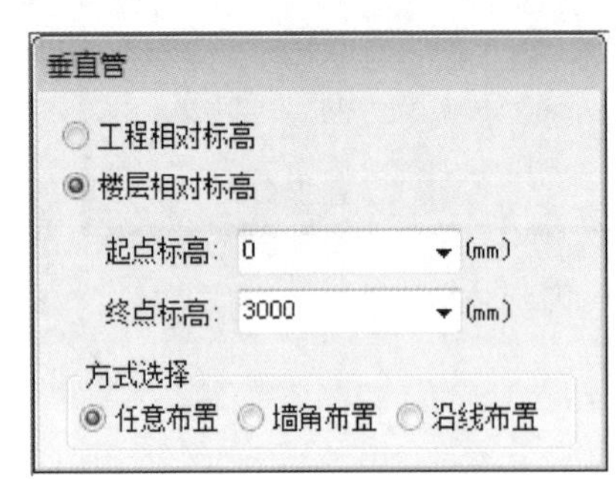

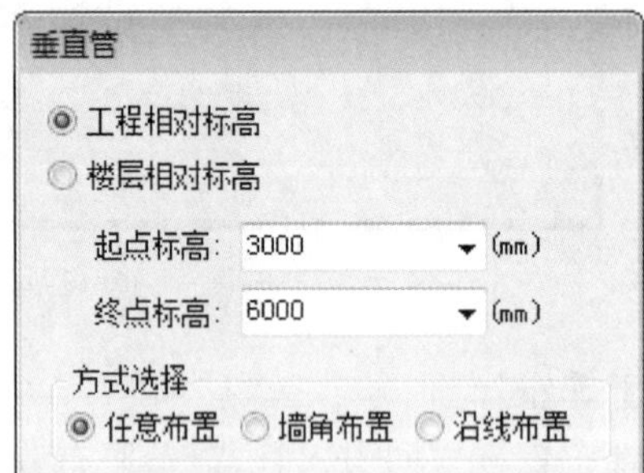

图2.2.9 垂直立管布置

注:选择“工程相对标高”布置时,软件支持布置输入的起点标高和终点标高不在该楼层范围之内的立管,但图形显示只有一个点和构件名称,且当切换过楼层后构件名称自动消除,该构件只在所属楼层显示。如:一层标高是(0,3000mm),所布置的立管高度为(3400mm,9600mm),若在一层布置完成该立管后,只有构件名称和一个点,切换到二层,然后再重新切换到一层,则一层的该立管构件名称消除,即立管构件显示在标高所在层,且分层显示。

选择“楼层相对标高”布置时,当输入的起点标高和终点标高不在该楼层范围之内时软件支持布置该立管,三维显示时在该楼层按实际标高显示。

采用“工程相对标高”绘制的立管为主立管,与水平管颜色不一致,可分别显示控制;采用“楼层相对标高”绘制的立管为短立管,与水平管同颜色。

设置好相应标高后在平面图中单击完成对垂直立管的布置。重复此操作完成其他立管的布置,如图2.2.10所示。

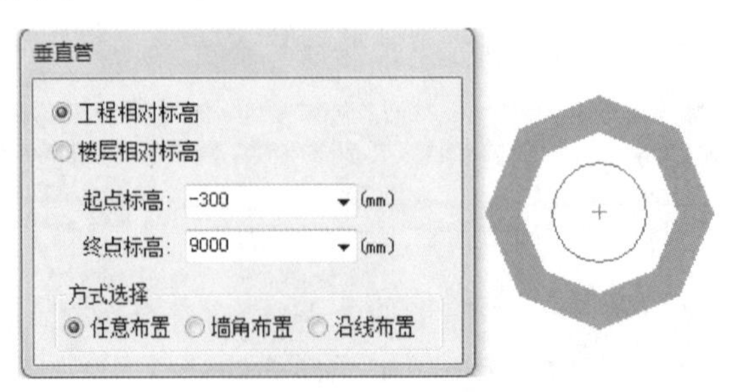

图2.2.10 垂直立管

(2)贯通立管

该命令主要用于布置同一垂直方向上的变径主立管，单击“贯通立管”按钮 贯通立管，软件弹出如图 2.2.11 所示对话框。

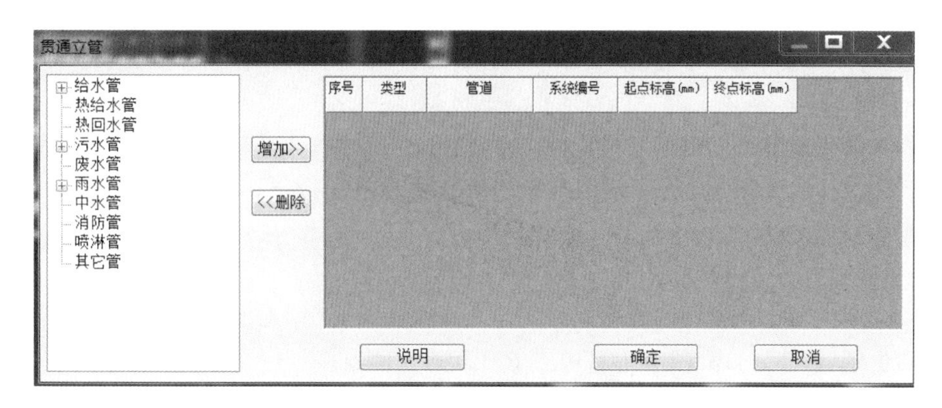

图 2.2.11 “贯通立管”对话框

选择要布置的管道名称，单击“增加”，即把要布置的管道增加到右边的列表中。对于多增加了的管道单击“删除”，按照软件提示选择“是”即可删除该管道。左边的列表中显示的是所有已经定义了的各类管道构件，对于属性里没有被定义的，则需要在“构件属性”里定义完成，然后在该列表中才可以看到。同理，对于没有定义的系统编号要在“系统编号”里进行增加。

我们以本工程 J-1 立管为例，定义并选择好管道名称之后如图 2.2.12 所示。

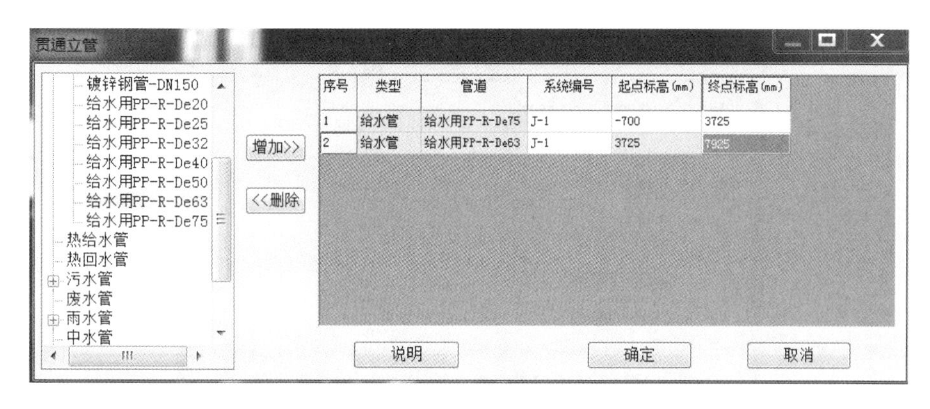

图 2.2.12 贯通立管

在图 2.2.12 的右边列表中，对每一种管道，可以在“系统编号”栏中选择系统编号，并输入“终点标高”参数。增加第二行时起点标高自动读入上一构件的终点标高，不可更改。标高的输入支持“nF±”的输入方式。

各个参数设置好后，单击“确定”，光标回到图形界面，命令行提示“指定立管的插入点【参考点(R)】”，指定插入点布置贯通立管。

【提示】

给水立管安装要求，其中立管外壁至墙面净距：当管径小于等于 32mm 时，应为 25～

35mm;当管径大于 32mm 时,应为 30～50mm。明装立管应垂直,其偏差每米不得超过 2mm;高度超过 5m 时,总偏差不得超过 8mm。

5.管道配件布置

管道配件主要指弯头、三通、四通、大小头等。管道布置完成后,进行管道配件布置,有工程生成、楼层生成、选择生成、随画随生成等方式。

(1)工程生成

软件自动生成整个工程的管道配件。单击中文工具栏“管道配件”下方的“工程生成”按钮 工程生成,软件会自动搜寻整个工程中所有的管道连接点,并按照管道连接方式自动生成相应的管道配件。

(2)楼层生成

软件自动生成当前楼层的管道配件。单击中文工具栏“管道配件”下方的“楼层生成”按钮 楼层生成,软件会自动搜寻本层楼层中所有的管道连接点,并按照管道连接方式自动生成相应的管道配件。

(3)选择生成

软件自动生成框选范围的管道配件。单击中文工具栏“管道配件”下方的“选择生成”按钮 选择生成,根据命令行提示选择要生成配件的管道,右击确定即可。

(4)随画随生成

在绘制管道前先进行选项设置。单击菜单栏“工具”—“选项”—“配件”,弹出选项设置对话框,如图 2.2.13 所示。选择“水管配件”后,单击“应用”—“确定”即可。水管配件随画随生成,同时在编辑修改后实时自动更新。

图 2.2.13 选项设置

【思考与讨论】

1. 工程中常用的给水管材有哪些？管道的连接方式有哪些？管道保温防腐措施有哪些？

2. 如何批量调整管道高度？

2.2.2 卫生间给水系统布置

A 办公楼卫生间给水系统详见卫生间详图。卫生间给水系统布置流程：卫生间给水详图缩放→卫生间给水构件布置→标准房间创建及布置。

1. 卫生间给水详图缩放

给排水平面图比例为 1∶100，卫生间详图比例为 1∶50，比例不一致，需对卫生间详图进行缩放。

在命令行输入缩放命令“SC”，框选需缩放的对象，指定基点（给水立管 JL-1 中心点），输入比例因子（0.5），完成卫生间详图缩放。

2. 卫生间给水构件布置

（1）管道布置

卫生间给水横支管布置前，需先进行构件属性定义，如何定义请参照前述管道属性定义。属性定义完成后，进行给水横支管布置，布置方式可以是任意布置、选择布置、转化布置等。我们这里以“任意布管道”命令进行给水横支管布置。

①任意布管道

单击左侧工具栏中“管道”下方的“任意布管道”图标 **任意布管道**，设置好给水横支管标高、规格及系统编号后，根据 CAD 图纸的管道走向进行手动绘制。命令行提示“指定第一点【参考点（R）】”，在管道上一点单击选为起点，单击后软件提示“指定下一点【圆弧（A）/回退（U）】〈回车结束〉”，单击选择下一点。

关于给水短立管，采用不同标高水平管布置处理，起点与终点输入不同的标高，自动生成短立管，如前图 2.2.8“处理方式”对话框所示。

卫生间给水管道布置完成后，三维 BIM 效果如图 2.2.14 所示。

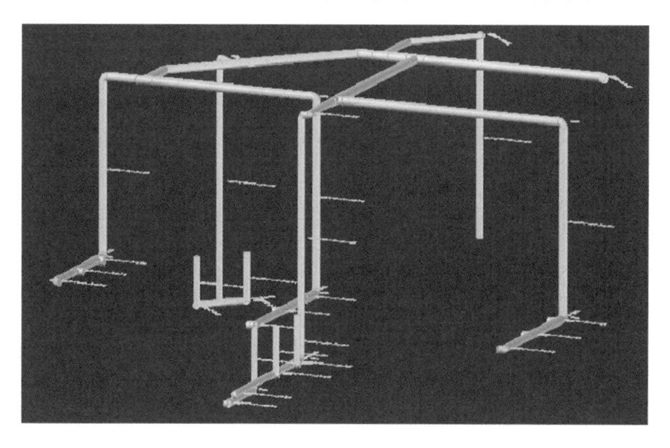

图 2.2.14　卫生间给水管道三维 BIM 效果

【提示】

完成“选择第一个对象”后，根据命令行提示，可以输入“D”指定下一点或者选择下一个对象，软件即时生成垂直管道和水平管道。

②选择布管道

该命令主要用于洁具设备连接自动生成水平管和垂直短立管。单击“选择布给水管”按钮选择布给水管，选择管道规格、系统编号，软件弹出如图 2.2.15 所示对话框。

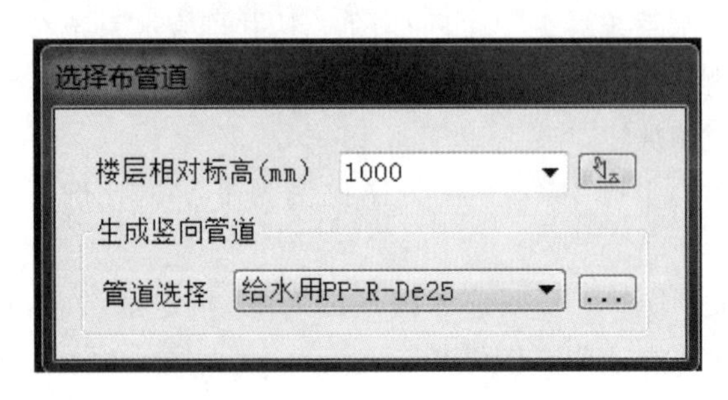

图 2.2.15 “选择布管道”对话框

楼层相对标高：相对于本层楼地面的高度。我们可以直接输入参数对它进行调整，也可以单击后面的“标高提取”按钮自动提取。

标高提取：可以通过直接单击选取平面图形来读取该图形的标高参数。注意：该按钮只能提取平面图形(如水平管)上的标高参数，不能提取立面图形(如立管)的标高参数。

生成竖向管道：给水管连接已布置的洁具，自动生成垂直管道，在下拉列表内可选择管道规格。

③转化管道

单击右侧工具栏中的“转化管道”按钮，弹出“转化管道布置”对话框，按命令行提示完成管道转化，操作方式同前述转化管道命令。

【提示】

因卫生间和给水支管标高不同、管径标注不太齐全，导致管道转化准确率不高，对标高等需重新设置修改，较烦琐，所以转化管道命令在布置卫生间给水管道时不很适用。

(2)给水附件

卫生间给水系统中给水附件主要有阀门、法兰、仪器仪表、水嘴等，现以水嘴为例进行布置，其他给水附件可参照布置。

视频 2.2.3 给水附件布置

①属性定义

在给排水专业模块下，双击属性工具栏空白处，或单击“”按钮，或单击“属性”—“属性定义”，进入“属性定义”界面，如图 2.2.16 所示。

单击“附件”标签，在“构件列表”下拉列表中选择“普通水嘴”，单击“增加”然后单击“”，可在平面图中提取水嘴名称，在“构件定义”对话框中对水嘴的类型、材质、规格等进行定义。

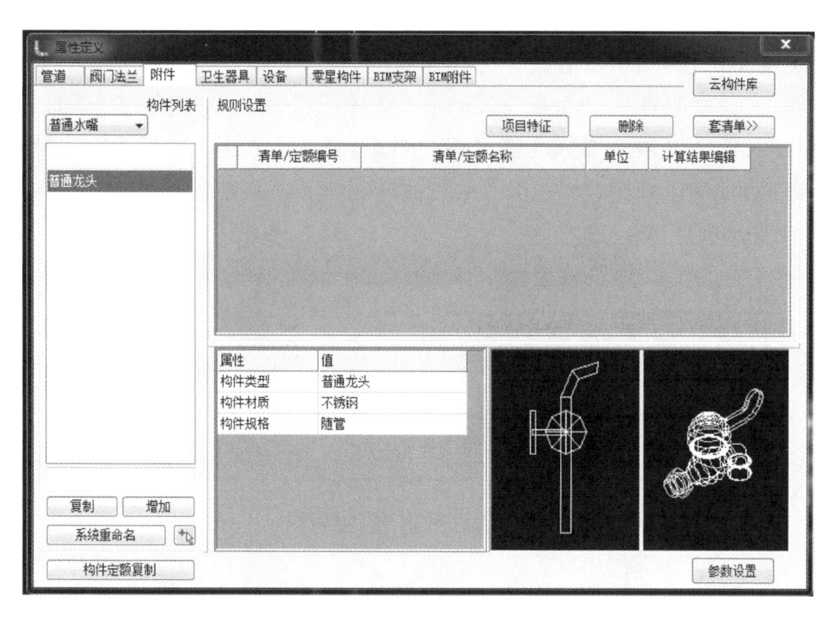

图 2.2.16 “属性定义”界面

在图形显示区,可对属性值进行设置,直接单击“参数设置”,弹出“参数设置”对话框,如图 2.2.17 所示。对三维尺寸与插入点进行编辑,最后单击“确定”即可。

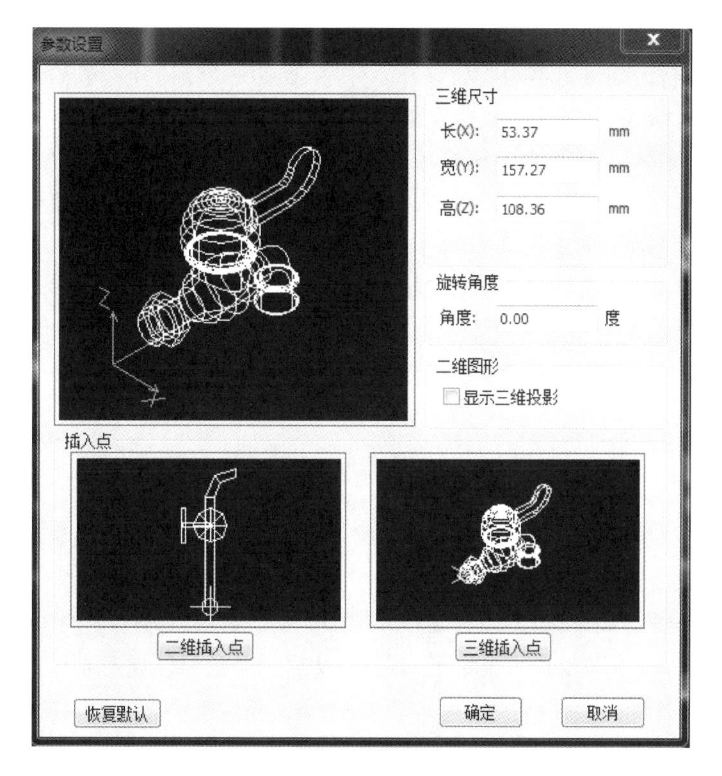

图 2.2.17 “参数设置”对话框

②水嘴布置

水嘴为寄生构件，必须生成管道后才能布置。

单击左侧工具栏“附件”—“水嘴”按钮，软件属性工具栏自动跳转到“附件—普通水嘴”构件中，选择要布置的普通水嘴或冷热水嘴的名称，命令行提示“选择要布置附件的管道”，单击相应管道，同时弹出如图 2.2.18 所示对话框。

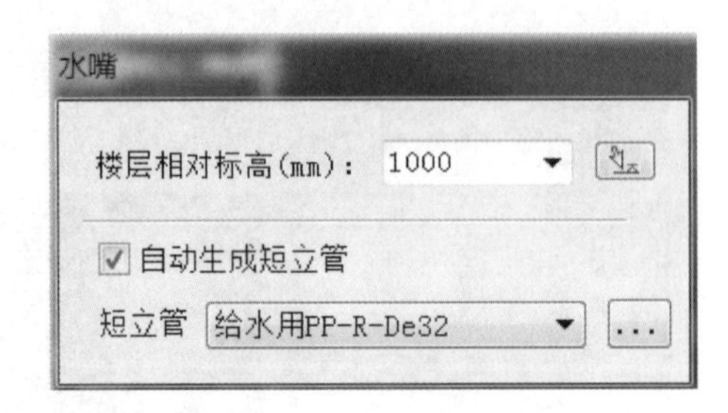

图 2.2.18 “水嘴”对话框

楼层相对标高：可以直接输入水嘴所在的高度，该高度按本层楼地面起算，软件默认的是前一次输入的参数；若选择的是斜管则读取其高点端的标高；当输入的标高与水平管标高一致时，不生成短立管。软件里也可以单击后面的“标高提取”按钮自动提取。

标高提取：可以通过直接单击选取平面图形来读取该图形的标高参数。注意：该按钮只能提取平面图形（如水平管、喷淋头等）上的标高参数，不能提取立面图形（如立管及其立管上的构件）的标高参数。

自动生成短立管：勾选此项，当水嘴和水平管不在一个标高时，软件会自动生成立管。生成的短立管的系统编号与所选水平管相同。

短立管：软件默认短立管的名称和水平管一致，也可以单击小三角进行选择，下拉列表中的构件选项与水平管是同一小类构件。如果该构件列表中没有，则单击后面的“...”按钮进入“属性定义”界面，重新定义新构件。

设置好相关参数后，选择要布置水嘴的水管，按照命令行提示单击要布置水嘴的位置。给水附件只能布于给水管、热给水管等上。不符合时，如排水管，软件弹出提示“该类附件不能布于该类管”。系统名称的设置同水平管。

【提示】

软件中所有点状、块状构件（如喷头、水嘴、排水附件、仪器仪表、卫生器具等）有三个夹点。构件名称左下角的夹点是确定构件名称所在位置的夹点；构件中心点处的夹点是构件位置夹点；构件右上角的夹点是构件方向的翻转夹点，拖动该夹点可以翻转构件的显示方向。

3. 标准房间创建及布置

因卫生间构件每层都一致，为简化建模步骤，可将卫生间作为一个模块创建标准房间，创建好后再依次布置到每层平面图中，从而提高建模速度及精准性。

视频 2.2.4 标准房间布置

（1）标准房间绘制

卫生间中所有构件布置完成后，将专业从“给排水”切换到“建筑”，选择左侧工具栏“房间”，单击“自由绘制”，按命令行提示完成标准房间的绘制。

(2)标准房间创建

该命令用于房间形成之后,把房间里的不同专业下的构件都组合在标准房间里,然后进行标准房间的布置,相当于是多类构件的批量布置。单击左边中文工具栏中"标准房间创建"命令,软件弹出对话框,如图 2.2.19 所示。

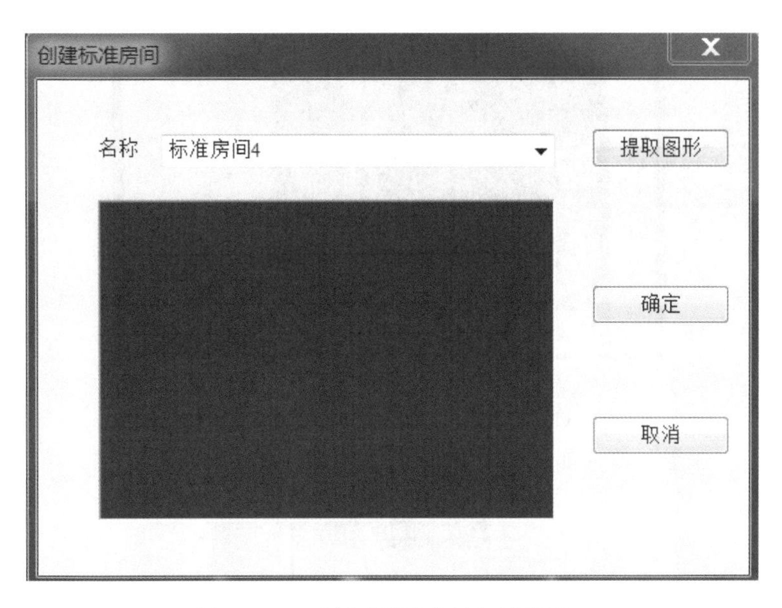

图 2.2.19 "创建标准房间"对话框(1)

名称:选择已定义完成的房间名称或自主输入房间名称。

单击"提取图形"按钮,软件弹出"构件选择"对话框,如图 2.2.20 所示。

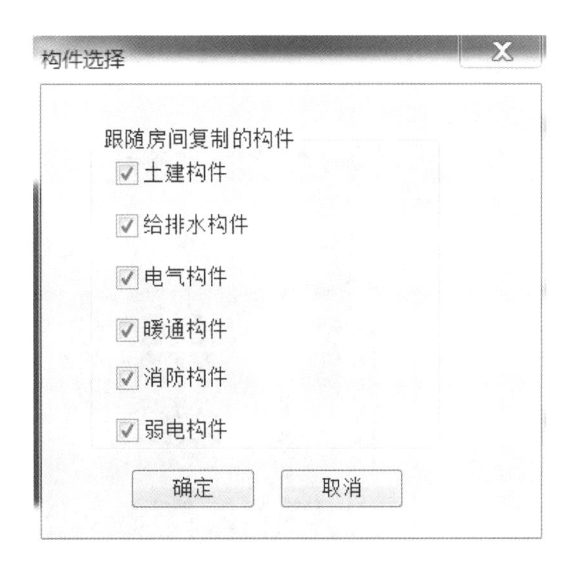

图 2.2.20 "构件选择"对话框

选择要跟随房间一起复制的专业,确定后光标变成小方格呈选择状态,按照命令行提示在图上选择房间名称，选中的房间及其跟随房间复制的构件均呈虚线状态，根据命令行提示完成标准房间设置，设置完成后，软件弹出对话框，如图 2.2.21 所示。

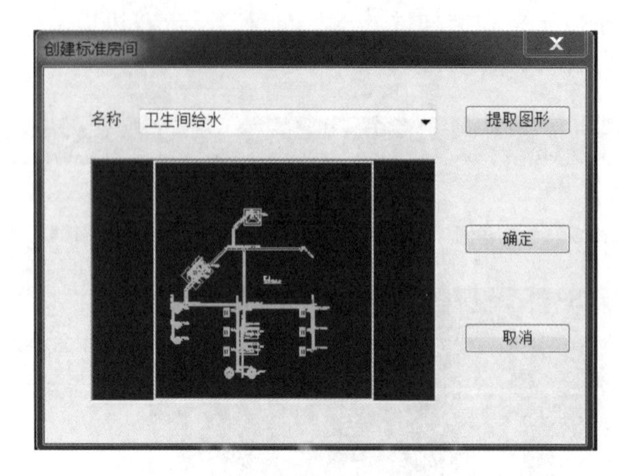

图 2.2.21 “创建标准房间”对话框(2)

完成后单击“确定”，弹出如图 2.2.22 所示对话框，即标准房间创建完成。

图 2.2.22 房间提取成功

(3)标准房间布置

单击左边中文工具栏中的“标准房布置”命令，软件弹出“布置标准房间”对话框，如图 2.2.23 所示。

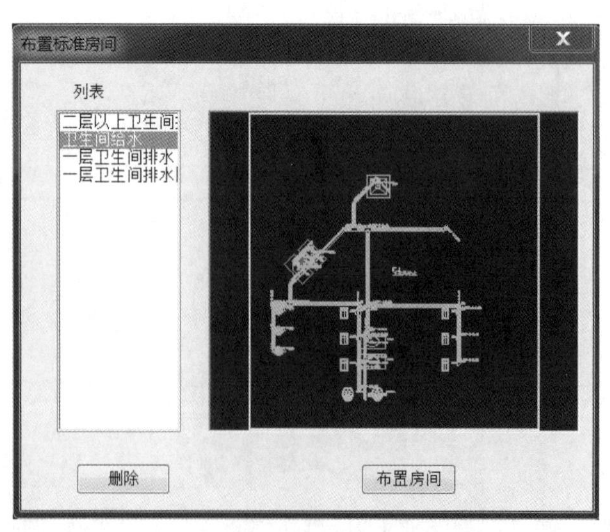

图 2.2.23 “布置标准房间”对话框

列表：显示所有已定义的标准房间。在列表中选择要布置的房间名称，右边图形区显示与左边列表中房间名称相对应的房间图形。

删除：删除已定义的标准房间。

设置完成后，单击“布置房间”按钮，开始布置房间，命令行提示“指定插入点【A—旋转角度，B—左右翻转，C—上下翻转】”，单击确定所要布置的房间位置，右击完成标准房间布置，可以通过输入 A、B、C 调整房间的旋转角度和位置。

【提示】

“标准房布置”命令和“标准房间创建”命令一起用，主要用于房间和房间内的构件基本一致的情况下的构件的快速布置，如对厨房卫生间的管道、阀门、电气等构件的一次性布置，方便快速。

2.2.3 给水附件布置

1. 阀门法兰

(1)属性定义

在给排水专业模块下，双击属性工具栏空白处或单击“”按钮，软件弹出构件的“属性定义”界面，如图 2.2.24 所示。

选择“阀门法兰”标签，在“构件列表”的下拉列表中选择“阀门”，单击“增加”，弹出“构件定义”对话框，对阀门的类型、材质、规格、连接方式等进行定义。

本工程阀门如图 2.2.24 所示。

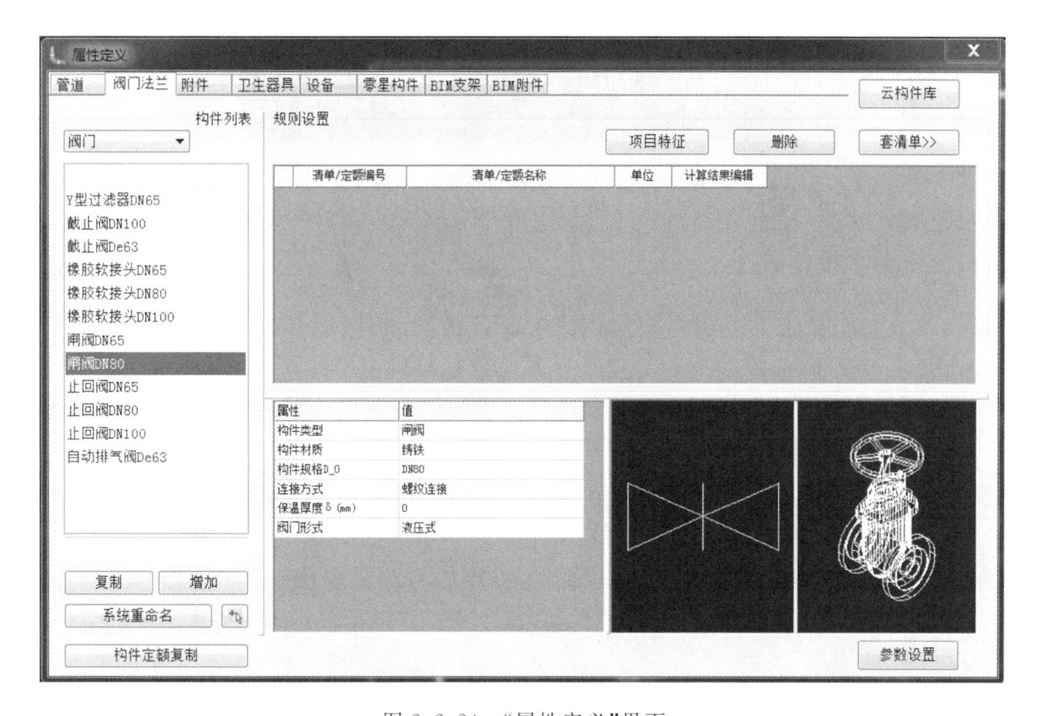

图 2.2.24 “属性定义”界面

(2)布置阀门、法兰

阀门、法兰等为寄生构件,必须生成主管后才能布置。

单击“阀门法兰”按钮 阀门法兰,软件属性工具栏自动跳转到“阀门法兰—阀门”构件中,选择要布置的阀门的名称,同时命令行提示“选择需要布置附件的管道:选择要布置阀门的水管”,按照命令行提示单击要布置阀门的位置。

2. 仪器仪表

仪器仪表的属性定义同阀门法兰,布置也同阀门法兰。

单击“仪器仪表”按钮 仪器仪表,软件属性工具栏自动跳转到“附件”—“仪器仪表”构件中,选择要布置的仪器仪表的名称,选择要布置水表或压力表的水管名称,按照命令行提示在需要布置水表等构件的位置上单击即可。三维效果如 2.2.25 所示。

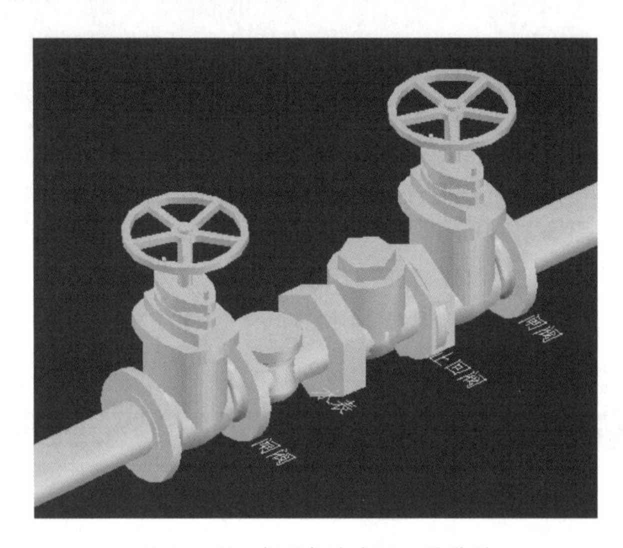

图 2.2.25 仪器仪表布置三维效果

2.2.4 给水设备布置

视频 2.2.5
给水设备布置

我们以 A 办公楼地下一层水泵房内水泵布置为例,布置的方式主要有手动布置和转化布置两种,其中手动布置又分为任意布置和选择布置。建模顺序是先进行属性定义,再根据平面图布置。

1. 属性定义

在给排水专业模块下,双击属性工具栏空白处,或单击“ ”按钮,或单击“属性”—“属性定义”,进入“属性定义”界面,如图 2.2.26 所示。

单击“设备”标签,在“构件列表”的下拉列表中选择“给排水设备”,单击“增加”然后单击“ ”,可在平面图当中提取对应水泵名称,在“构件定义”对话框中对水泵的名称、型号等进行定义。

在图形显示区,可对属性值进行设置,直接单击“参数设置”,弹出“参数设置”对话框,对三维尺寸与插入点进行编辑,最后单击“确定”即可。

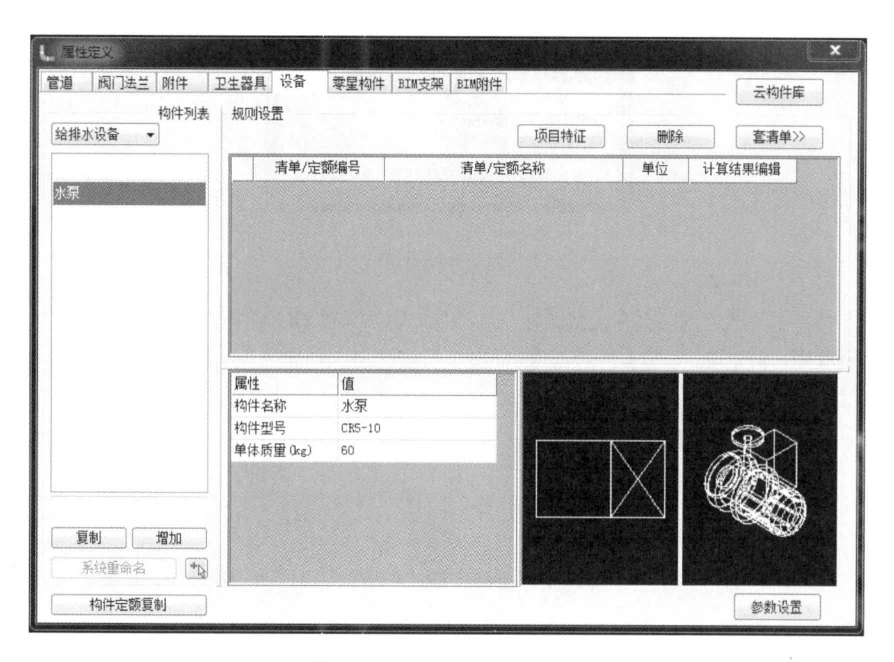

图 2.2.26 “属性定义”界面

2. 任意布置

单击左侧工具栏“洁具设备”下方的“任意布设备”按钮 任意布设备，选择设备类型、系统编号，软件弹出如图 2.2.27 所示对话框。该对话框中的楼层相对标高需要输入设备所在的高度，该高度按本层楼地面起算，软件默认的是前一次输入的参数。

图 2.2.27 “标高设置”对话框

标高提取：可以通过直接单击选取平面图形来读取该图形的标高参数。注意：该按钮只能提取平面图形（如水平管等）上的标高参数，不能提取立面图形（如立管及其立管上的构件）的标高参数。

命令行提示“指定插入点【A—旋转角度】”，单击需要布置设备的位置，如果需要旋转角度，输入 A 进行调整，即可完成设备布置。

3. 选择布置

单击“选择布设备”按钮 选择布设备，软件弹出设备“布置选项”对话框，如图 2.2.28 所示。

楼层相对标高：相对于本层楼地面的高度，可以直接输入参数对它进行调整，也可以单击后面的“标高提取”按钮自动提取。由泵房详图可知，水泵基础标高为 150mm，直接输入即可。

图 2.2.28 “布置选项”对话框

标高提取:可以通过直接单击选取平面图形来读取该图形的标高参数。注意:该按钮只能提取平面图形(如水平管等)上的标高参数,不能提取立面图形(如立管)的标高参数。

自动布置垂直管道:取消勾选此复选框则不生成垂直管道。

参数设定好后根据命令行提示“选择需要布置设备的管道”,选择好管道,单击即可完成设备布置。

4.转化布置

单击右侧工具栏中的“转化设备”按钮,软件弹出“批量转化设备”对话框,如图2.2.29所示。

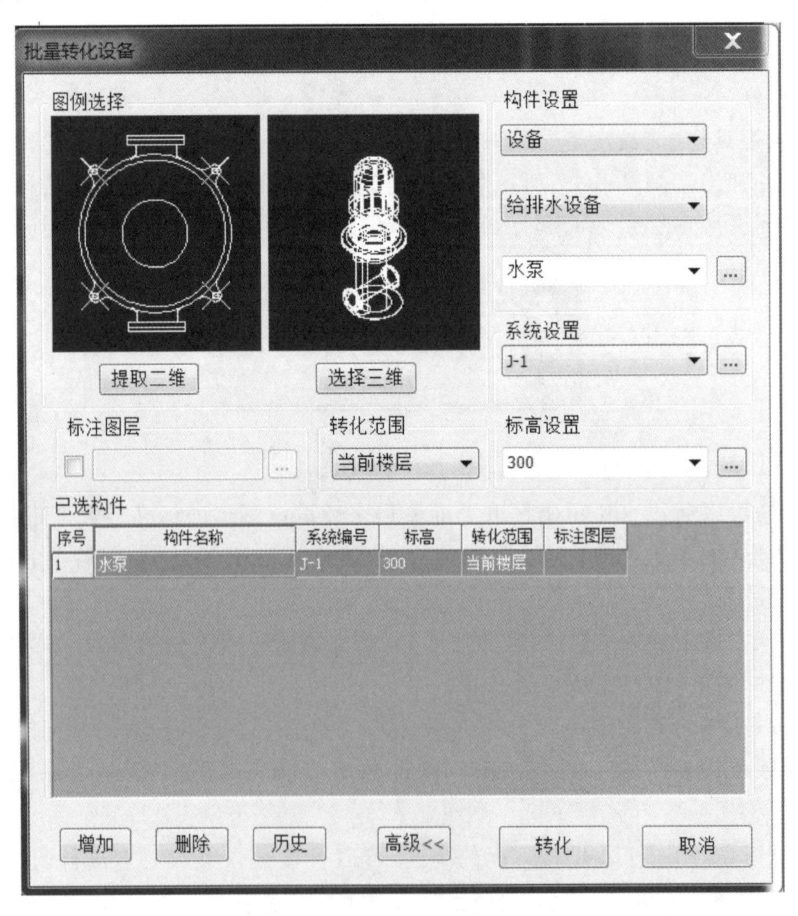

图 2.2.29 “批量转化设备”对话框

单击“提取二维”按钮，软件自动转入绘图界面，光标变成小方框，单击 CAD 图形中的水泵，右击，选择插入点(水泵中心点)。二维提取完成后，软件会默认生成一个三维图形，我们也可以单击“选择三维”按钮进入图库选择对应图形。

构件设置：选择构件类型，手动定义构件名称，或单击“…”按钮，在图纸中提取名称。本工程水泵设置为：设备—给排水设备—水泵。

系统设置：选择系统编号 J-1，也可以单击“…”按钮进行设置。

标高设置：水泵基础标高为 300mm。

转化范围：支持全部楼层转化、当前楼层转化和当前范围转化。我们根据需要选择“当前楼层”转化。

标注图层：选中后，单击“…”按钮，可以选择构件标注的图层，转化时将标注信息加入构件名称中。

增加：需要增加构件时，单击“增加”按钮，重复上述操作，继续提取其他构件。

各参数设置完成后单击“转化”按钮，开始水泵的转化。转化完成后的三维效果如图 2.2.30所示。

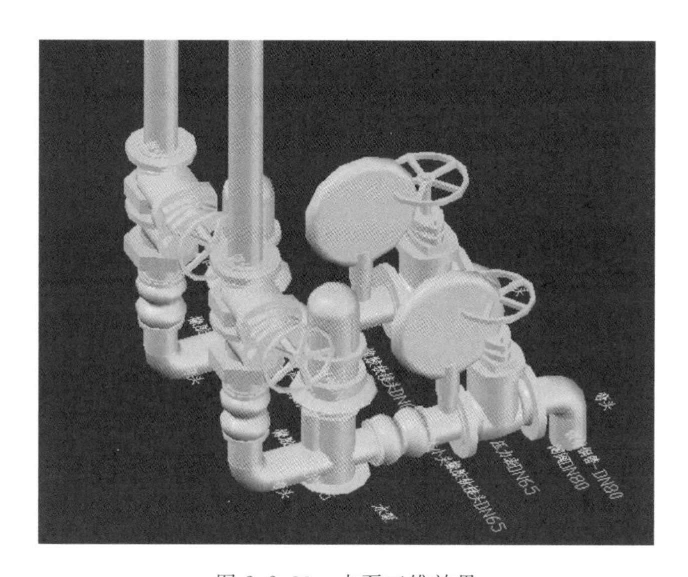

图 2.2.30　水泵三维效果

2.2.5　给水系统 BIM 模型展示

1. 三维显示

单击菜单栏“视图”—“三维显示”—“整体”，即可查看本工程建筑给水系统的整体三维立体图。建筑给水系统 BIM 模型如图 2.2.31 所示。

2. 平面显示

单击菜单栏“视图”—“平面显示”，或单击“平面显示”图标，用以取消三维显示，使用户可以恢复原来平面图的视角。

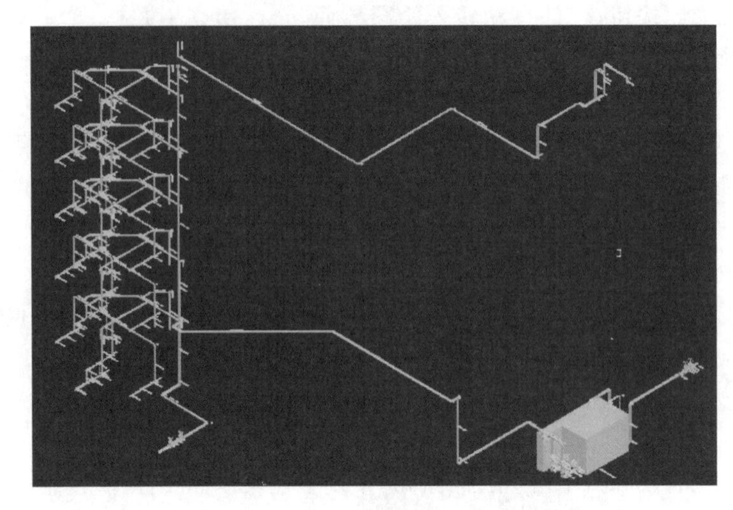

图 2.2.31　建筑给水系统 BIM 模型

3. 显示控制

单击菜单栏“视图”—“显示控制”,单击“显示控制”图标,弹出“显示控制”对话框,如图 2.2.32 所示。显示控制功能支持到具体构件,更改构件属性也会在显示控制中同时刷新,且支持自由缩放大小、自由分配系统编号与构件列表空间大小,设置大型工程时更为便捷、清晰。

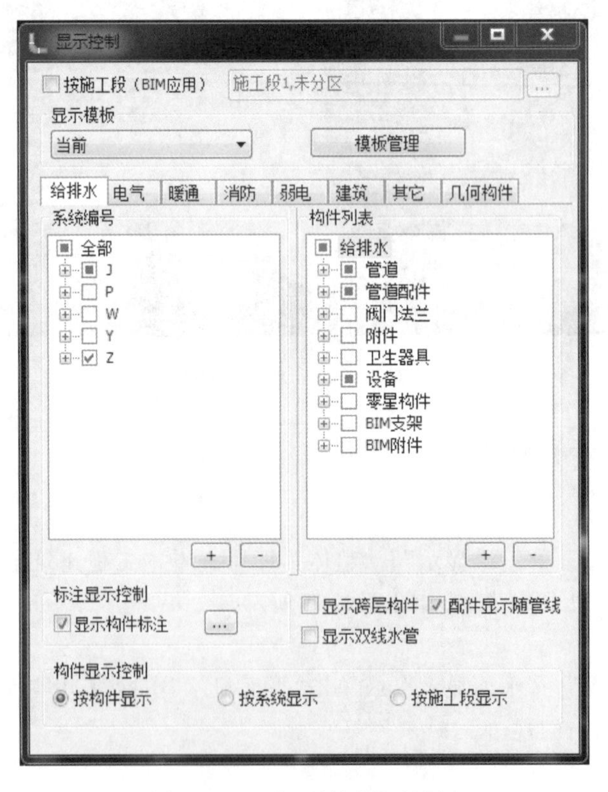

图 2.2.32　“显示控制”对话框

◎任务测试◎

任务 2.2 测试

◎任务训练◎

完成 A 办公楼 J-2 给水系统 BIM 模型创建。

任务 2.3 建筑排水系统 BIM 建模

◎任务引入◎

建筑室内排水系统的主要任务是将人们在日常生产和生活中所产生的污废水收集起来，并通过管道系统及时排至室外网或污水构筑物，为人们提供一个良好的生产和生活环境，同时防止室外排水管网中的有害气体进入室内，并为室外污废水的处理及综合利用提供有利的条件。

由 A 办公楼排水系统图可知，污水排水系统分两个子系统：W-1 排水系统，W-2 排水系统。建筑室内污水排水系统一般由卫生器具、排水管道系统、通气管道、清通设备、抽升设备、污水局部处理设备等组成。BIM 建模流程为：排出管→排水管网→排水附件→排水处理设备。建模的顺序：先定义构件属性，再绘制平面图进行建模。

结合 A 办公楼工程实际，BIM 建模流程分解为：排水主管道布置→卫生间排水系统布置→洁具布置→排水系统 BIM 模型展示。

本节任务主要以 W-1 排水系统为例进行排水系统建模，W-2 排水系统参照类似布置。A 办公楼排水系统 BIM 模型见图 2.3.1。

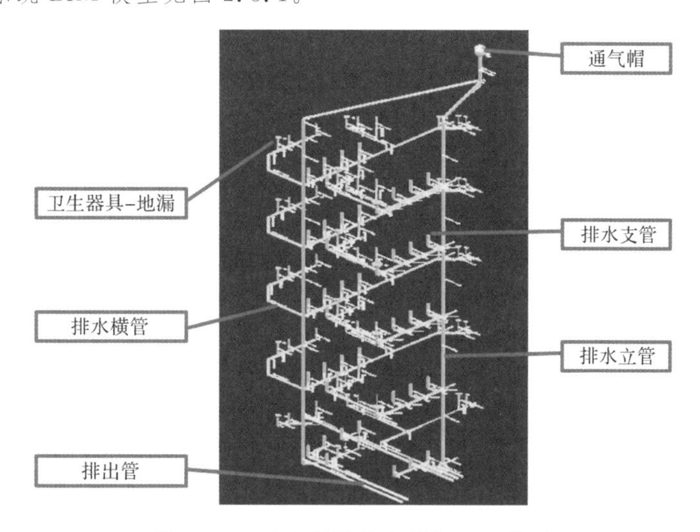

图 2.3.1　A 办公楼排水系统 BIM 模型

◎任务实施◎

2.3.1 排水主管道布置

视频 2.3.1
排水水平管
布置

我们以 A 办公楼一层给排水平面图为例，进行生活污水排水系统主管道布置。管道布置前先进行管道属性定义。

1. 属性定义

在给排水专业模块下，双击属性工具栏空白处或单击“ ”按钮，软件弹出构件的“属性定义”界面，如图 2.3.2 所示。

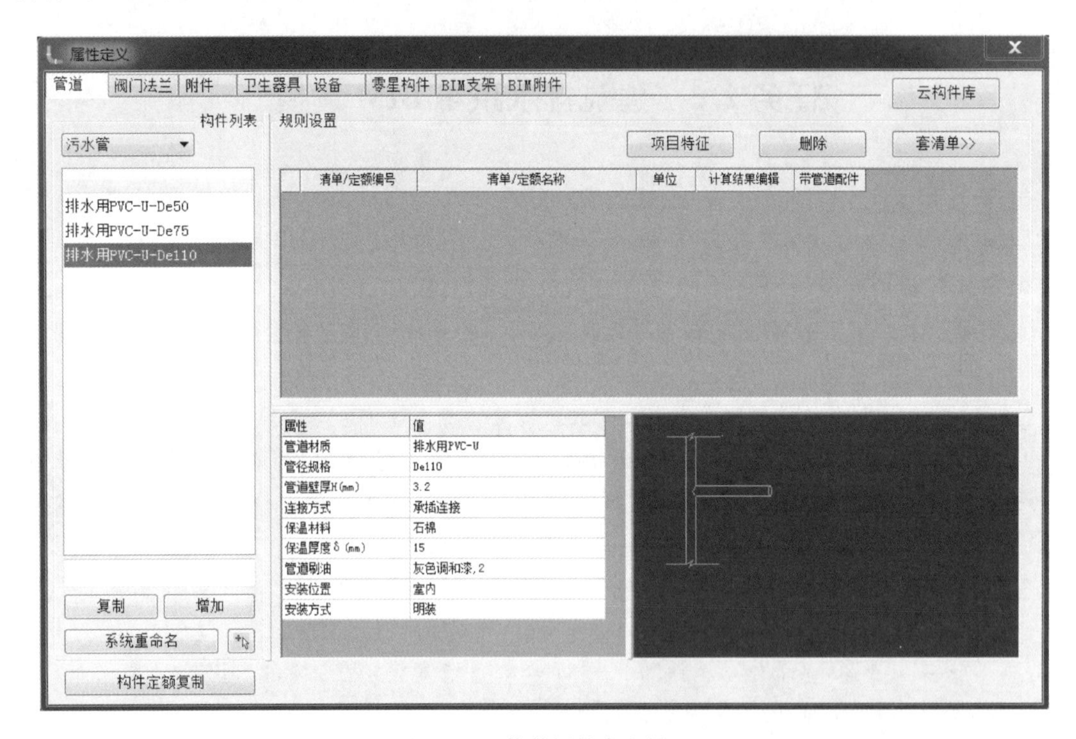

图 2.3.2 构件属性定义界面

选择“管道”标签，在“构件列表”的下拉列表中选择“污水管”，单击“增加”，弹出“构件定义”对话框如图 2.3.3 所示。可在该对话框中对管道的材质、规格、连接方式等进行定义。

这里的构件规格软件直接调用“材质规格表”里的参数选择。如果需要的规格软件里没有，则需要在“工具”—“材质规格表”中增加，然后再回到“构件定义”对话框中选择。选择好构件材质后，其他的属性参数软件默认为最常用的参数设置，可以直接选择调整。本工程污水管道的规格及属性详见图 2.3.3。

2. 排出管布置

排出管的布置方式有任意布置、选择布置、转化布置三种方式，我们这里以任意布置为例进行排出管布置，其他方式请参照引入管布置。

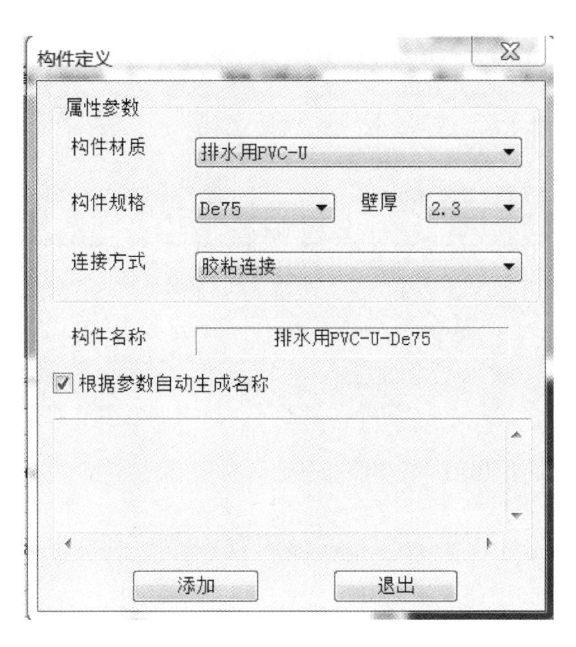

图 2.3.3 “构件定义”对话框

单击左侧工具栏中“管道”下方的“任意布管道”图标，弹出如图 2.3.4 所示对话框。

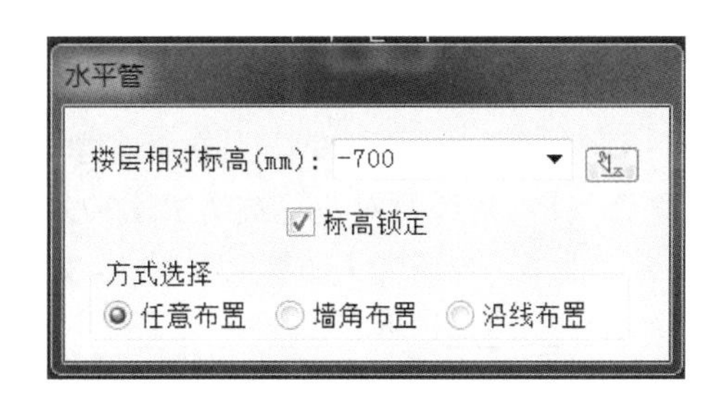

图 2.3.4 “水平管”对话框

本工程排出管楼层相对标高为－700mm，排出管的规格为“排水用 PVC-U-De110”，系统编号为 W-1。设置好管道标高、规格及系统后，根据 CAD 图纸的管道走向手动绘制。命令行提示“指定第一点【参考点(R)】”，在管道上一点单击选为起点，单击后软件提示“指定下一点【圆弧(A)/回退(U)】〈回车结束〉”，单击选择下一点。使用相同布置方式对其他水平管进行布置。

【提示】

对于不同标高的水平管的布置方法：布置完一个标高上的水平管后，调整“楼层相对标高”参数，单击确认，再布置其他高度的水平管。在这种连续布管过程中若出现一点的两侧管道的标高不同时，软件弹出如图 2.3.5 所示对话框。

起点自动生成立管：在标高需要调整的水平管的起点自动生成连接这两根不同标高的水平管的立管，该水平管的标高以后一次输入的标高为准。

终点自动生成立管：在标高调整后的水平管的终点自动生成立管。该水平管还是按原

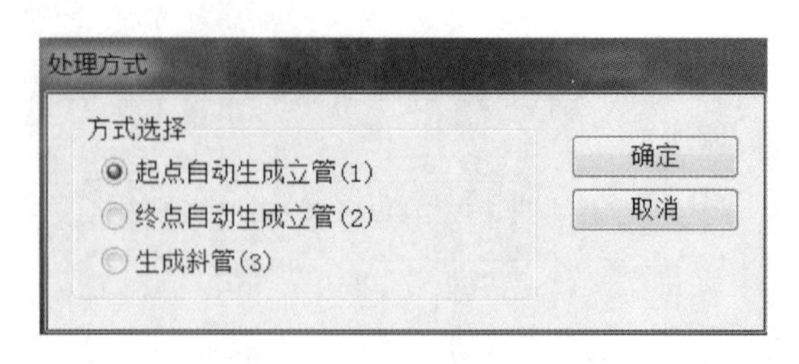

图 2.3.5 “处理方式”对话框

标高生成，调整的标高只对立管有效。

生成斜管：调整标高后生成的管道的起点是原标高，终点为调整后标高，即生成斜管。

3. 排水干管布置

排水干管布置方式同排出管，请参照布置。

【思考与练习】

排水管的水平管坡度如何设置？若管道高度设置错误，如何进行修改？

4. 排水立管布置

视频 2.3.2 排水立管布置

立管有变径和不变径两类，针对不同类型的立管，布置命令有“垂直立管”和“贯通立管”两种，其中“垂直立管”适用于不变径立管，“贯通立管”适用于变径立管。查阅 A 办公楼排水系统图，排水主立管 WL-1、WL-2 都为不变径主立管，需按垂直立管进行布置。

(1)垂直立管

该命令主要用于布置同一垂直方向上的不变径主立管。单击“垂直立管”按钮 垂直立管，选择对应的立管规格、系统及对应标高方式，在软件提示框中输入标高信息，如图 2.3.6 所示。命令行提示“指定立管的插入点【参考点(R)】”，单击布置即可。

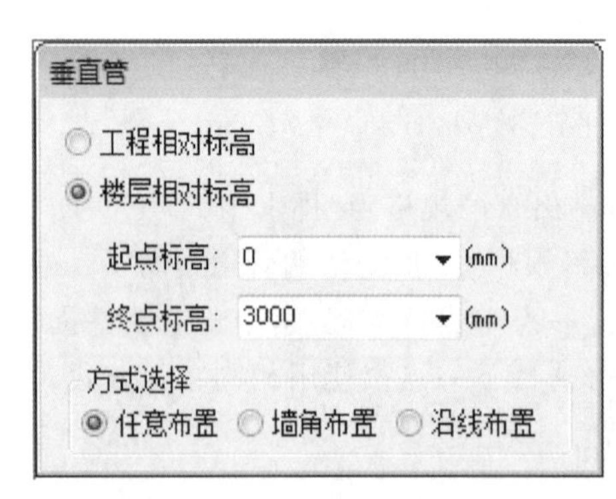

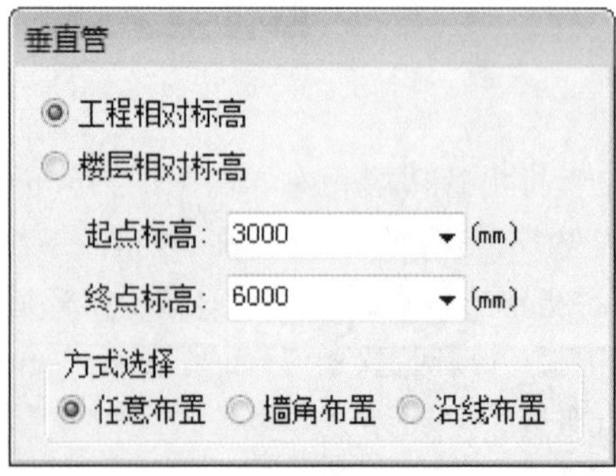

图 2.3.6 输入标高信息

设置好相应标高，在平面图中单击，完成对污水排水立管的布置，如图 2.3.7 所示。

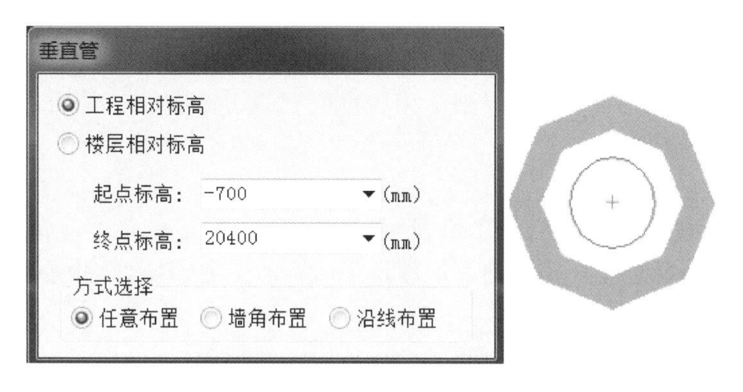

图 2.3.7 垂直立管

(2)贯通立管

该命令主要用于布置同一垂直方向上的变径主立管，单击“贯通立管”按钮贯通立管，软件弹出如图 2.3.8 所示对话框。

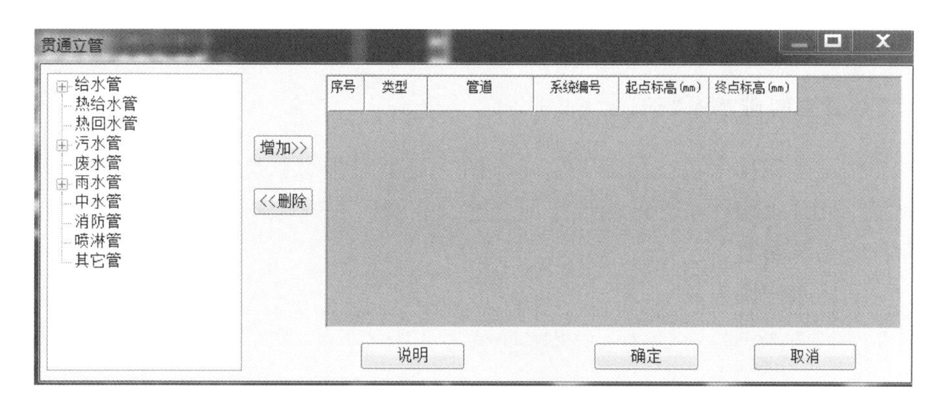

图 2.3.8 “贯通立管”对话框

选择要布置的管道名称，单击“增加”，即把要布置的管道增加到右边的列表中。对于右边列表中多增加了的管道，选中后单击“删除”，按照软件提示选择“是”即可删除该管道。左边的列表中显示的是所有已经定义了的各类管道构件，对于属性里没有被定义的，则需要在“构件属性”里定义完成，然后在该列表中才可以显示。同理，对于没有定义的系统编号要在“系统编号”里进行增加。

在右边列表中对每一种管道，可以在“系统编号”栏中选择系统编号，并输入“终点标高”参数。增加第二行时起点标高自动取上一构件的终点标高，不可更改。标高的输入支持“nF±”的输入方式。

各个参数设置好后，单击“确定”，光标回到图形界面，命令行提示“指定立管的插入点【参考点(R)】”，指定插入点布置贯通立管。

5.管道配件布置

管道配件主要指弯头、三通、四通、大小头等。管道布置完成后，进行管道配件布置，有工程生成、楼层生成、选择生成、随画随生成等方式。

(1)工程生成

软件自动生成整个工程的管道配件。单击中文工具栏“管道配件”下方的“工程生成”图标,软件会自动搜寻整个工程中所有的管道连接点,并按照管道连接方式自动生成相应的管道配件。

(2)楼层生成

软件自动生成当前楼层的管道配件。单击中文工具栏“管道配件”下方的“楼层生成”图标,软件会自动搜寻本层楼层中所有的管道连接点,并按照管道连接方式自动生成相应的管道配件。

(3)选择生成

软件自动生成框选范围的管道配件。单击中文工具栏“管道配件”下方的“选择生成”图标,根据命令行提示选择要生成配件的管道,右击确定即可。

(4)随画随生成

在绘制管道前先进行选项设置。单击菜单栏中“工具”—“选项”—“配件”,弹出选项设置对话框,如图 2.2.13 所示,选择“水管配件”后,单击“应用”—“确定”即可。水管配件随画随生成,同时在编辑修改后实时自动更新。

2.3.2 卫生间排水系统布置

A 办公楼卫生间排水系统详见卫生间详图。卫生间排水系统布置流程:卫生间排水详图缩放→卫生间排水构件布置→标准房间创建及布置。我们以一层卫生间排水详图为例进行卫生间排水系统布置。

1. 卫生间排水详图缩放

给排水平面图比例为 1∶100,卫生间详图比例为 1∶50,比例不一致,需对卫生间详图进行缩放。

在命令行输入缩放命令“SC”,框选需缩放的对象,指定基点(排水立管 WL-1 中心点),输入比例因子(0.5),完成卫生间详图缩放。

2. 卫生间排水构件布置

(1)排水管道

卫生间排水横支管布置前,需先进行构件属性定义,如何定义请参照前述管道属性定义。属性定义完成后,进行排水横支管布置,布置方式可以为任意布置、选择布置、转化布置等。

①任意布管道

单击左侧工具栏中“任意布管道”图标,设置好排水横支管标高、规格及系统编号后,根据 CAD 图纸的管道走向进行手动绘制。命令行提示“指定第一点【参考点(R)】”,在管道上一点单击选为起点,单击后软件提示“指定下一点【圆弧(A)/回退(U)】〈回车结束〉”,单击选择下一点。卫生间管道布置三维效果如图 2.3.9 所示。

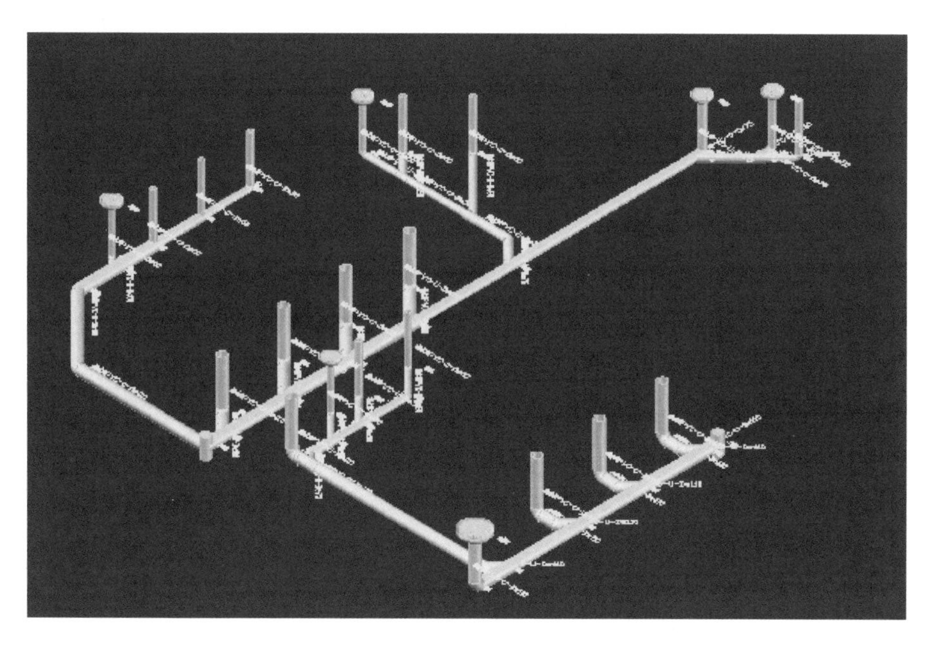

图 2.3.9　卫生间管道布置三维效果

②选择布管道

该命令主要用于连接洁具和按预留生成两种方式生成连接洁具设备的短立管。单击“选择布排水管”按钮选择布排水管，软件弹出如图 2.3.10 所示“选择布管道”对话框。

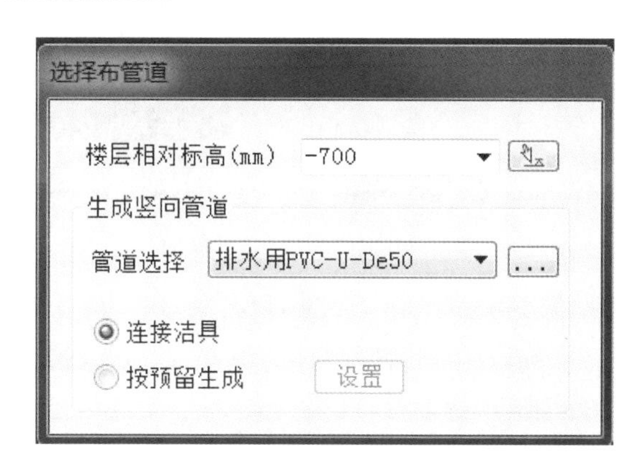

图 2.3.10　“选择布管道”对话框

楼层相对标高：相对于本层楼地面的高度。我们可以直接输入参数对它进行调整，也可以单击后面的“标高提取”按钮自动提取。

生成竖向管道：排水管连接已布置的洁具，自动生成垂直管道，下拉列表内可选择管道规格。

连接洁具：自动生成的短立管长度为水平管到洁具插入点的垂直距离。

按预留生成：预留长度指管道超出楼地面的垂直高度。

单击选取左边属性工具栏中要布置的管道的种类，系统编号为 W-1。按命令行提示布置排水管道；布置完毕后右击，弹出右键菜单，选择“取消”并退出命令，完成排水管道布置。

视频 2.3.3
排水附件
布置

(2)排水附件布置

鲁班软件里排水附件主要指的是地漏、存水弯、检查口、清扫口、雨水斗、通气帽等。

①属性定义

在给排水专业模块下，双击属性工具栏空白处，或单击“”按钮，或单击“属性”—“属性定义”，进入“属性定义”界面，如图 2.3.11 所示。

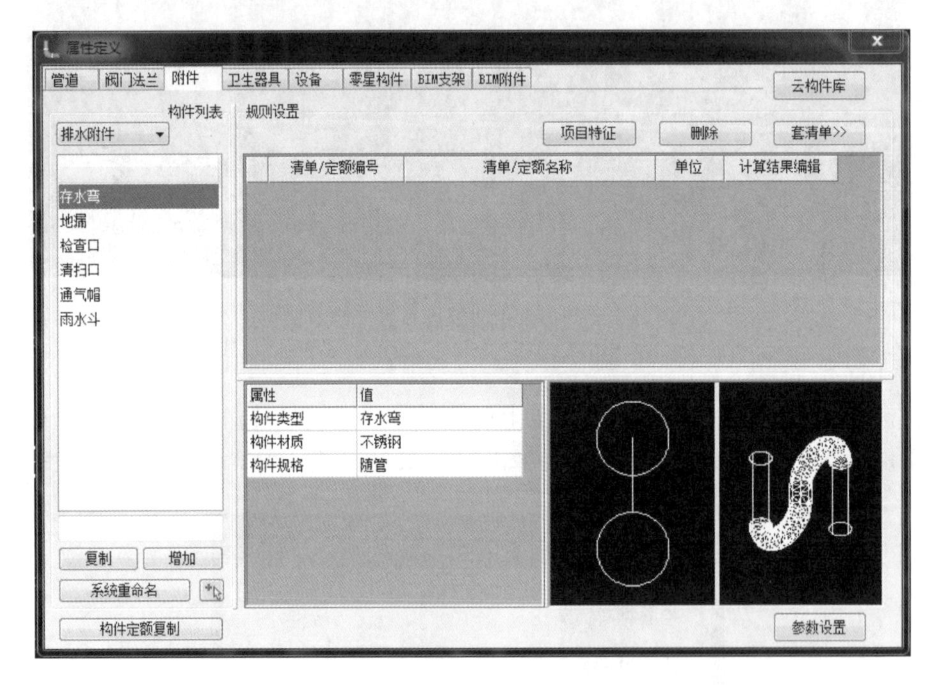

图 2.3.11 “属性定义”界面

单击“附件”下方选择“排水附件”，单击“增加”然后单击“”，可在平面图当中提取排水附件名称，在“构件定义”对话框中对排水附件的类型、材质、规格等进行定义。

在图形显示区，可对属性值进行设置，直接单击“参数设置”，弹出“参数设置”对话框，对三维尺寸与插入点进行编辑，最后单击“确定”即可。

②排水附件布置

单击“排水附件”按钮 排水附件，软件弹出如图 2.3.12 所示对话框。

软件属性工具栏自动跳转到“附件—排水附件”构件中，选择要布置的地漏、存水弯等排水附件的种类，选取系统编号，命令行提示“选择需要布置附件的管道”，设置好相关参数后，选择相关的排水管，按照命令行提示单击需要布置地漏、存水弯的位置即可。

排水附件只能布于废水管、污水管等排水管上，不符合时将弹出提示“该类附件不能布于该类管”。

图 2.3.12 “排水附件”对话框

3.标准房间创建及布置

(1)标准房间绘制

卫生间中所有构件布置完成后，将专业从“给排水”切换到“建筑”，选择左侧工具栏中的“房间”，单击“自由绘制”，按命令行提示完成标准房间的绘制。

(2)标准房间创建

该命令用于房间形成之后，把房间里的不同专业下的构件都组合在标准房间里，然后进行标准房间的布置，相当于是多类构件的批量布置。单击左边中文工具栏中“标准房间创建”命令，软件弹出如图 2.3.13 所示对话框。

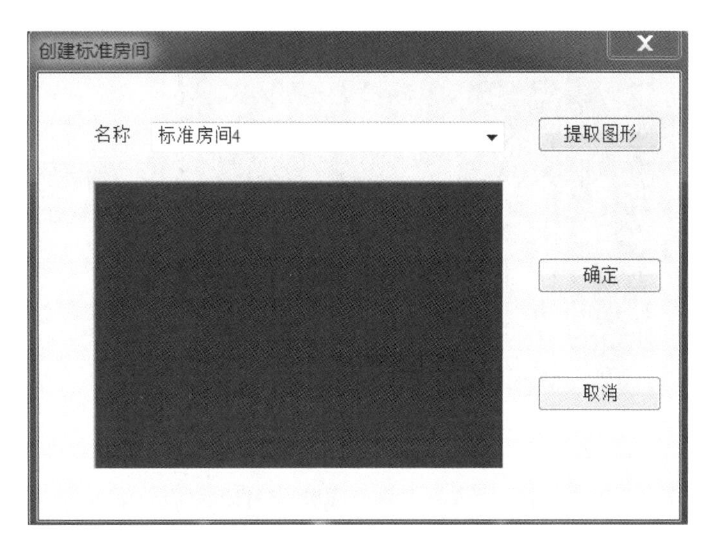

图 2.3.13 “创建标准房间”对话框(1)

名称：选择已定义完成的房间名称或自主输入房间名称。

单击“提取图形”按钮，软件弹出如图 2.3.14 所示对话框。

选择要跟随房间一起复制的专业，确定后光标变成小方格呈选择状态，按照命令行提示在图上选择房间名称，选中的房间及其跟随房间复制的构件均呈虚线状态，根据命令行提示完成标准房间设置，设置完成后软件弹出如图 2.3.15 所示对话框。

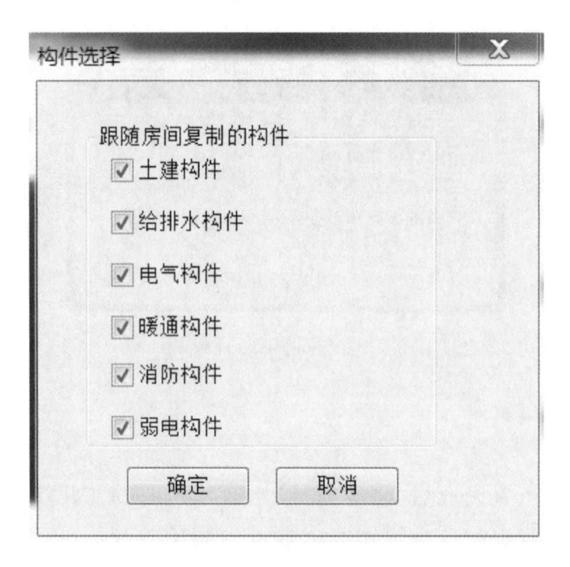

图 2.3.14 “构件选择”对话框

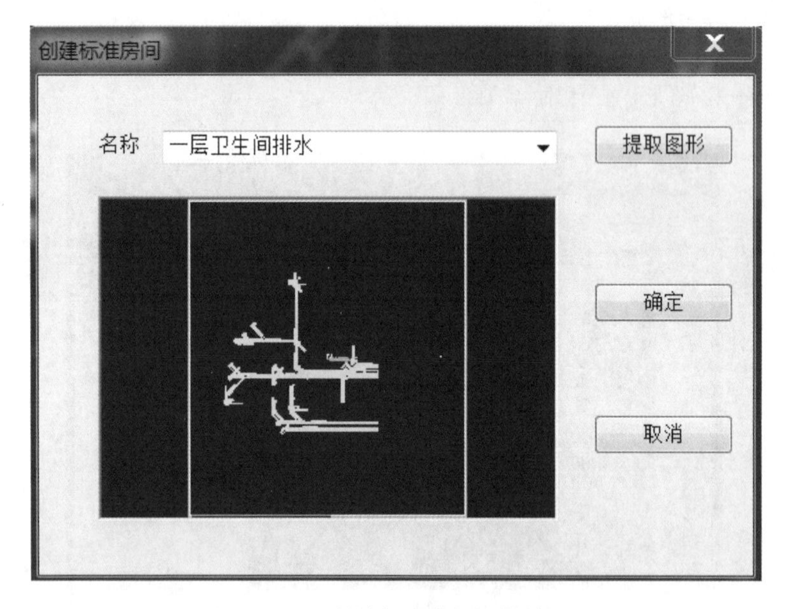

图 2.3.15 “创建标准房间”对话框(2)

完成后,单击“确定”,弹出如图 2.3.16 所示对话框,即标准房间创建完成。

图 2.3.16 房间提取成功

(3)标准房间布置

单击左边中文工具栏中的“标准房布置”命令，软件弹出如图 2.3.17 所示对话框。

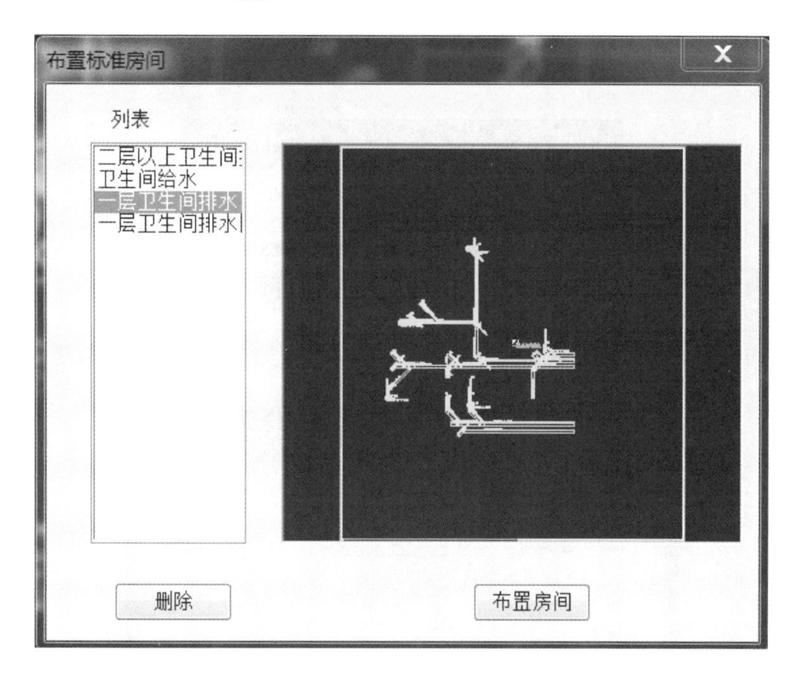

图 2.3.17 “布置标准房间”对话框

列表：显示所有已定义的标准房间。在列表中选择要布置的房间名称，右边图形区显示与左边列表中房间名称相对应的房间图形。

删除：删除已定义的标准房间。

设置完成后单击“布置房间”按钮，开始布置房间，命令行提示“指定插入点【A—旋转角度，B—左右翻转，C—上下翻转】”，单击确定所要布置的房间位置，可以通过输入 A、B、C 调整房间的旋转角度和位置。

【提示】

“标准房布置”命令和“标准房间创建”命令一起用，主要用于房型和房型内的构件基本一致的情况下的构件的快速布置，如对厨房卫生间的管道、阀门、电气等构件的一次性布置，方便快速。

2.3.3 洁具设备布置

视频 2.3.4 洁具设备布置

洁具设备的布置方式有很多种，现介绍常用的三种方式：任意布洁具、选择布洁具、转化设备。

1. 任意布洁具

单击“任意布洁具”按钮 任意布洁具，按照命令行提示“指定插入点【A—旋转角度】”，单击需要布置卫生器具的位置。如果需要旋转角度，输入 A 进行调整；角度输入方式为“逆时针为正，顺时针为负”。

2.选择布洁具

单击“选择布洁具”按钮 选择布洁具,弹出如图2.3.18所示对话框。勾选“自动布置垂直管道”,根据命令行提示指定插入点。若不勾选此项,则不会弹出后续的对话框而且不生成短立管。

图2.3.18 “布置选项”对话框

选择需要布置洁具设备的排水管,指定插入点,弹出如图2.3.19所示对话框。

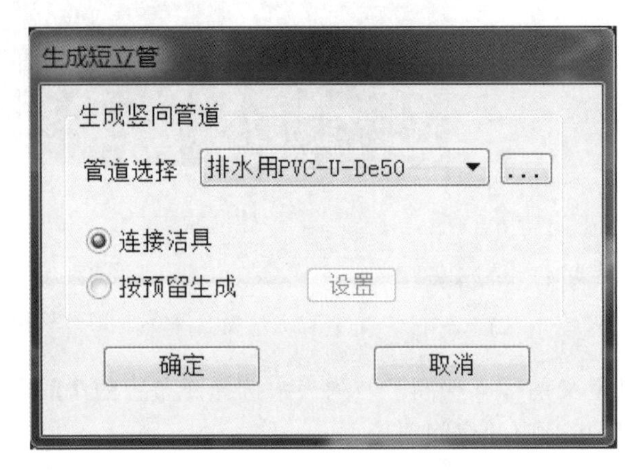

图2.3.19 “生成短立管”对话框

对话框中提供了两种生成方式来生成短立管,选择好管道和生成方式后,单击“确定”完成洁具设备布置。

【思考与讨论】

生成方式若选择“按预留生成”,预留长度怎么设定?

3.转化布置

单击右侧工具栏中的“转化设备”按钮,软件弹出如图2.3.20所示对话框。

单击“提取二维”按钮,软件自动转入绘图界面,光标变成小方框,单击CAD图形中的洁具设备,右击,选择插入点(洁具设备中心点)。二维提取完成后,软件会默认生成一个三维图形,我们也可以单击“选择三维”按钮进入图库选择对应图形。

构件设置:选择构件类型,手动定义构件名称,或单击“...”按钮,在图纸中提取名称。本工程洁具设备设置为:卫生器具—小便器—小便器[1]。

系统设置:选择系统编号W-1,也可以单击“...”按钮进行设置。

标高设置:标高为600mm。

转化范围:支持全部楼层转化、当前楼层转化和当前范围转化。我们根据需要选择“当前楼层”转化。

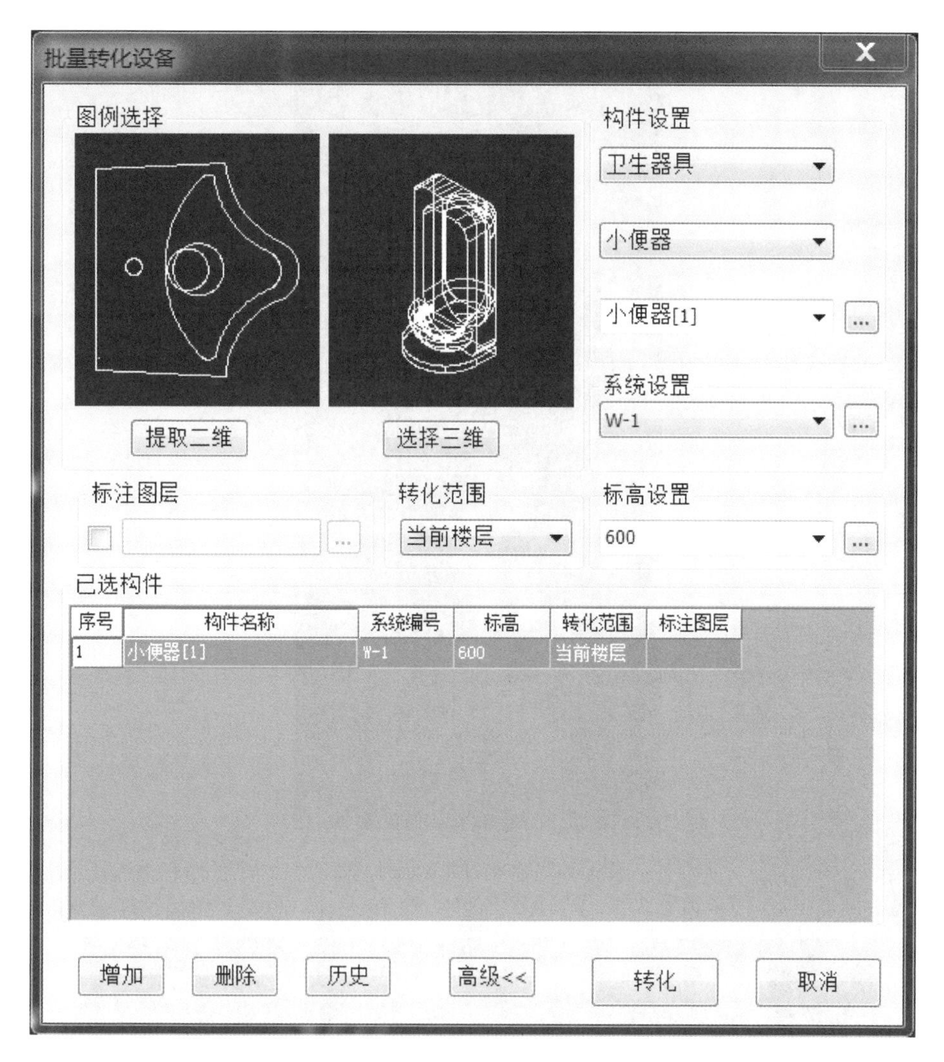

图 2.3.20 “批量转化设备”对话框

标注图层:选中后,单击“…”按钮,可以选择构件标注的图层,转化时将标注信息加入构件名称中。

增加:需要增加构件时,单击“增加”按钮,重复上述操作,继续提取其他构件。

各参数设置完成后单击“转化”按钮,开始洁具设备的转化。

2.3.4 排水系统 BIM 模型展示

BIM 模型三维显示、平面显示、显示控制等操作同“2.2.5 给水系统 BIM 模型展示”中所述,这里不再赘述。

本工程建筑排水系统 BIM 模型,如图 2.3.21 至图 2.3.23 所示。

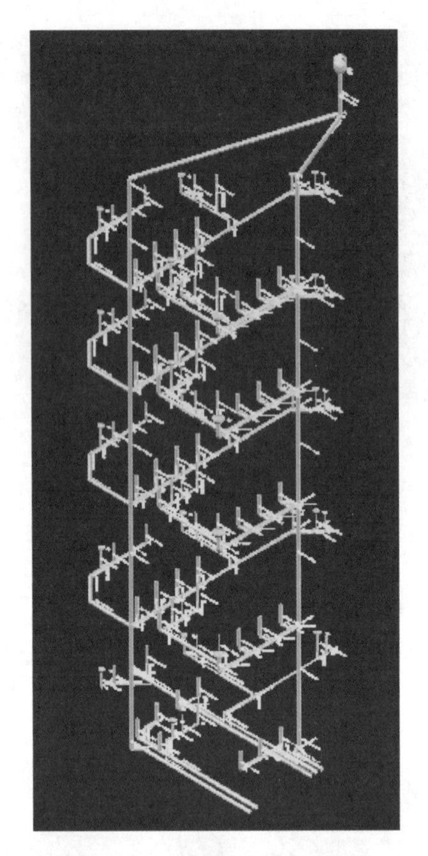

图 2.3.21 室内生活排水系统

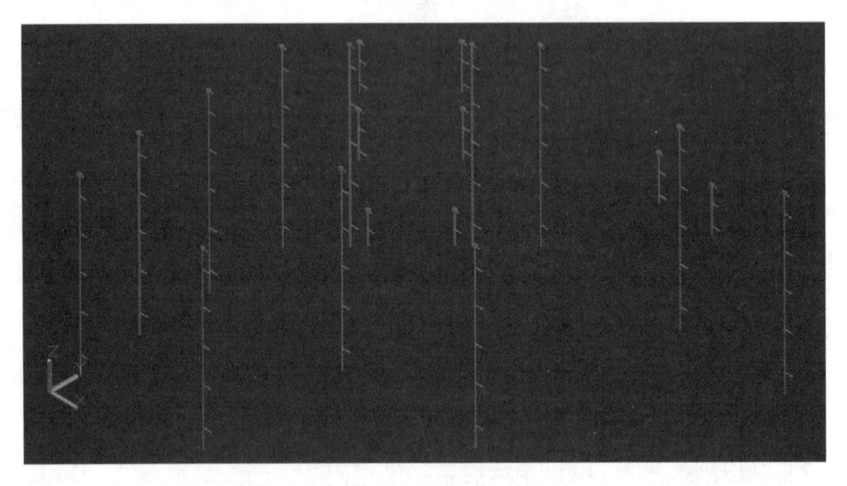

图 2.3.22 雨水排水系统

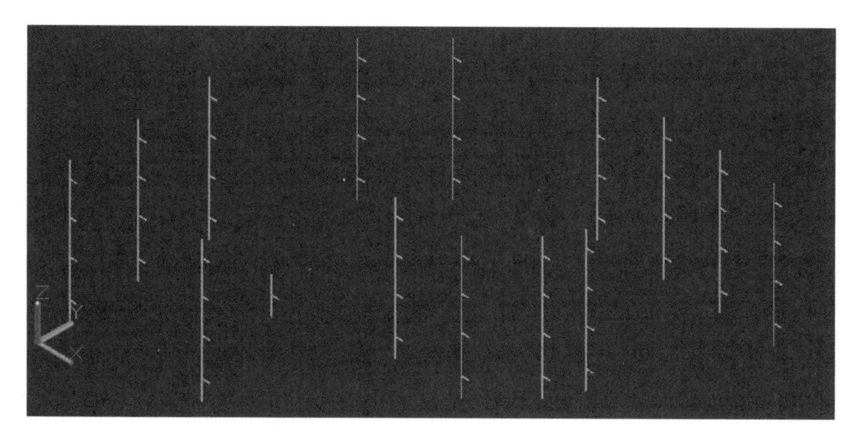

图 2.3.23　冷凝水排水系统

◎**任务测试**◎

任务 2.3 测试

◎**任务训练**◎

完成 A 办公楼 W-2 排水系统 BIM 模型创建。

【项目小结】

学生通过建筑给排水系统 BIM 建模，边建模边识图，提高了其给排水施工图识读能力；通过创建的给排水系统 BIM 模型，可以清晰地看到水平管与立管的连接方式，将平面图中的管线信息进行三维化、可视化、数字化，便于模型维护与应用。

在给排水系统 BIM 建模的过程中，需特别注意管道变径及高度变化，各类管材的名称、规格、型号、尺寸，给水以及排水的系统编号，管道的敷设方式、连接方式等，保证模型工程基础数据的精准性，为后期 BIM 模型应用打好基础。

【项目测试】

项目测试

【项目拓展】

根据提供的某卫生间的图纸信息，完成给水系统 BIM 建模。建模内容有：

(1)坐标原点放在 5 轴与 C 轴的交点；

(2)根据系统图完成管道属性定义；

(3)根据平面图、系统图,完成给水系统的BIM建模。

(备注:本项目任务来自2017年11月全国BIM应用技能等级考试试题)

附:

一、施工设计说明

1.本层层高为3700mm。

2.给水管道采用PP-R管,热熔连接,采用橡塑发泡材料保温,保温厚度为20mm,外包铝皮一周。

3.参考图集及选用设备说明。

序号	图例	名称	规格及型号	单位	数量	备注
1		置地翻盖型灭火器箱	XMDF 4-2	只	按图统计	磷酸铵盐干粉灭火器灭火器 2*MF/ABC3
2		蹲式大便器	延时自闭蹲便器冲洗阀	套	按图统计	安装参 09S304-89
3		分体式坐便器	640x360x720	套	按图统计	安装参 09S304-66
4		壁挂式小便器	DN15感应式冲洗阀	套	按图统计	安装参 09S304-106
5		污水池	600x500x800	套	按图统计	安装参 09S304-20
6		沿台式洗脸盆	DN15感应式冲洗阀	套	按图统计	安装参 09S304-55
7		入户水表	旋翼式水表	套	按图统计	水表口径由当地自来水公司确定
8		防臭地漏	De50	个	按图统计	参04S301
9		清扫口	De110	个	按图统计	参04S301
10		给水管	PPR管	米	按实	参10S406
11		污水管	UPVC管	米	按实	参10S406
12		废水管	UPVC管	米	按实	参10S406
13		闸阀	随管	个	按实	
14		减压阀	随管	个	按实	

二、卫生间平面图

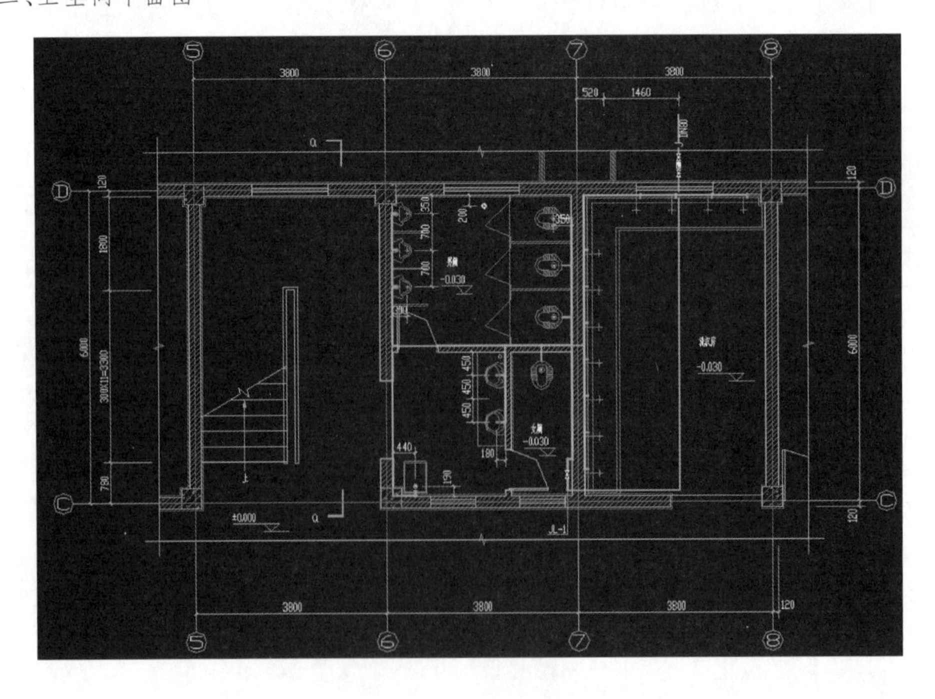

三、卫生给水系统图

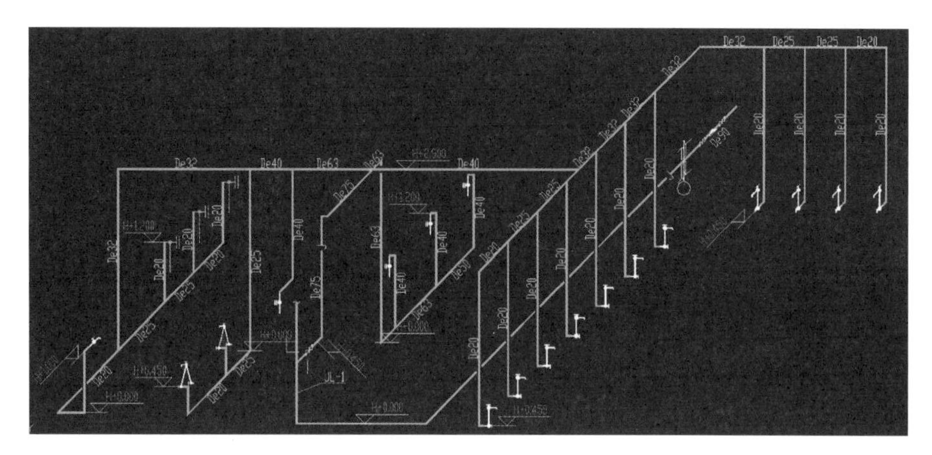
De32
De40
De63
De63
H+2.500
De40
De32
De20
H+1.200
De20
De20
De25
De25
De20
H+0.000
H+0.450
De20
De25
De25
De40
De75
De75
H+0.000
JL-1
H+0.000
De63
H+1.200
De40
De40
De40
De63
H+0.000
De50
De20
De25
De25
De20
De20
De20
De20
De20
H+0.450
De32
De32
De32
De32
De32
De25
De25
De20
De20
De20
De20
De20

项目3　建筑消防给水系统 BIM 建模

【学习目标】

学生通过本项目的学习，熟悉鲁班安装消防专业建模界面，掌握建筑消防给水系统 BIM 建模流程，掌握建筑消防给水系统 BIM 模型的创建方法。

学生通过本项目的学习，能熟练识读建筑消防给水施工图，能用鲁班安装软件创建建筑消防给水系统 BIM 模型。

【项目导入】

本工程为上海某厂项目 A 办公楼，其建筑消防给水系统主要包括喷淋系统、消火栓给水系统等。本项目主要任务是创建喷淋系统 BIM 模型、消火栓给水系统 BIM 模型。A 办公楼消防给水 BIM 模型见图 3.0.1。

任务分解及建模流程：

(1)建模准备：消防给水施工图识读→工程设置→图纸调入→系统编号。

(2)喷淋系统建模：喷头布置→喷淋管布置→喷淋立管布置→附件布置→楼层复制→喷淋系统 BIM 模型展示。

(3)消火栓给水系统建模：消火栓箱布置→灭火器布置→消防水平干管布置→消防立管布置→箱连主管→消火栓给水系统 BIM 模型展示。

图 3.0.1　A 办公楼消防给水 BIM 模型

任务 3.1　消防给水系统 BIM 建模准备

◎任务引入◎

在消防给水系统 BIM 建模前，需做好两个准备：一是熟悉项目概况，阅读消防给水施工图，提取相关的各项工程参数，如层高、管材、管道连接方式、设备安装高度等，便于各项工程参数的选定，提高建模速度；二是熟悉消防专业软件操作界面，掌握工程设置及图纸调入等操作，为后期各系统建模做好基础准备。

BIM 建模准备工作流程为：消防给水施工图识读→工程设置→图纸调入→系统编号。

◎任务实施◎

3.1.1　消防给水施工图识读

视频 3.1.1
消防给水
施工图识读

1. 工程概况

本工程为上海某厂项目 A 办公楼，总建筑面积为 5975m^2，框架结构，地下 1 层，地上 5 层，建筑高度为 22m。其中各层层高：地下一层 4000mm，首层 4500mm，地上二层 4200mm，地上三至五层均为 3800mm。

本工程消防水源由市政自来水管网引入，消防水泵设于地下水泵房内，喷淋及消火栓给水系统均采用临时高压系统，水泵直接抽吸市政管网，高位消防水箱设于最高处。本工程按中危险等级设计。

2. 管材附件设备

喷淋及消火栓给水管采用热镀锌钢管，管径小于等于 100mm 采用螺纹连接，管径大于 100mm 采用法兰连接。管道穿越墙、梁、板均须预埋刚性套管，套管尺寸比管道尺寸大两号，其间隙应采用不燃性材料填塞密实。消火栓给水管管径规格有 DN250、DN200、DN150、DN100、DN65 等。喷淋给水管管径规格有 DN250、DN200、DN150、DN100、DN80、DN65 DN50、DN40、DN32、DN25 等。

阀门采用闸阀，水流指示器、报警阀进出口采用电信号阀。

消火栓箱采用组合式消火栓箱，箱内设 DN65 消火栓一只，消火栓口离地 1.1m，DN65×25m 长衬胶水龙带一条，QZ19 水枪一支，有消防报警按钮等全套配件，配有手提式干粉灭火器两只。

喷头采用直立型喷头，设有吊顶的场所采用吊顶型喷头，公称动作温度为 68℃。

【思考与讨论】

建筑消防给水系统由哪些部分组成？建筑消防给水施工图识读的方法及步骤是怎样的？

视频 3.1.2
工程设置

3.1.2　工程设置

1. 新建工程

双击“鲁班安装”快捷图标，进入鲁班安装软件界面，如图 3.1.1 所示。

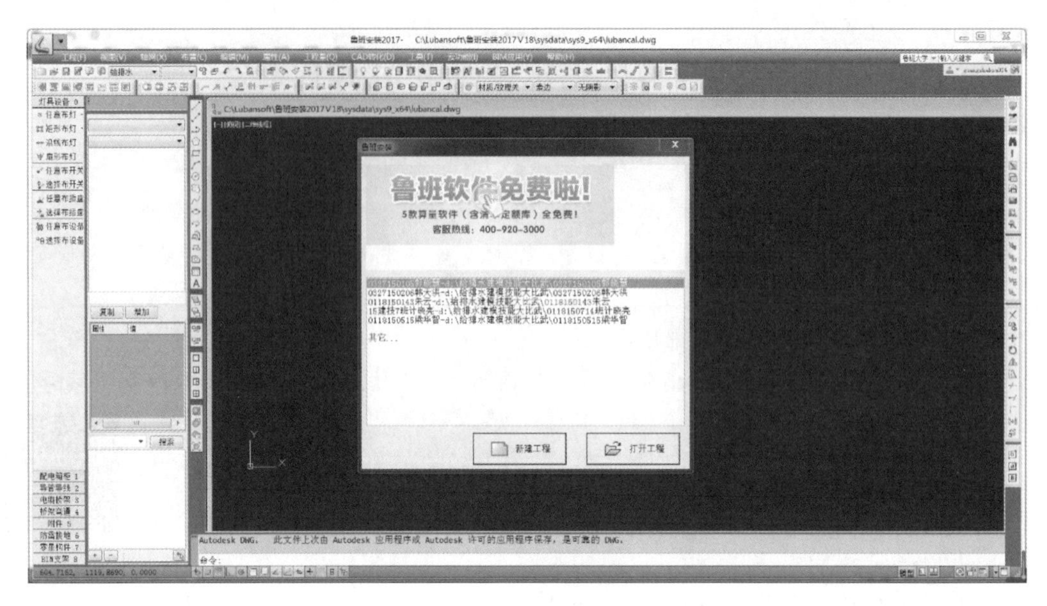

图 3.1.1　鲁班安装软件界面

选择“新建工程”，弹出工程保存界面，如图 3.1.2 所示。首先单击“保存在”选择框边上的“▾”按钮，选择工程需要保存的位置，然后在“文件名”文本框中输入文件名，如“A 办公楼消防给水”，最后单击“保存”。

图 3.1.2　工程保存界面

若是要打开以前做过的或者想要接着做的工程，选择“其他”，单击“打开工程”，弹出“打开”对话框，在“查找范围”中单击“▾”按钮，选择文件保存的位置，找到工程文件夹（如“A办公楼消防给水”），再打开列表中的 lba 文件，就可以进入要打开的工程。

2. 用户模板

新建工程设置好文件保存路径之后，会弹出“用户模板”界面，如图 3.1.3 所示。该功能主要用于在建立一个新工程时可以选择过去我们做好的工程模板，以便我们直接调用以前工程的构件属性，从而加快建模速度。如果是第一次做工程或者以前的工程没有另存为模板的话，“列表”中就只有“软件默认的属性模板”供我们选择。选择好需要的属性模板，点击“确定”就完成了用户模板的设置。

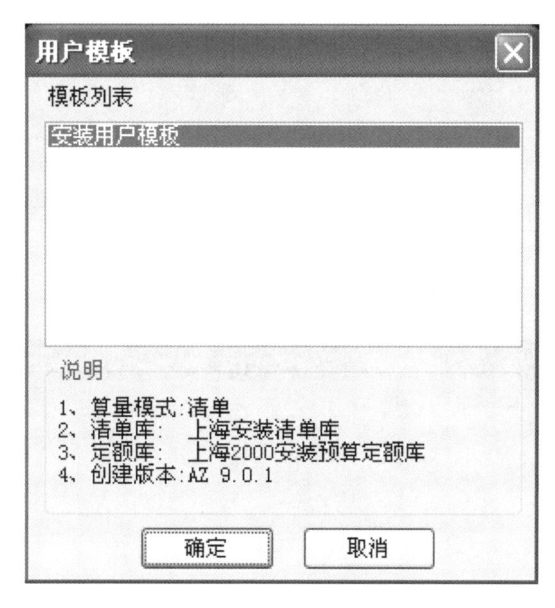

图 3.1.3 “用户模板”界面

【提示】

安装用户模板可以保存定义好的构件属性、新增加入图库的构件图形、安装材质规格表中新增加的管材、构件颜色管理中定义好的颜色、构件计算项目设置中设置的内容、风阀长度设置中设置的内容、套好的清单和定额等。

3. 工程概况

当设置完成用户模板之后，软件会自动弹出“工程概况”对话框，也可以在软件工具栏中单击“ ”按钮，弹出该对话框，如图 3.1.4 所示。根据工程实际情况填写，填写完成后单击“下一步”。

4. 算量模式

设置好工程概况后单击“下一步”按钮，软件自动进入算量模式的选择界面。也可在软件工具栏中单击“ ”按钮，弹出该对话框，如图 3.1.5 所示。

图 3.1.4 “工程概况”对话框

图 3.1.5 算量模式选择

根据实际工程需要选择“清单”或“定额”模式。当需要更换“清单”或“定额”时，分别单击旁边的“...”按钮，弹出清单或定额选择界面，选择相应的清单和定额。最后单击“确定”，完成算量模式设置。

5. 楼层设置

设置完算量模式，软件直接进入“楼层设置”界面，也可在软件工具栏中单击“”按钮，弹出该对话框。A 办公楼楼层设置如图 3.1.6 所示。定义好楼层设置后，单击“确定”结束设置。

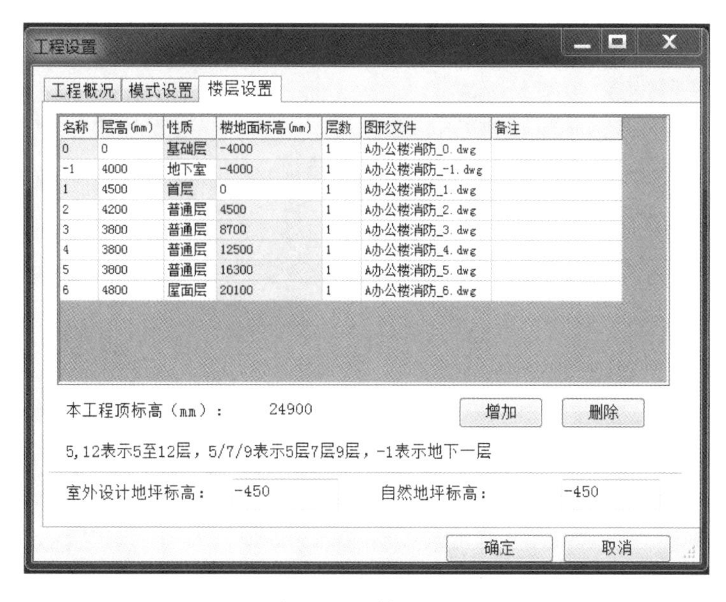

图 3.1.6 楼层设置

3.1.3 图纸调入

视频 3.1.3
图纸调入

1. CAD 文件调入

单击“CAD 转化”—“CAD 文件调入”，如图 3.1.7 所示。

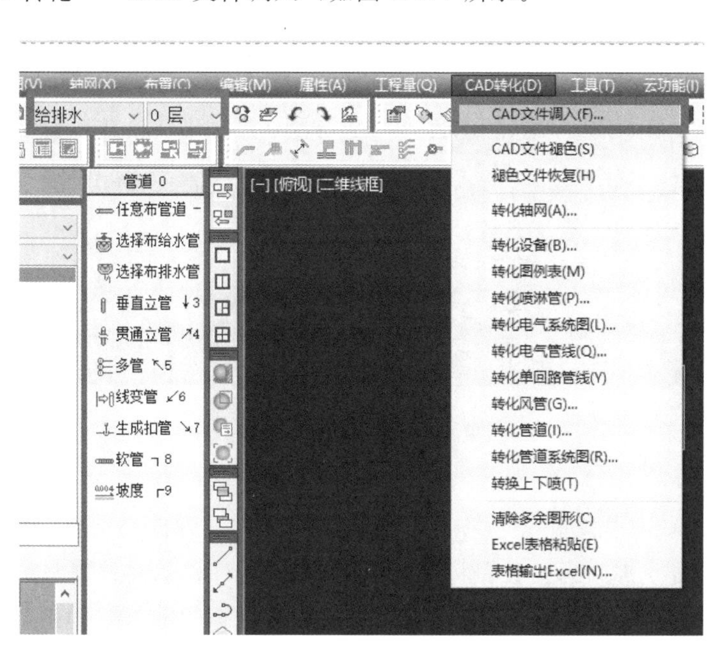

图 3.1.7 菜单选择界面

软件弹出如图 3.1.8 所示对话框，在该对话框中找到要调入的 A 办公楼 CAD 图形，单击“打开”按钮，界面切换到绘图状态下，命令行提示“请选择插入点”，单击或直接按 Enter 键确定插入点，CAD 图形调入完成。完成后界面如图 3.1.9 所示。

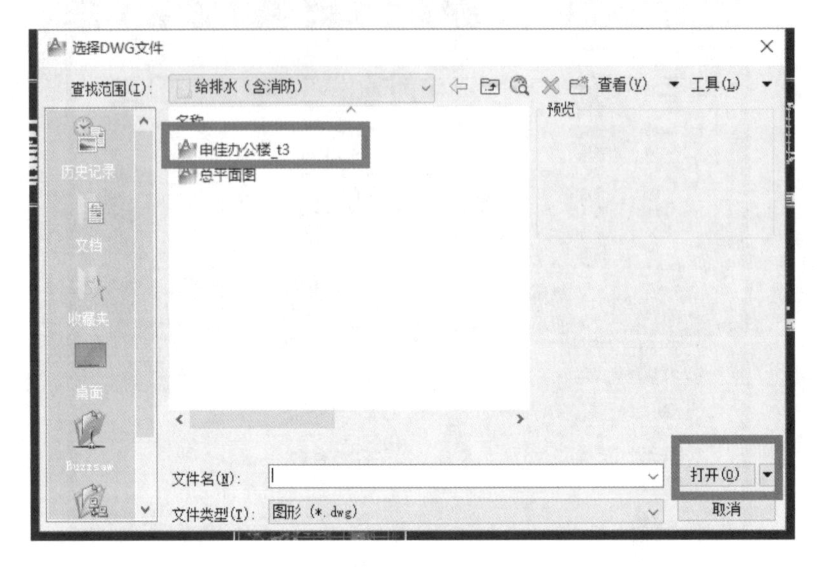

图 3.1.8 “选择 DWG 文件”对话框

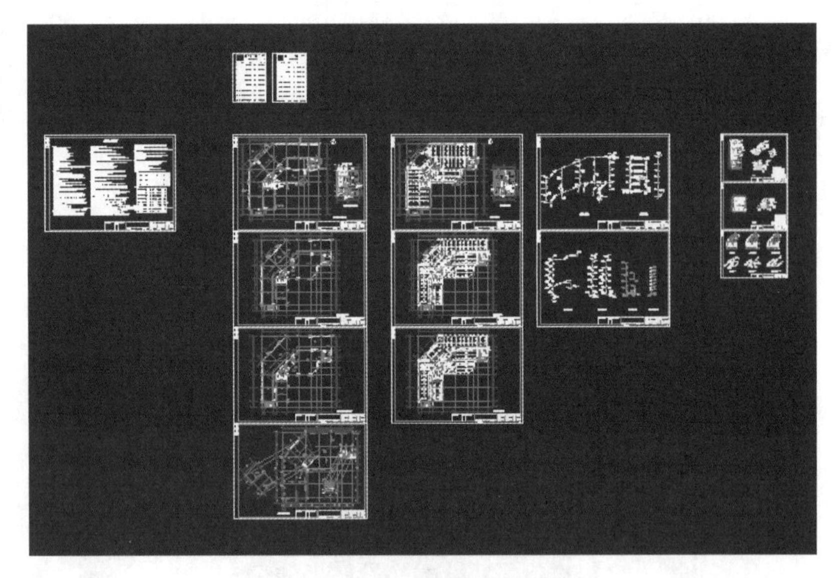
图 3.1.9 CAD 图形调入完成

2. 多层复制 CAD

单击工具栏中“多层复制”命令，单击对应楼层的“选择图形”，指定基点（A 办公楼 1 轴与 A 轴的交点定为基点），按住鼠标左键不放，拖动鼠标框选需要复制的图形后，右击完成复制，依此类推，完成各楼层图纸导入指定楼层中。再指定插入点（0,0,0），单击“确定”，如图 3.1.10 所示。

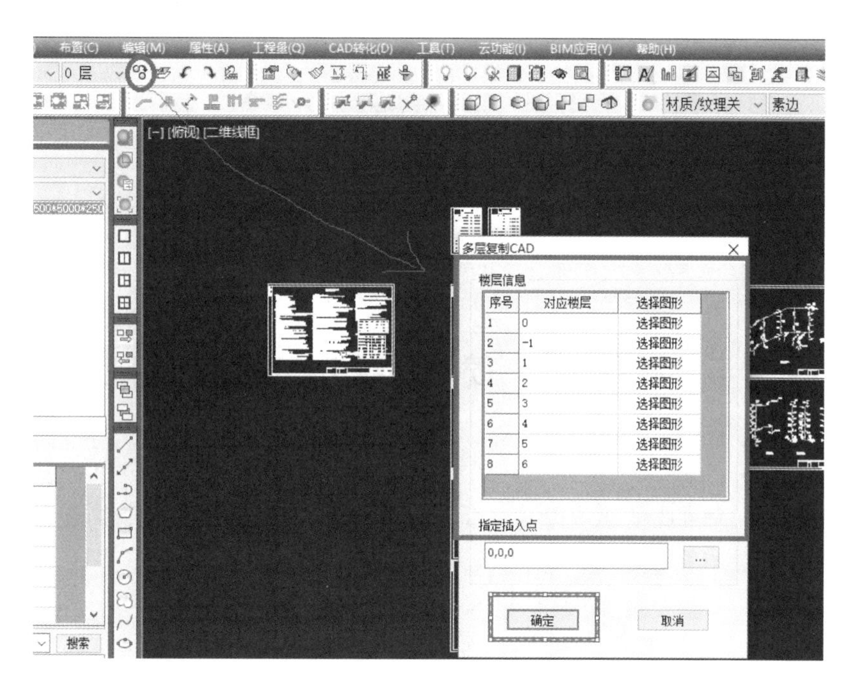

图 3.1.10 多层复制 CAD

【思考与练习】

图纸调入还有其他的操作方法吗?

3.1.4 系统编号

单击“系统编号管理”按钮,按照管道类型划分不同的系统编号。A 办公楼消防专业管道按类型分为消防管、喷淋管,为此分成两个系统编号 XF、PL,如图 3.1.11 所示。选中一个回路,直接右击在右键快捷菜单中选择增加平级或者增加子级,即可增加新的系统编号。单击“确定”,完成系统编号管理。

管线的系统编号增加,不能超过三级。若超过三级,软件将会自动提示已达上限。

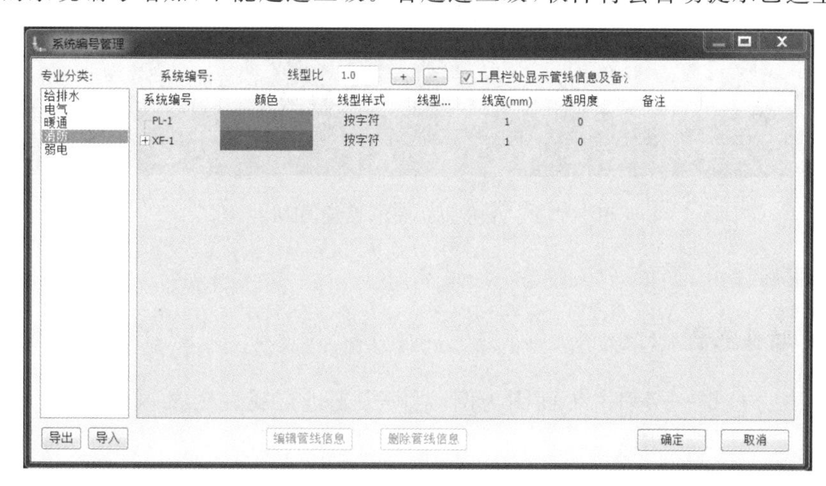

图 3.1.11 “系统编号管理”界面

◎任务测试◎

任务 3.1 测试

任务 3.2 喷淋系统 BIM 建模

◎任务引入◎

喷淋系统，是一种在发生火灾时能自动打开喷头灭火，同时发出火警信号的固定消防灭火设施，适用于扑救初期火灾，是最有效的建筑火灾自救设施。

喷淋系统一般由喷头、管网、报警装置、加压和贮水设备等组成。BIM 建模流程为：喷头→管网→附件→设备。建模的顺序：先定义构件属性，再绘制平面图进行建模。

我们以 A 办公楼一层喷淋系统为例进行 BIM 建模，其他层参照布置，对于标准层也可用“楼层复制”命令进行模型创建。

A 办公楼喷淋系统 BIM 模型见图 3.2.1。

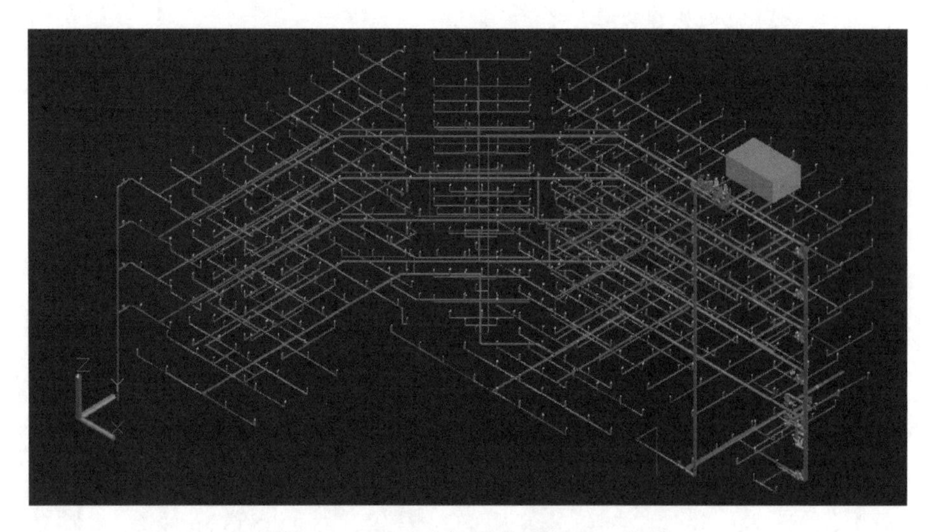

图 3.2.1 A 办公楼喷淋系统 BIM 模型

◎任务实施◎

3.2.1 喷头布置

视频 3.2.1
喷淋头布置

我们以 A 办公楼一层喷淋平面图为例，对喷头先进行属性定义，再依据平面图绘制。

1. 属性定义

在消防专业模块下，双击属性工具栏空白处，或单击“”按钮，或单击菜单“属性”—“属性定义”，软件弹出构件的“属性定义”界面，如图 3.2.2 所示。

选择“喷头”标签，在“构件列表”的下拉列表中选择“水喷头”，单击“增加”，在“构件定义”对话框中对喷头的类型、规格、安装方式等进行定义。

在图形显示区，可对属性值进行设置，直接单击“参数设置”，弹出“参数设置”对话框，对三维尺寸与插入点进行编辑，最后单击“确定”即可。

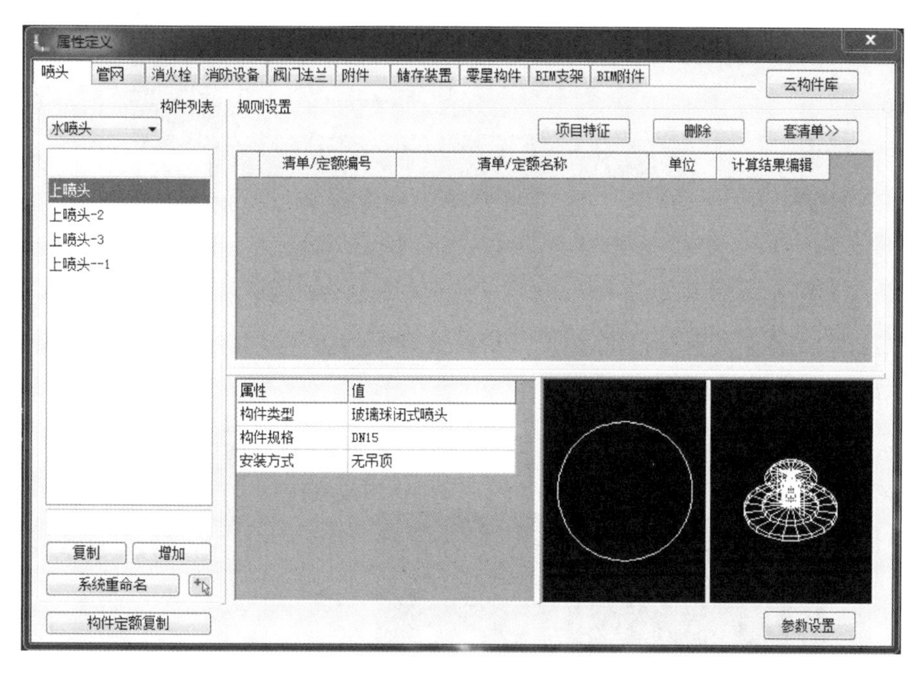

图 3.2.2 “属性定义”界面

2. 喷头布置

喷头布置方式有手动布置和转化布置等。因喷头数量众多，如果一个个手动布置，效率太低，所以一般情况都采用转化布置。

(1) 转化布置

单击右侧工具栏中的“转化设备”按钮，软件弹出“批量转化设备”对话框，如图 3.2.3 所示。

单击“提取二维”按钮，软件自动转入绘图界面，光标变成小方框，单击 CAD 图形中的喷头，右击，选择插入点(喷头中心点)。二维提取完成后，软件会默认生成一个三维图形，我们也可以单击“选择三维”按钮进入图库选择对应图形。

构件设置：选择构件类型，手动定义构件名称，或单击“…”按钮，在图纸中提取名称。本工程喷头设置为：喷头—水喷头—玻璃球闭式喷头-DN20。

系统设置：选择系统编号 PL-1，也可以单击“…”按钮进行设置。

标高设置：因为本层层高为 4500mm，最厚的板为 150mm，上喷位于板下方 100mm 位

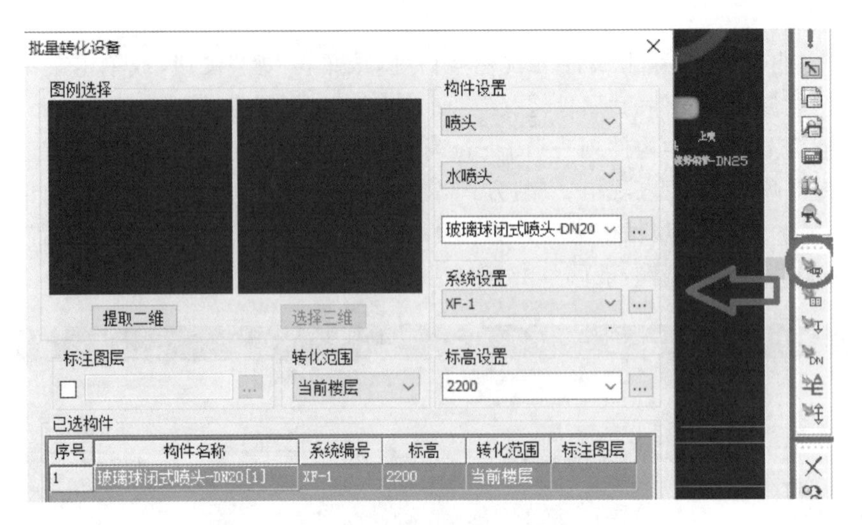

图 3.2.3 “批量转化设备”对话框

置，故喷头标高设置为 4250mm。

转化范围：支持全部楼层转化、当前楼层转化和当前范围转化。我们根据需要选择“当前楼层”转化，如图 3.2.4 所示。

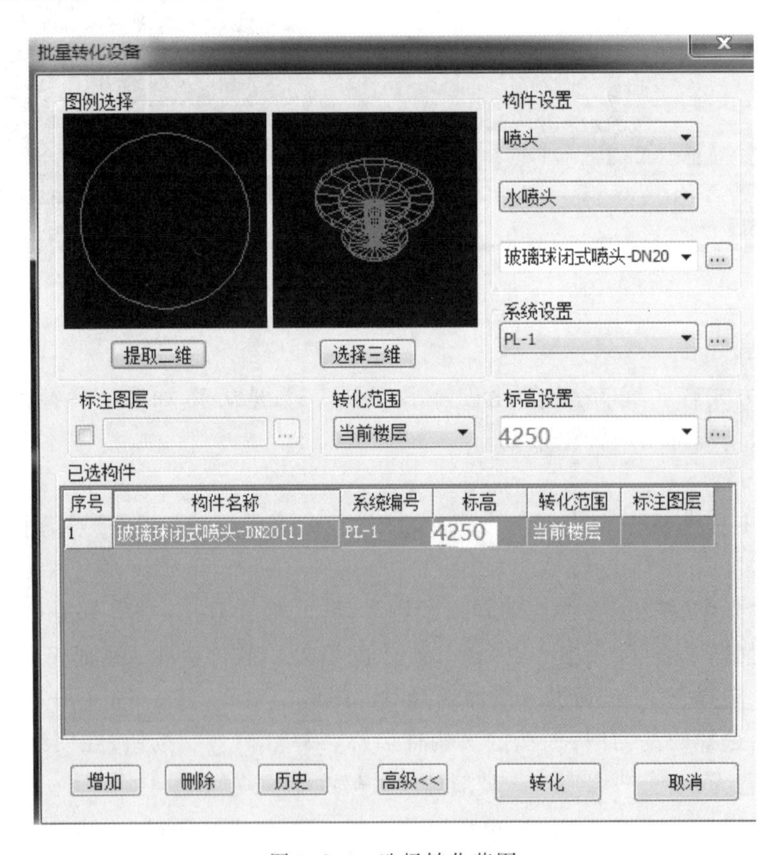

图 3.2.4 选择转化范围

标注图层：选中后，单击“[…]”按钮，可以选择构件标注的图层，转化时将标注信息加入构件名称中。

增加：需要增加构件时，单击“增加”按钮，重复上述操作，继续提取其他构件。

各参数设置完成后单击“转化”按钮，开始喷头的转化。转化后的效果如图 3.2.5 所示。

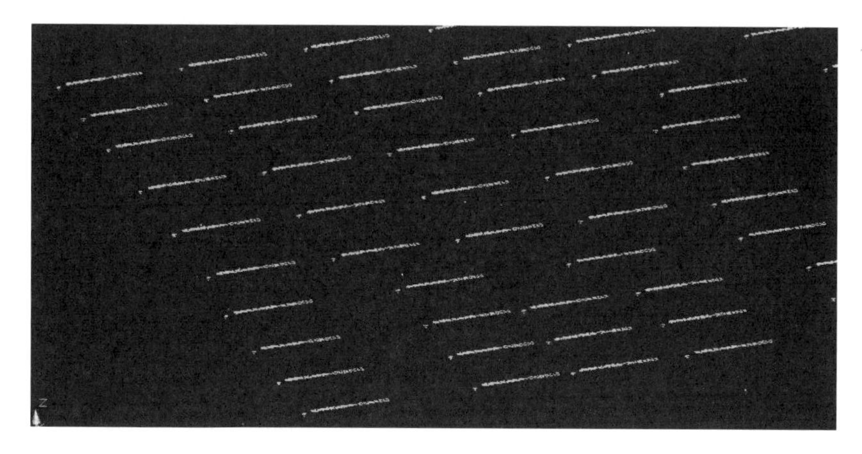

图 3.2.5 转化后效果

(2)任意布置

单击左侧工具栏“喷头”下方的“任意喷头”图标，软件属性工具栏自动跳转到“喷头—水喷头”构件中，选择要布置的喷头的名称，选择系统编号 PL-1，同时弹出如图 3.2.6 所示对话框。

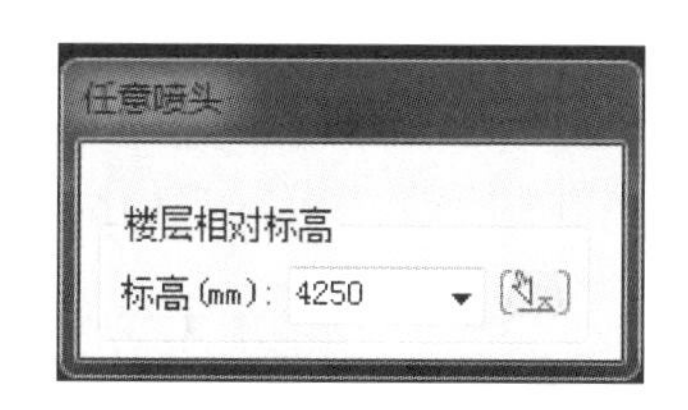

图 3.2.6 设置标准

在该对话框中输入喷头的标高，同时命令行提示“请指定插入点【R—选参考点】”，单击需要布置喷头的位置，布置完成后右击确认退出。

【提示】

标高参数输入后必须单击确认或按 Enter 键确认，然后才开始执行布置命令。单击确认时，该标高设置对话框还在，可以直接调整标高，继续布置；按 Enter 键确认后该对话框消失，如要调整布置标高则需要退出命令重新执行才能设置。

【思考与练习】

如何批量调整喷头标高？

视频 3.2.2
喷淋管布置

3.2.2 喷淋管布置

1. 属性定义

在消防专业模块下，双击属性工具栏空白处，或单击“ ”按钮，或单击菜单“属性”—“属性定义”，软件弹出构件“属性定义”界面。

选择“管网”标签，在“构件列表”的下拉列表中选择“喷淋管”，单击“增加”，在“构件定义”对话框中对喷淋管的材质、规格、连接方式等进行定义。本工程喷淋管属性定义如图3.2.7所示。

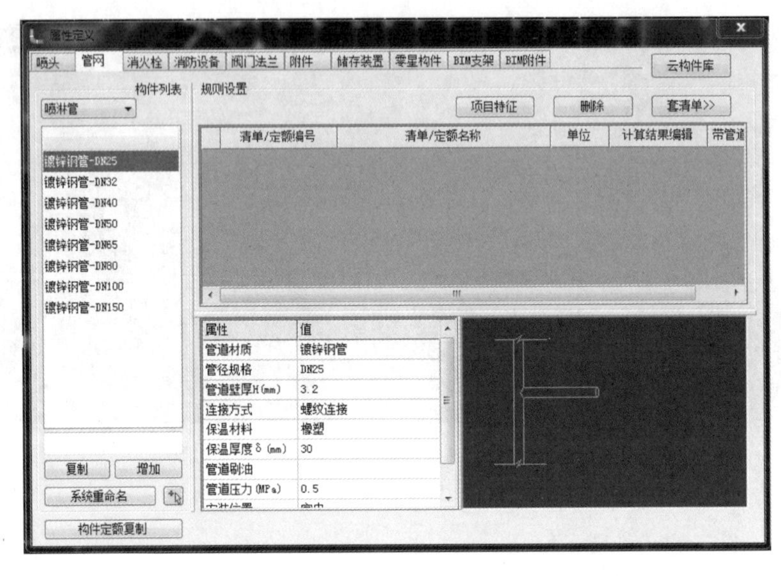

图 3.2.7 喷淋管属性定义

2. 喷淋管转化布置

喷淋管转化前提是喷头已经全部转化。

选择菜单“CAD转化”—“转化喷淋管”或直接单击“转化喷淋管”按钮，如图3.2.8所示。

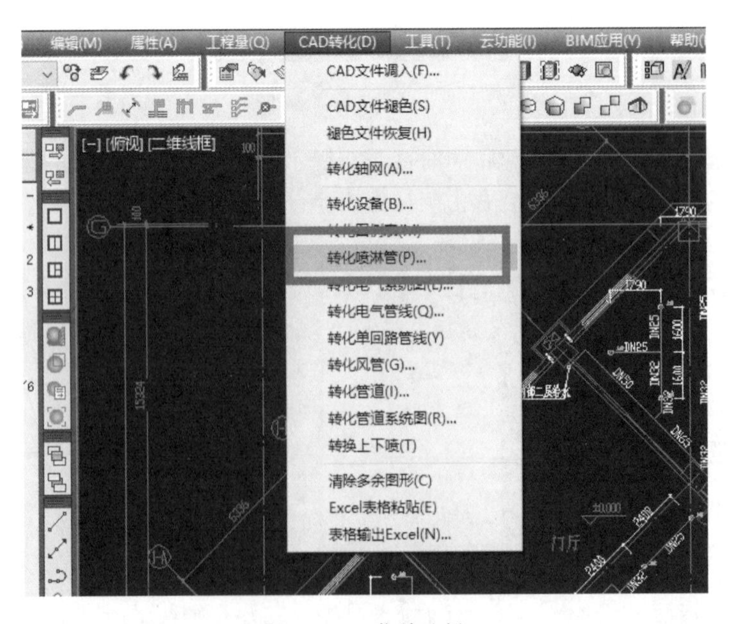

图 3.2.8 菜单选择

出现“转化喷淋管”对话框，如图 3.2.9 所示。本工程转化类型选择为“水喷头管网”，转化方式选择为“根据管径标注转化”。

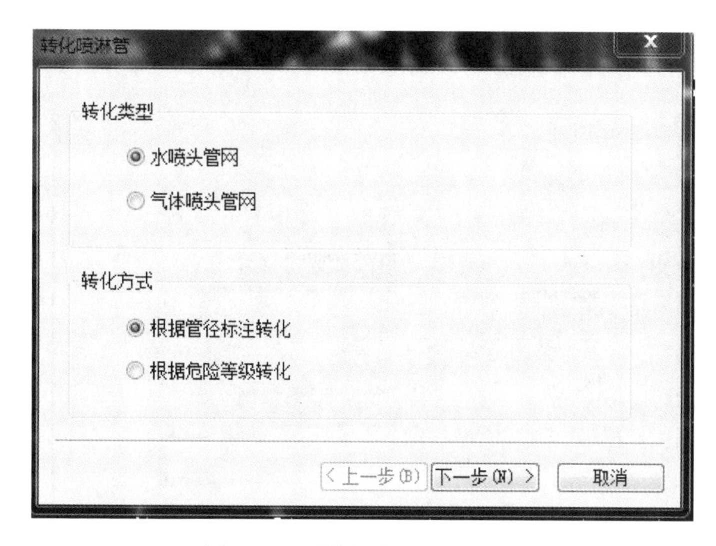

图 3.2.9 “转化喷淋管”对话框

单击“下一步”，出现如图 3.2.10 所示对话框。

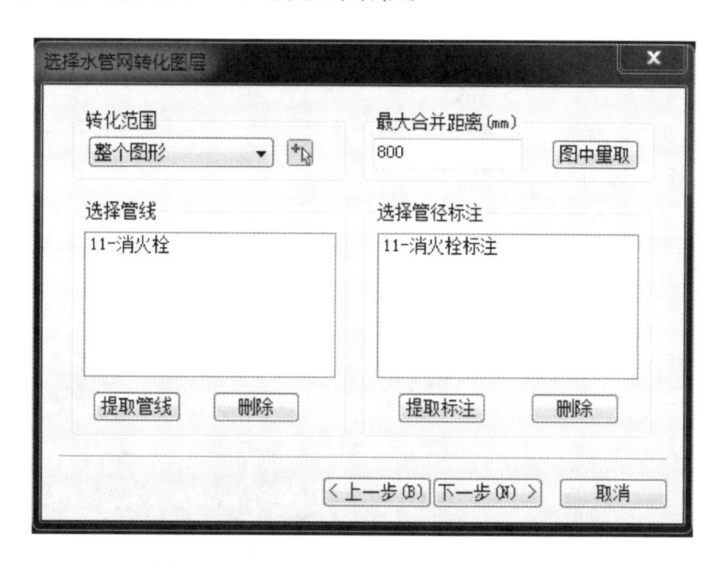

图 3.2.10 “选择水管网转化图层”对话框

转化范围：默认为“整个图形”。

最大合并距离：指软件自动将同线方向的两条管线合并时允许的最大距离值，默认值为 800mm。

选择管线：单击“提取管线”，对话框消失，命令行提示“选择需转化的喷淋管”，在图形操作区，单击选择一根喷淋管，右击确认，回到该对话框，并把提取的图层名显示在该对话框内。

选择管径标注：单击“提取标注”，对话框消失，在图形操作区，左击选择一根喷淋管的标注，右击确认，回到该对话框，并把提取的标注图层名显示在该对话框内。

删除：选择已提取的管线图层或标注图层，单击“删除”，即删除之前对该图层的提取操作。

选择完成后，单击“下一步”，出现如图 3.2.11 所示对话框。

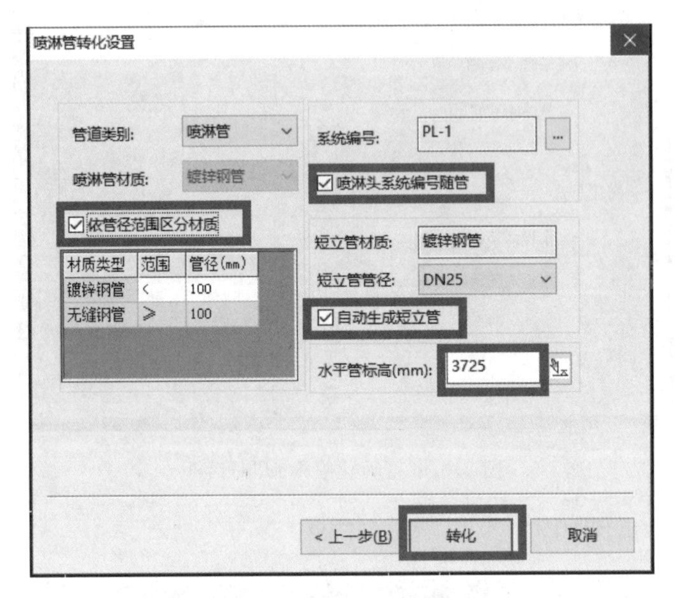

图 3.2.11 “喷淋管转化设置”对话框

管道类别选择为“喷淋管”，喷淋管材质为“镀锌钢管”，勾选“依管径范围区分材质”“喷淋头系统编号随管”“自动生成短立管”等命令。

因本层层高为 4500mm，减去最高梁高 700mm，减去喷淋管的最大半径 75mm，故水平管标高设置为 3725mm。

参数设置完成后，单击“转化”。转化完成后的喷淋管 BIM 模型如图 3.2.12 所示。

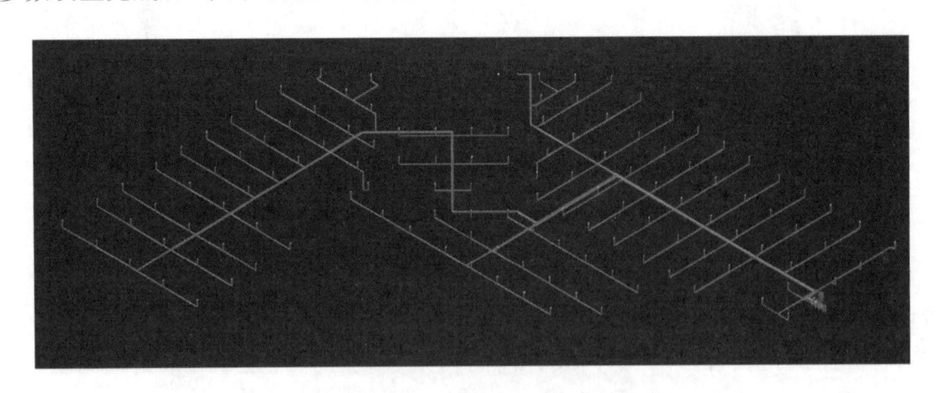

图 3.2.12 喷淋管 BIM 模型

转化后如果出现 PLG 字样，说明有些管道没有被系统识别，需要手动对其更改。单击“ ”按钮，单击选择需要修改的管道，管道被选中时显示为虚线。右击确定，双击选择所需管道即可完成修改。此过程部分界面如图 3.2.13 所示。

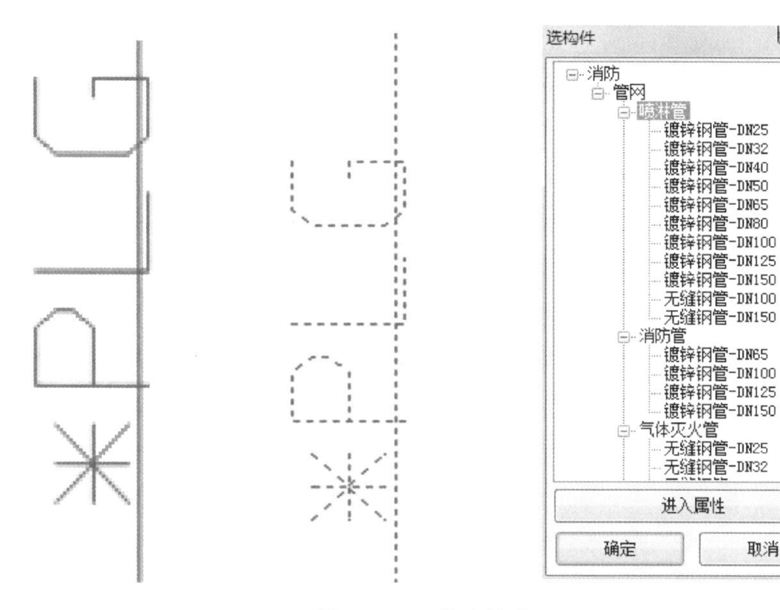

图 3.2.13　修改管道

【提示】

如果 CAD 图纸中管径标注不明确，也可以根据危险等级进行转化，但需要自定义转化等级及参数，如图 3.2.14 所示。

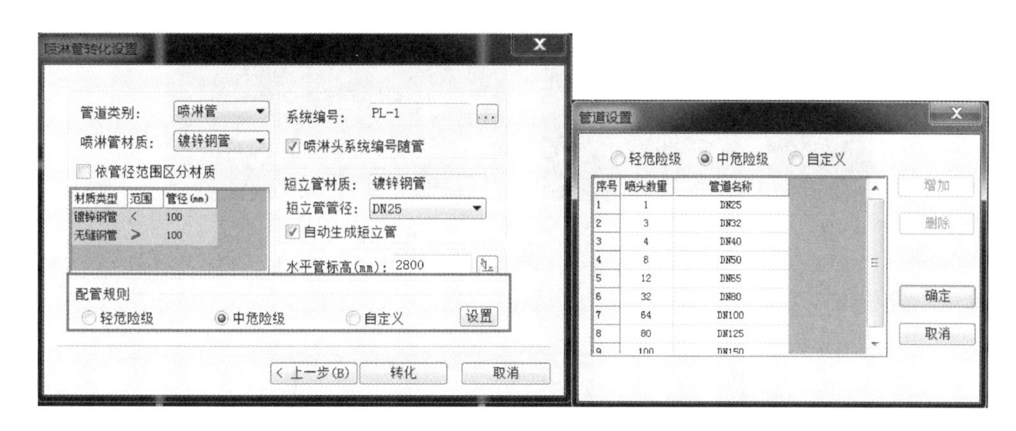

图 3.2.14　自定义转化等级及参数

3. 喷淋管任意布置

布置方式参照给排水专业中水平管的任意布置。

4. 喷淋管选择布置

布置方式参照给排水专业中水平管的选择布置。

视频 3.2.3
喷淋立管
布置

3.2.3　喷淋立管布置

立管有变径和不变径两类。针对不同类型的立管，布置命令有“垂直立管”

和“贯通立管”两种，其中“垂直立管”适用于不变径立管，“贯通立管”适用于变径立管。根据A办公楼喷淋系统图，喷淋立管为不变径主立管，需按垂直立管进行布置。喷淋立管位置及系统如图 3.2.15 所示。

喷淋立管布置前也需先进行管道属性定义，定义方法同喷淋管。

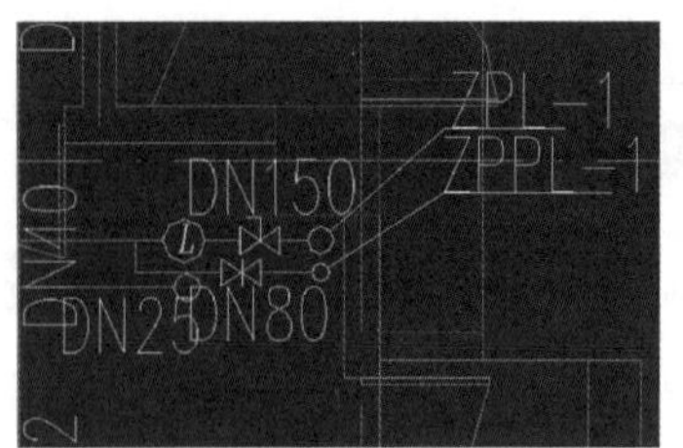

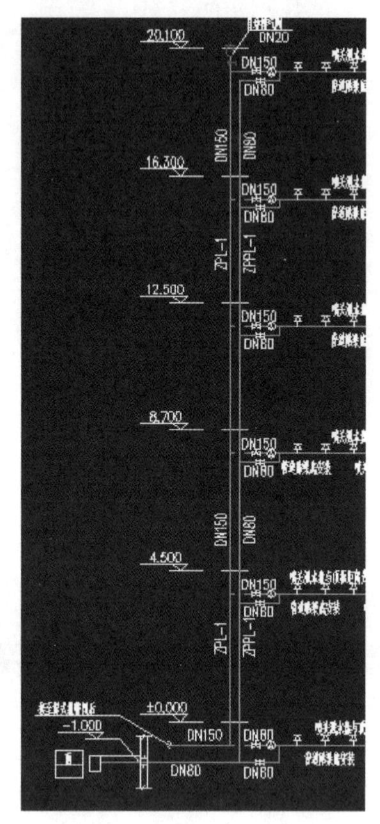

图 3.2.15　喷淋立管位置及系统

单击左侧中文工具栏中“管网”下方的“垂直立管”命令，如图 3.2.16 所示。

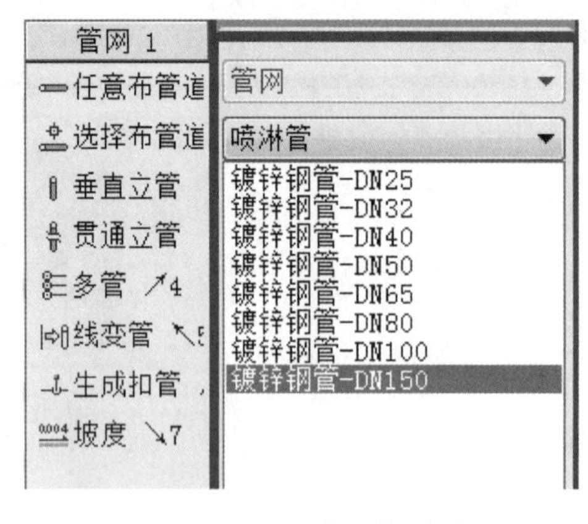

图 3.2.16　“垂直立管”命令

单击“垂直立管”按钮垂直立管，选择喷淋立管种类及系统编号，弹出“垂直管”对话框，输入起点标高和终点标高，如图 3.2.17 所示。

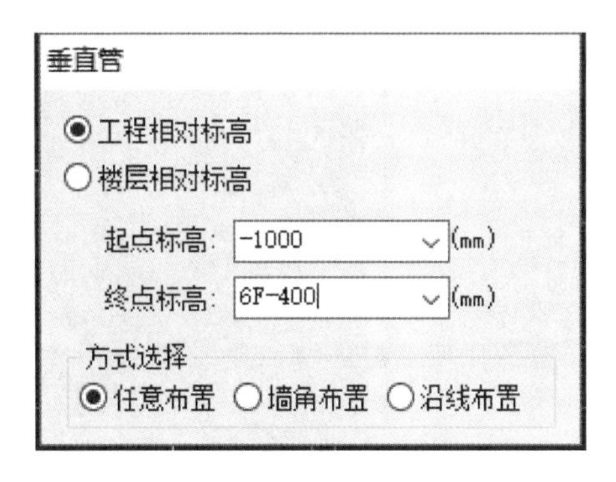

图 3.2.17 “垂直管”对话框

根据本工程系统图，选择镀锌钢管-DN150，并选好对应的立管管径。具体操作步骤如图 3.2.18 所示。

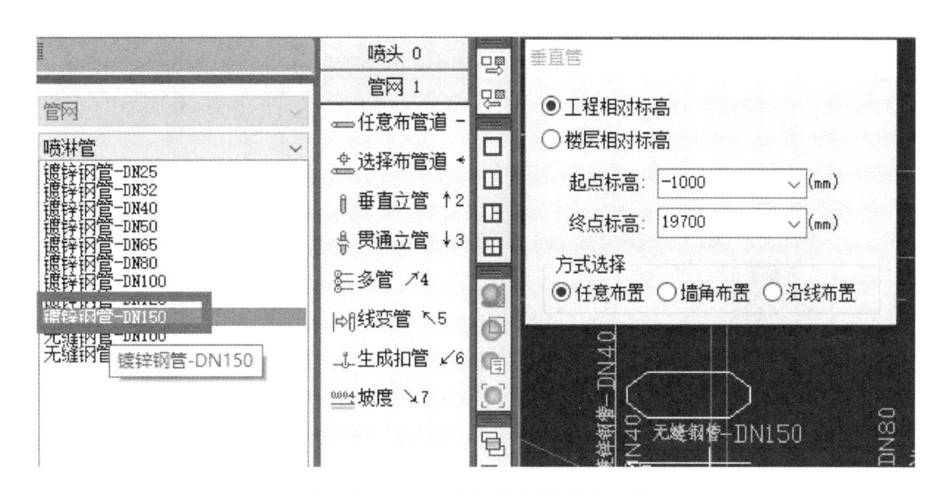

图 3.2.18 垂直立管布置操作步骤

在平面图中立管位置单击，完成对垂直立管的布置。

【思考与练习】

如果立管的管径有变化，应用什么命令进行立管布置？如何布置？

视频 3.2.4
喷淋系统
附件布置

3.2.4 附件布置

阀门、法兰等为寄生构件，必须生成主管后才能布置。布置前先进行属性定义，定义方式及布置方式同给排水专业中的“阀门法兰”。

单击左侧中文工具栏“附件”下方的“阀门法兰”图标，软件属性工具栏自动跳转到“阀门法兰—阀门”构件中，选择要布置的阀门的名称，同时命令行提示“选择需要布置附件的管道：选择要布置阀门的水管”，按照命令行提示单击要布置阀门的位置，如图 3.2.19所示。

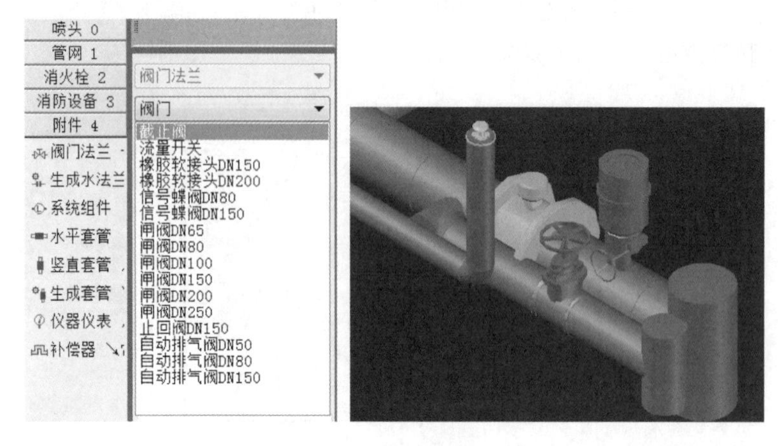

图 3.2.19 阀门布置

其他附件布置方式同阀门法兰。

3.2.5 楼层复制

标准层的管道、设备、附件布置完成后，可用“楼层复制”命令，完成其他层的布置。单击“楼层复制”命令，选择要复制到的目标楼层，单击“确定”，完成楼层复制，如图 3.2.20 所示。

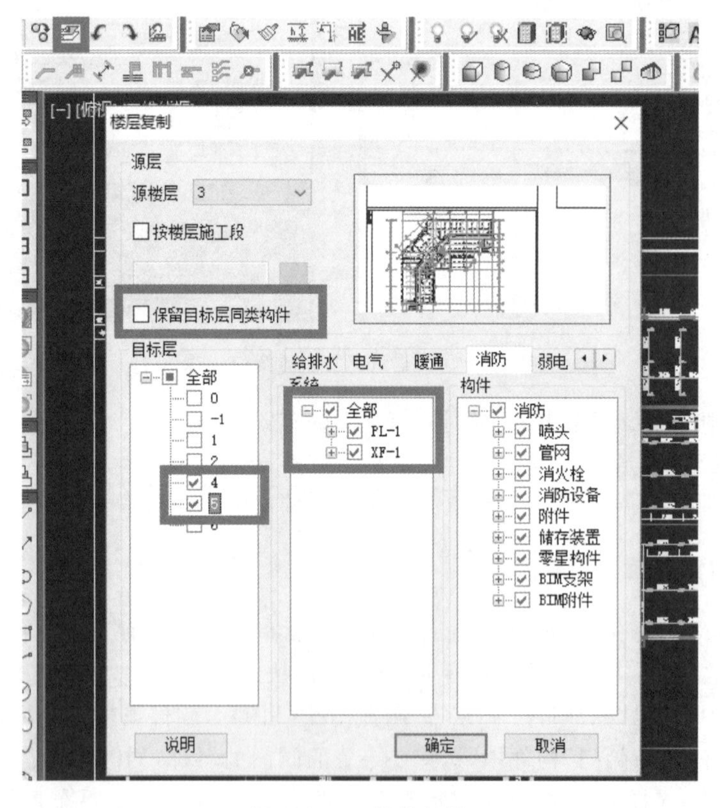

图 3.2.20 楼层复制

3.2.6 喷淋系统BIM模型展示

单击菜单栏“视图”—“三维显示”—“整体”，即可查看本工程喷淋系统的整体三维立体图，操作流程如图3.2.21所示。A办公楼喷淋系统BIM模型如图3.2.22所示。

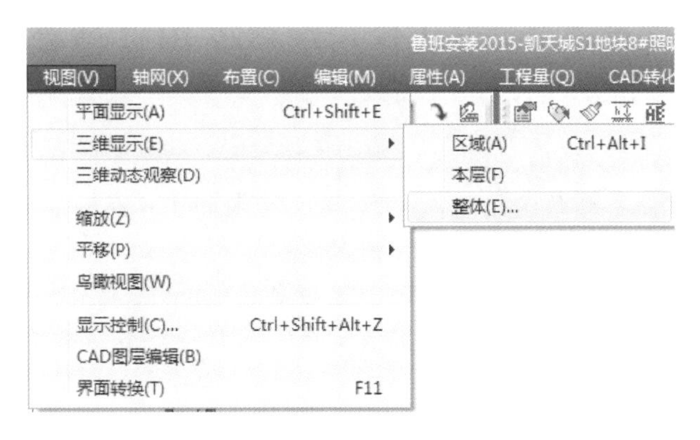

图3.2.21 查看整体三维立体图操作

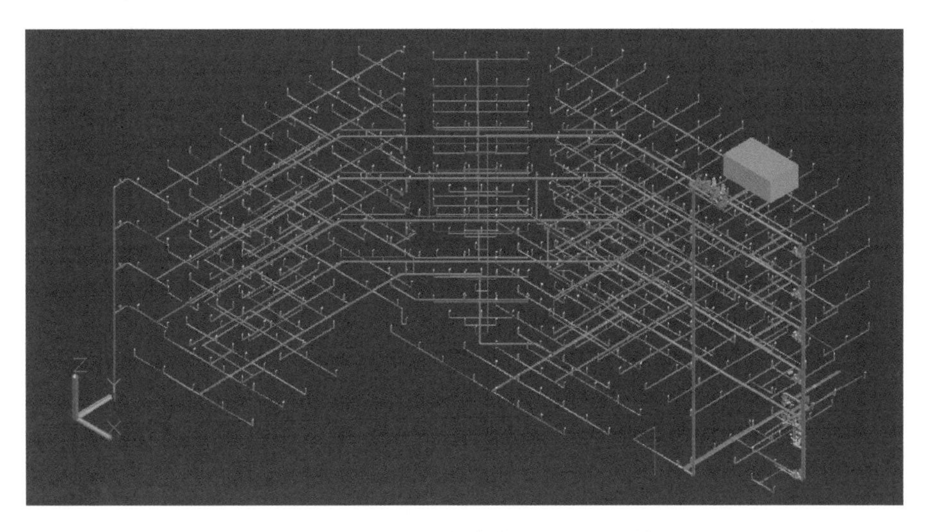

图3.2.22 A办公楼喷淋子系统BIM模型

BIM模型平面显示、显示控制等操作同“2.2.5 给水系统BIM模型展示”中所述，这里不再赘述。

◎任务测试◎

任务3.2测试

◎任务训练◎

完成 A 办公楼三层喷淋系统的 BIM 建模，并用“楼层复制”命令完成四至五层喷淋系统 BIM 建模。

任务 3.3　消火栓给水系统 BIM 建模

◎任务引入◎

消火栓给水系统是最基本的消防给水系统，它将室外给水系统的水输送到设在建筑物内的消火栓设备，从而使灭火人员可以扑灭火灾。

消火栓给水系统一般由消防水源、消防供水设备、消防管道和消火栓设备等组成。BIM 建模流程为：消火栓箱→灭火器→管网→箱连主管→附件→设备。建模的顺序：先定义构件属性，再绘制平面图进行建模。

A 办公楼消火栓给水系统 BIM 模型如图 3.3.1 所示。

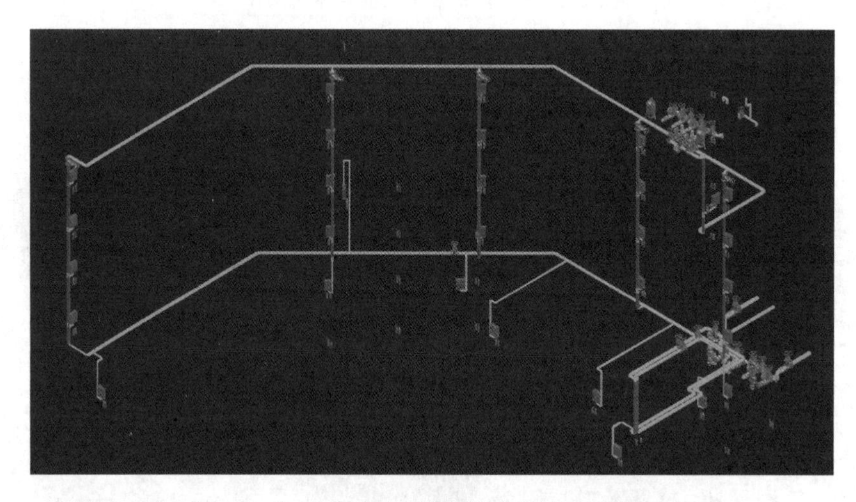

图 3.3.1　A 办公楼消火栓给水系统 BIM 模型

◎任务实施◎

消火栓给水系统与喷淋系统不在同一张平面图中，因此消火栓给水系统建模前要完成工程设置、图纸调入等操作，具体参照“3.1　消防给水系统 BIM 建模准备”。

3.3.1　消火栓箱布置

视频 3.3.1 消火栓布置

1. 属性定义

在消防专业模块下，双击属性工具栏空白处，或单击“ ”按钮，或单击菜单“属性”—“属性定义”，软件弹出构件的“属性定义”界面，如图 3.3.2 所示。

选择“消火栓”标签，在“构件列表”的下拉列表中选择“消火栓箱”，单击“增加”，在“构件定义”对话框中对消火栓箱的型号、宽度、厚度、高度等进行定义。

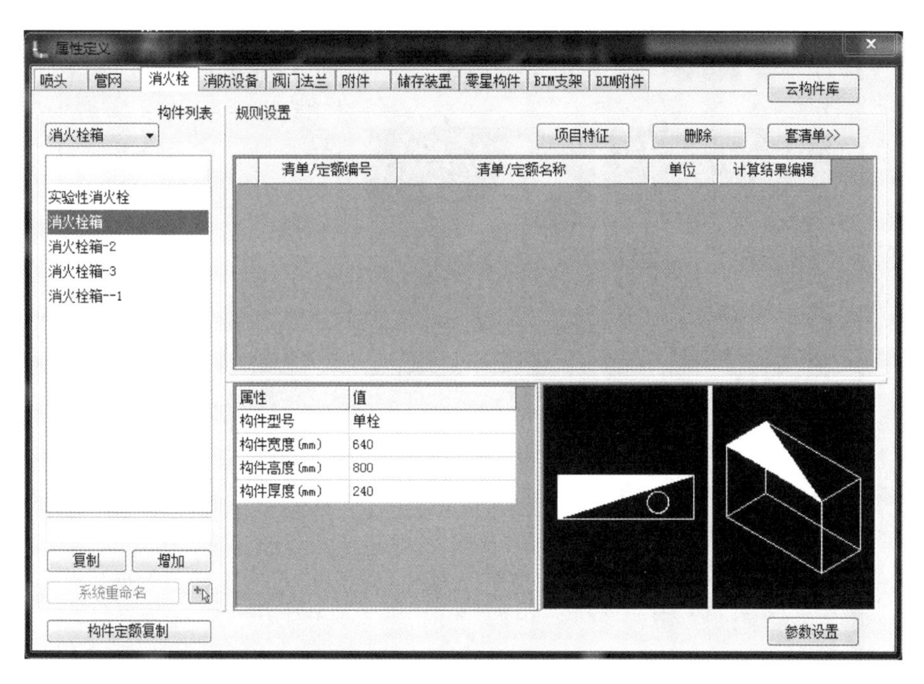

图 3.3.2 “属性定义”界面

在图形显示区,可对属性值进行设置,直接单击“参数设置”,弹出“参数设置”对话框,对三维尺寸与插入点进行编辑,最后单击“确定”即可。

2.手动布置

单击左侧中文工具栏“消火栓”下方的“布消火栓”按钮,软件弹出“标高设置”对话框,如图 3.3.3所示。

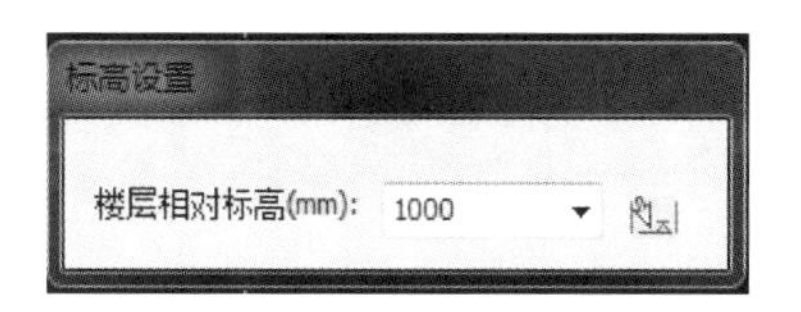

图 3.3.3 “标高设置”对话框

该对话框中的楼层相对标高需要输入消火栓所在的高度,该高度按本层楼地面起算,也可以单击后面的“标高提取”按钮自动提取。

选择好消火栓箱种类及系统编号,输入标高,命令行提示“指定插入点【A—旋转角度】”,单击需要布置消火栓箱的位置,如果需要旋转一定角度,输入 A 进行调整,即完成消火栓箱布置。

3.转化布置

单击“转化设备”按钮,进入“批量转化设备”界面,如图 3.3.4 所示。转化方式同喷淋头,在转化时注意对设备名称、系统编号等小类的选择。

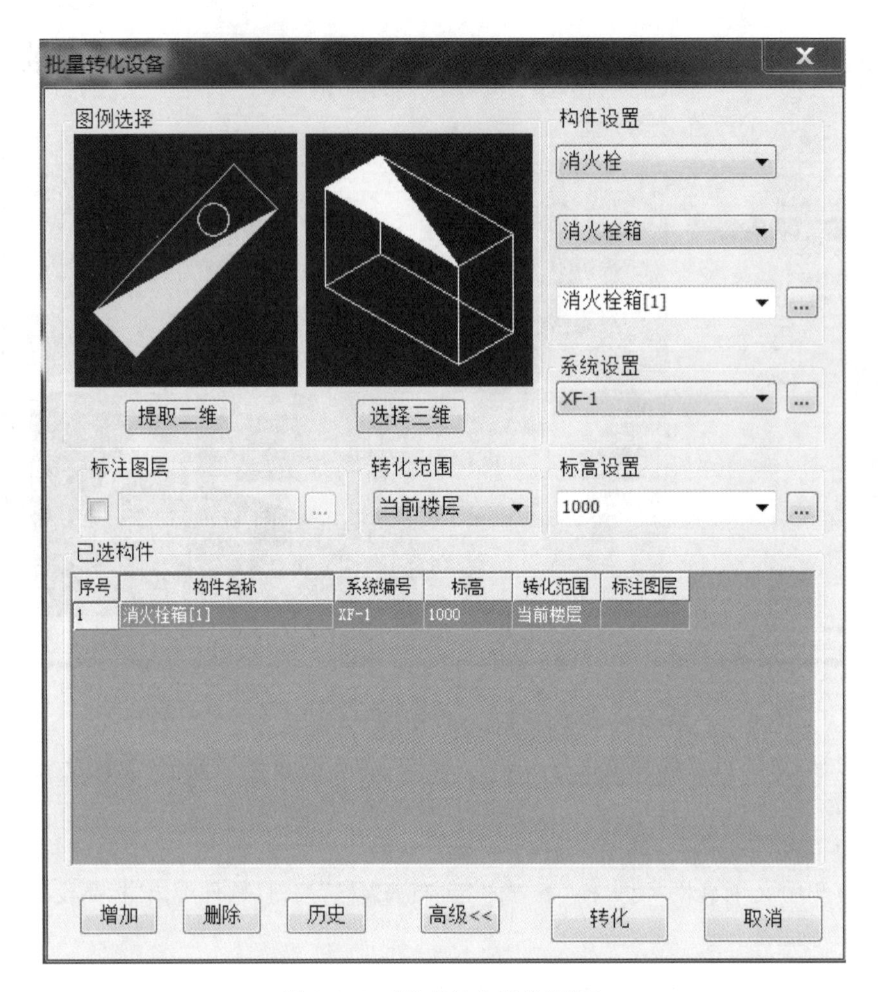

图 3.3.4 “批量转化设备”界面

3.3.2 灭火器布置

灭火器布置方式有手动布置和转化布置，我们选择转化布置方式。

1. 属性定义

在消防专业模块下，双击属性工具栏空白处，或单击“ ”按钮，或单击“菜单属性”—“属性定义”，软件弹出构件“属性定义”界面。

选择“消防设备”标签，在“构件列表”的下拉列表中选择“灭火器”，单击“增加”，在“构件定义”对话框中对灭火器的型号、宽度、厚度、高度等进行定义。

在图形显示区，可对属性值进行设置，直接单击“参数设置”，弹出“参数设置”对话框，对三维尺寸与插入点进行编辑，最后单击“确定”即可。

2. 转化布置

单击“转化设备”按钮 ，进入“批量转化设备”界面，如图 3.3.5 所示。

完成参数设置之后，单击“转化”，完成灭火器的转化。

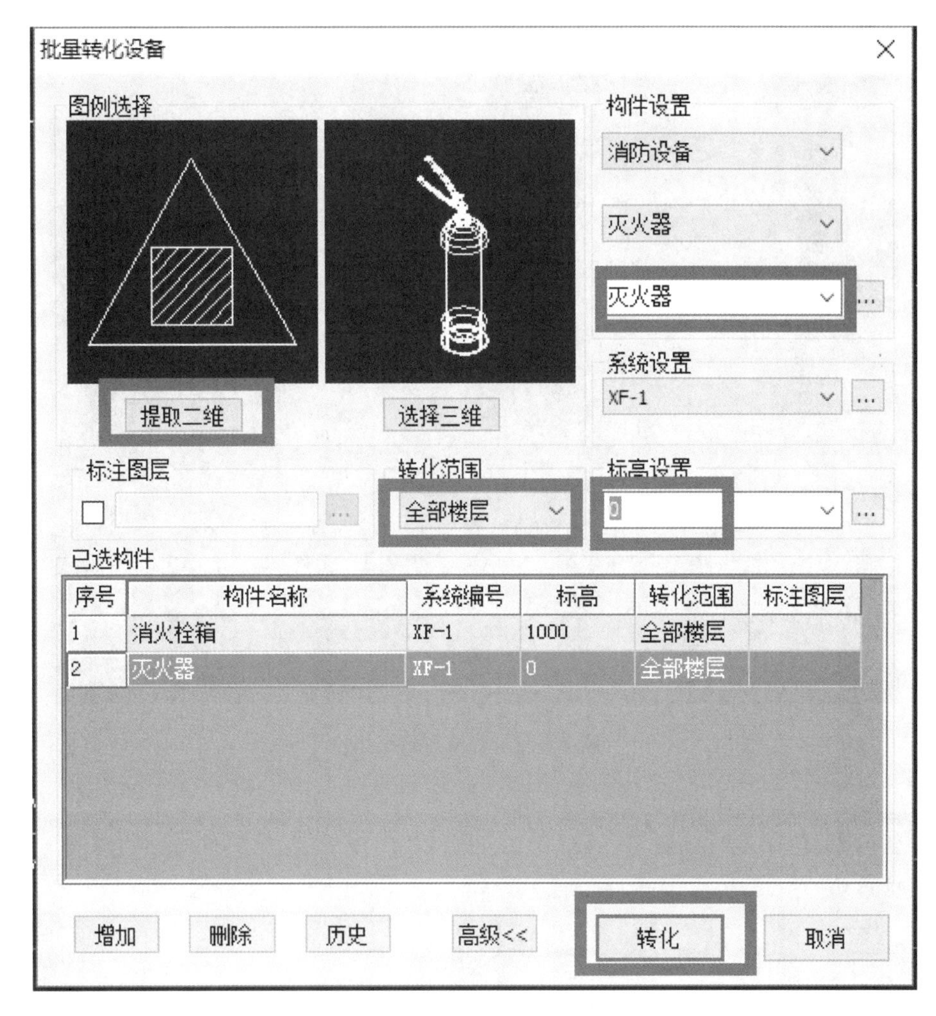

图 3.3.5 “批量转化设备”界面

3.3.3 消防水平干管布置

视频 3.3.2
消防水平
干管布置

对照 CAD 系统中消防系统图，找到一层水平干管的高度，贴梁底铺设，所以水平干管的标高为 3725mm(4500－700－75)，由于 CAD 图纸中图层较多，我们可以采用菜单栏中“隐藏指定图层”命令，将多余图层进行隐藏，如图 3.3.6所示。

之后单击左侧中文工具栏中的“任意布管道”命令，布置水平干管，如图 3.3.7 所示。

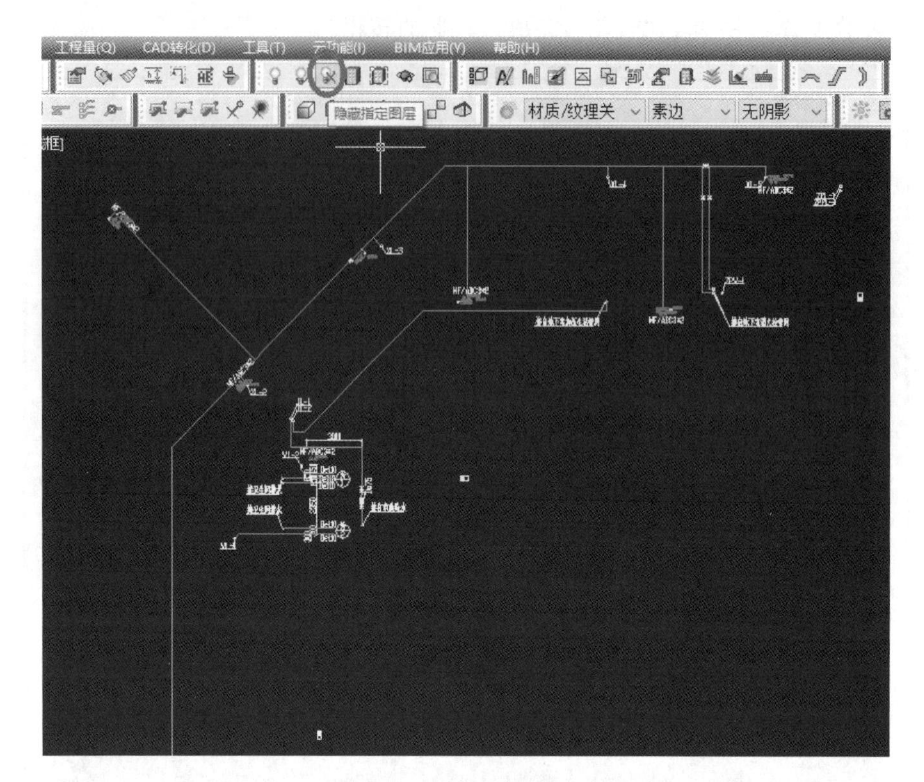

图 3.3.6 隐藏指定图层

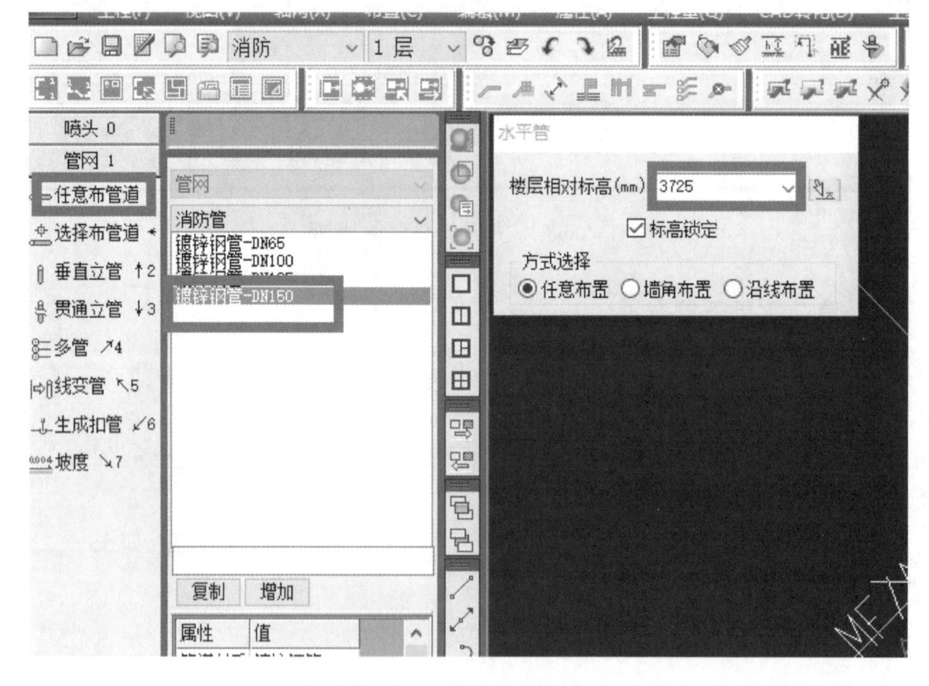

图 3.3.7 布置水平干管

这里注意对照系统图，将 150mm 和 65mm 管径的水平管布置到图中，如图 3.3.8 所示的支管管径为65mm。

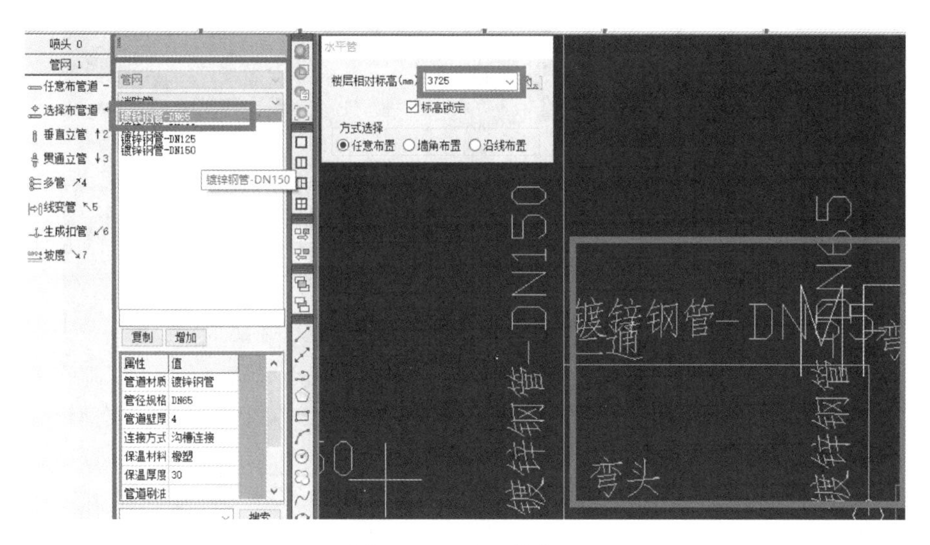

图 3.3.8　水平管布置

消防水平主管的布置同给排水专业的水平管，这里不再赘述。

视频 3.3.3
消防立管
布置

3.3.4　消防立管布置

对照系统图，完成消防立管的生成，单击中文工具栏中的“垂直立管”命令，选择镀锌钢管的管径为 150mm，标高改为工程相对标高，起点标高在一层，终点标高输入“5F＋3000”，如图 3.3.9 所示。注意：立管标高可以在绘制到五层楼之后进行调整。

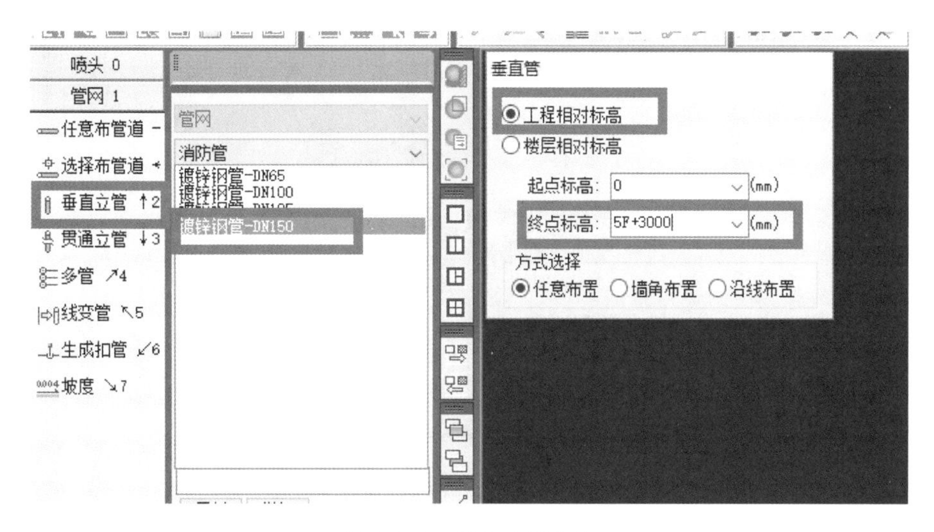

图 3.3.9　消防立管布置

消防立管的布置同喷淋立管，这里不再赘述。

消防主管全部布置完的 BIM 模型如图 3.3.10 所示。

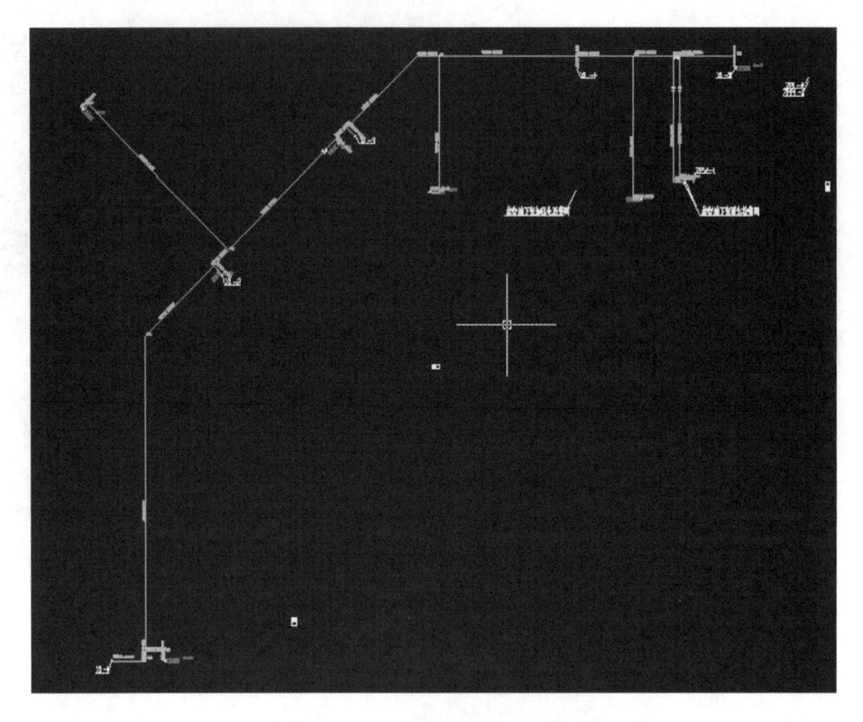

图 3.3.10　消防主管 BIM 模型

3.3.5　箱连主管

视频 3.3.4
箱连主管

当消火栓箱和消防主管全部布置完成之后，我们采用“箱连主管”命令，将消火栓箱与主管进行连接。

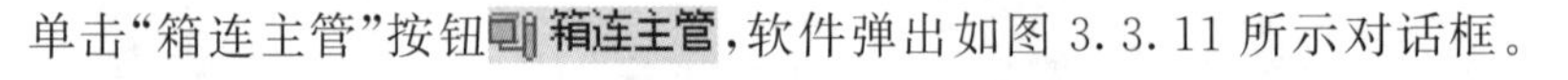

单击“箱连主管”按钮 箱连主管，软件弹出如图 3.3.11 所示对话框。

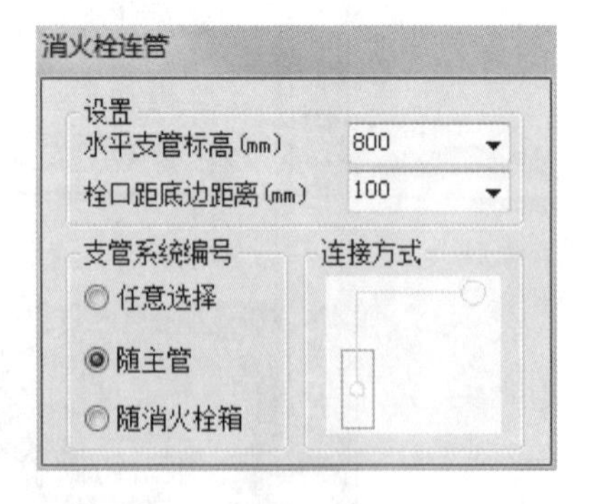

图 3.3.11　“消火栓连管”对话框

水平支管标高：消火栓箱与主管间水平段管道楼层相对标高。

栓口距底边距离：管道由下进入消火栓箱，管道端口距箱底边的距离(底边即插入点标高)。

单击选择消火栓箱，再选择主管，布置出来的管道跟所选连接方式相对应。

在选择消火栓箱后，支持输入关键字“d”指定下一点(次数不限，可调整标高)，然后在对话框里面修改标高，再指定下一点，软件会弹出如图 3.3.12 所示对话框。

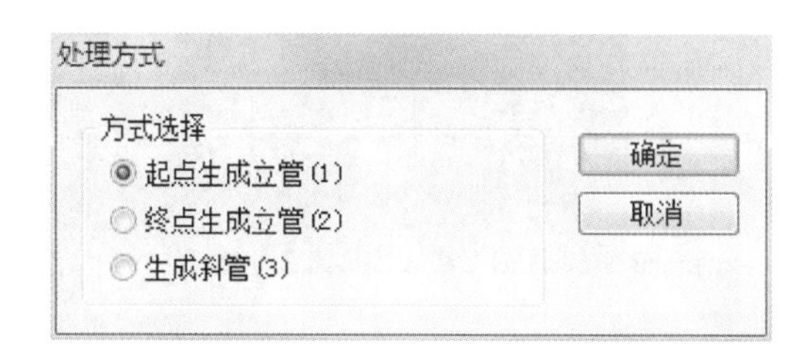

图 3.3.12 “处理方式”对话框

三种处理方式可以参考给排水专业“任意布管道”命令。

选择“起点生成立管”，单击“确定”，该对话框消失，再单击选择管道。操作结束，生成三维图形如图 3.3.13 所示。

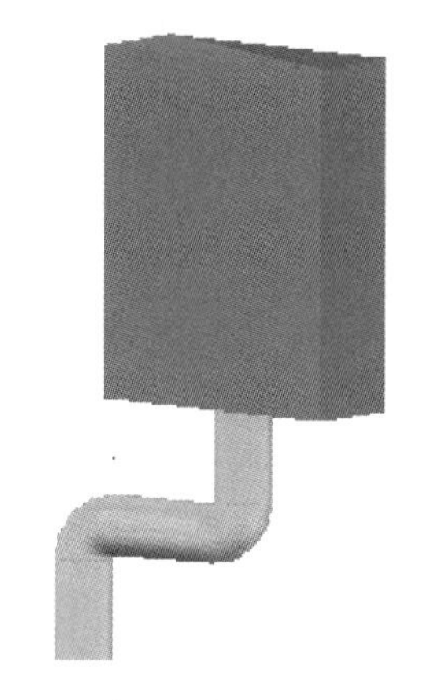

图 3.3.13 消火栓箱与主管三维图形

单击左侧中文工具栏中的“箱连主管”命令，选择相应 DN65 的管道，将设置中命令填写完整。首先选中消火栓箱，输入“d”指定下一点为消火栓箱的终点，则在消火栓箱处生成了短立管，如图 3.3.14 所示。

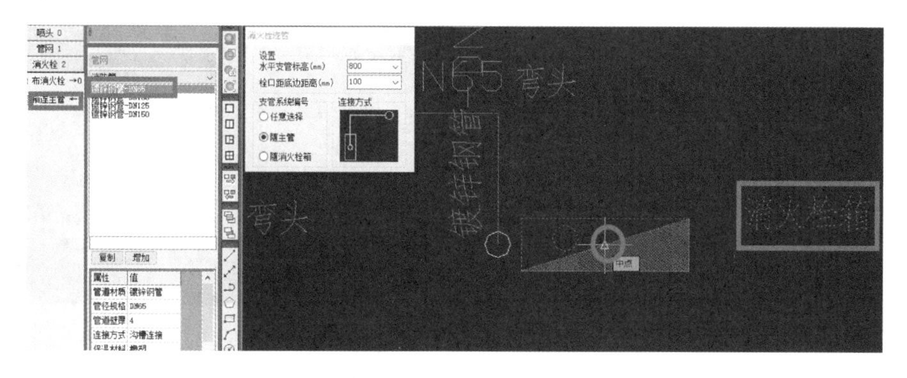

图 3.3.14 生成短立管

之后选中主管，并指定支管端点位置。这里要将命令捕捉里的“捕捉端点”命令单击打开，单击选择“终点生成立管”，单击“确定”，如图 3.3.15 所示。

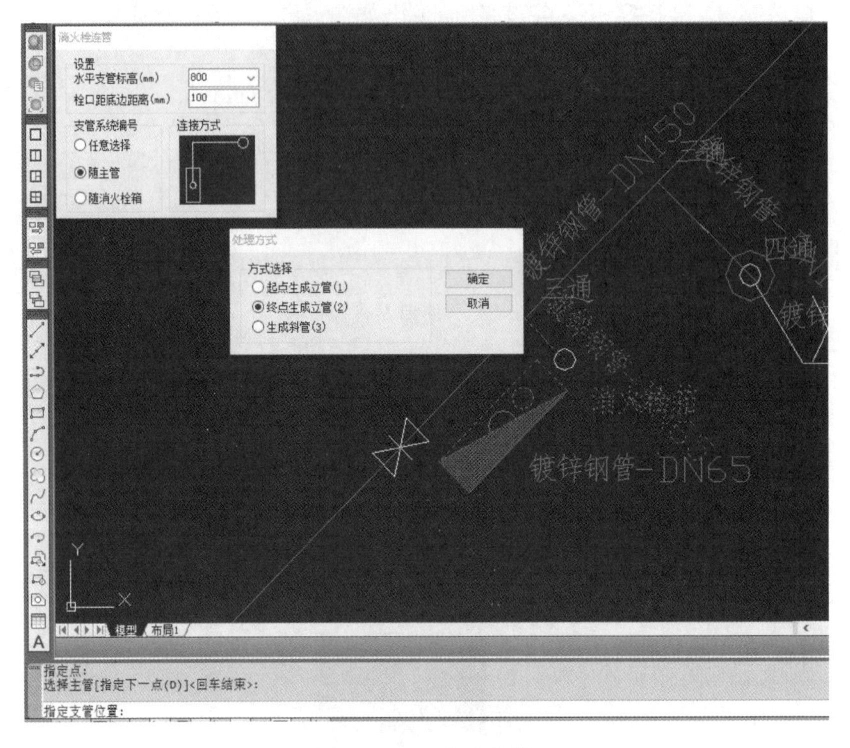

图 3.3.15 生成立管

之后可以选择局部三维查看箱连主管的效果。如果发现箱子位置有偏差，可以单击箱子，对箱子进行角度旋转，如图 3.3.16 所示。

构件查询修改

构件属性	属性值
专业类型	消防
构件大类	消火栓
构件小类	消火栓箱
构件名称	消火栓箱
系统编号	XF-1
标高(mm)	1000
旋转角度(z轴)	0
旋转角度(x轴)	0.00
旋转角度(y轴)	0.00

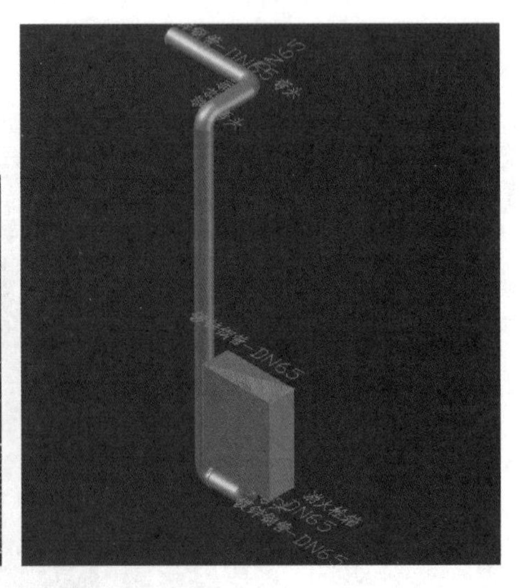

图 3.3.16 箱连主管效果

3.3.6 消火栓给水系统BIM模型展示

单击菜单栏“视图”—“三维显示”—“整体”，即可查看本工程消火栓给水系统的整体三维立体图。消火栓给水系统BIM模型如图3.3.17所示。

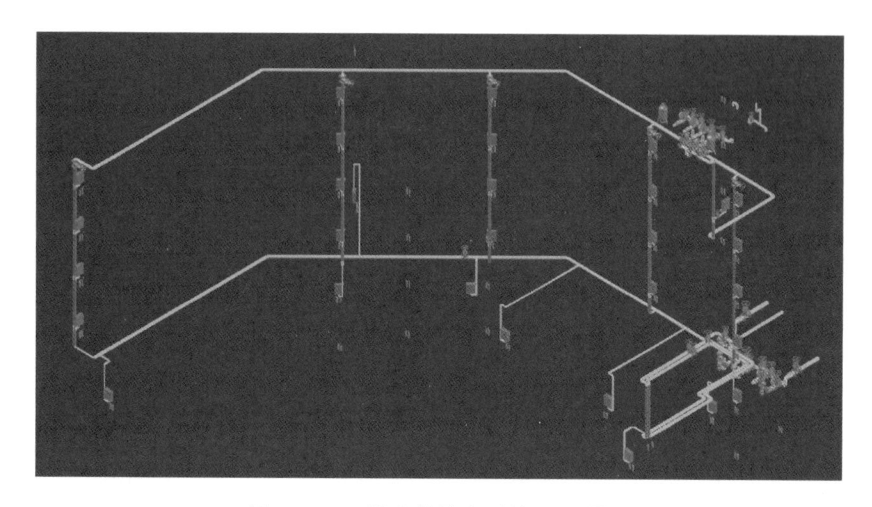

图3.3.17 消火栓给水系统BIM模型

◎任务测试◎

任务3.3测试

◎任务训练◎

完成A办公楼地下一层消防泵房系统BIM建模。

【项目小结】

学生通过消防给水系统BIM建模，边建模边识图，提高了其消防给水施工图识读能力；通过创建消防给水系统BIM模型，提高了对消防给水系统的认知度，将构件信息三维化、可视化、数字化，便于工程量统计、模型维护与应用；通过对喷头、喷淋管的转化功能，省却了以往手动建模的烦琐步骤，大大提升了建模效率。

【项目测试】

项目测试

【项目拓展】

根据提供的图纸信息，完成喷淋系统 BIM 建模。建模内容有：

(1)坐标原点放在 1 轴与 A 轴的交点；

(2)完成喷淋管道、喷头、附件等构件的属性定义；

(3)根据平面图，完成喷淋系统的 BIM 建模。

(备注：本项目任务来自 2017 年 5 月全国 BIM 应用技能等级考试试题)

附：

一、施工设计说明

1. 本层层高为 5000mm。

2. 喷头为下喷头，安装高度为 5000mm。喷淋管为镀锌钢管，水平管贴梁底敷设，梁高 5000mm。

3. 图例

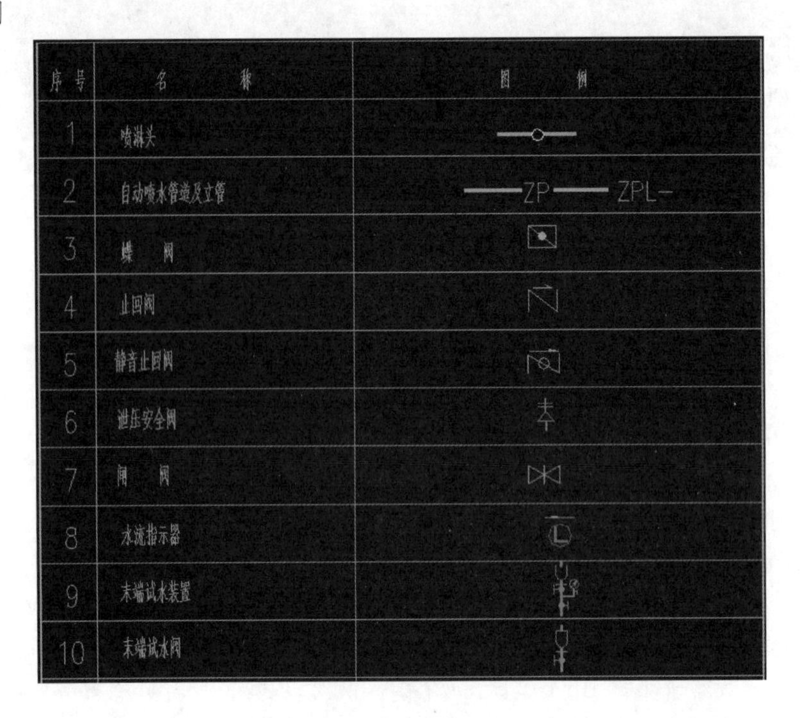

序号	名称	图例
1	喷淋头	
2	自动喷水管道及立管	ZP ZPL-
3	蝶阀	
4	止回阀	
5	静音止回阀	
6	泄压安全阀	
7	闸阀	
8	水流指示器	
9	末端试水装置	
10	末端试水阀	

二、自动喷淋平面图

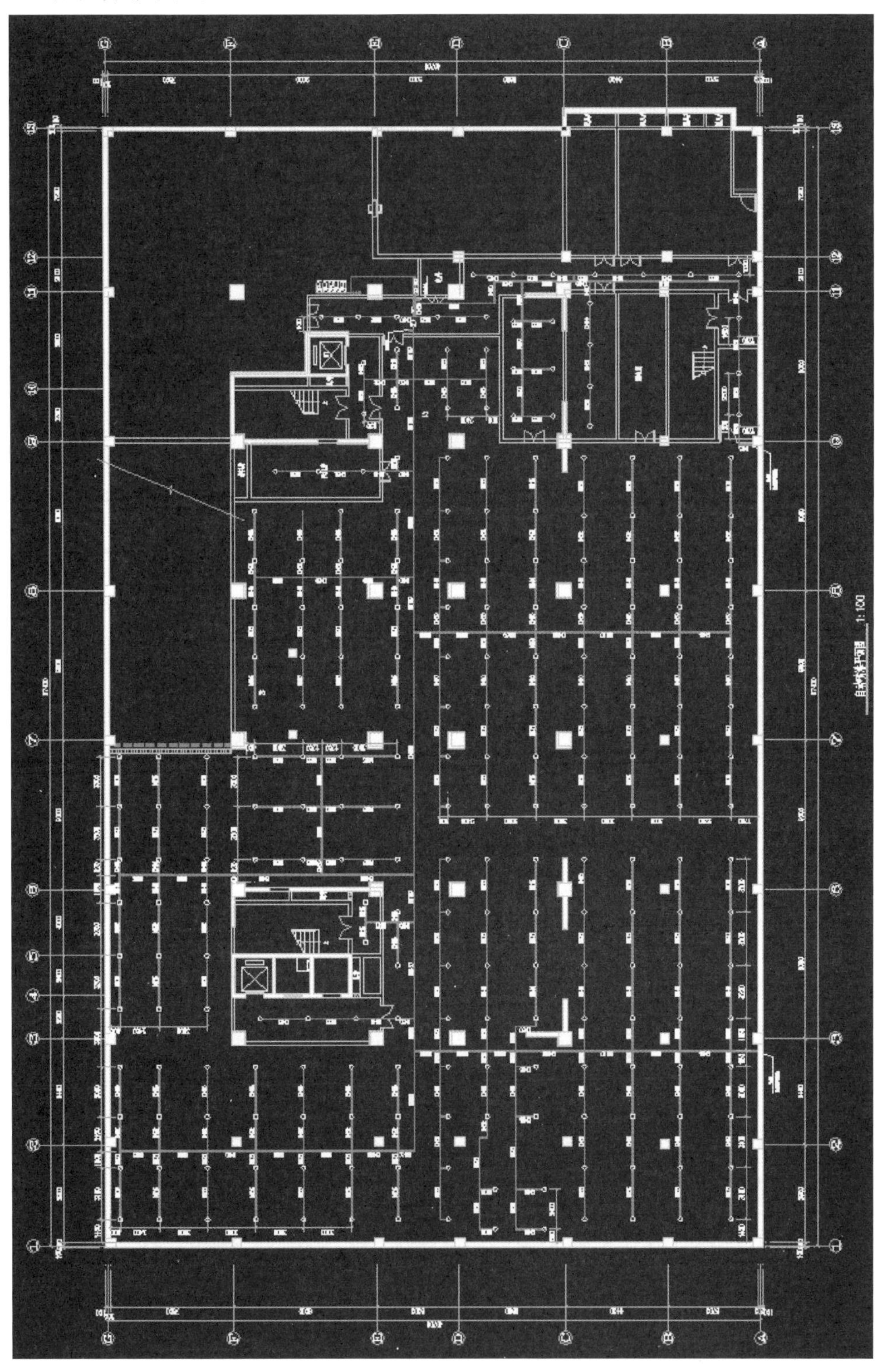

项目 4　建筑电气系统 BIM 建模

【学习目标】

学生通过本项目的学习，熟悉鲁班安装软件电气、弱电专业建模界面，掌握建筑电气、弱电系统 BIM 建模流程，掌握建筑电气系统 BIM 模型的创建方法。

学生通过本项目的学习，能熟练识读建筑电气、弱电施工图，能用鲁班安装软件创建建筑电气系统 BIM 模型。

【项目导入】

本工程为上海某厂项目 A 办公楼，其建筑电气系统主要包括桥架系统、动力系统、照明系统、弱电系统等。本项目主要任务是创建电气系统 BIM 模型、弱电系统 BIM 模型。A 办公楼电气系统 BIM 模型见图 4.0.1 和图 4.0.2。

任务分解及建模流程：

(1)建模准备：电气施工图识读→工程设置→图纸调入→系统编号。

(2)电气系统建模：电缆桥架布置→电气设备布置→动力系统布置→照明系统布置→防雷接地系统布置→电气系统 BIM 模型展示。

(3)弱电系统建模：桥架线槽布置→箱柜布置→弱电设备布置→桥架配线引线→穿管引线→附件布置→弱电系统 BIM 模型展示。

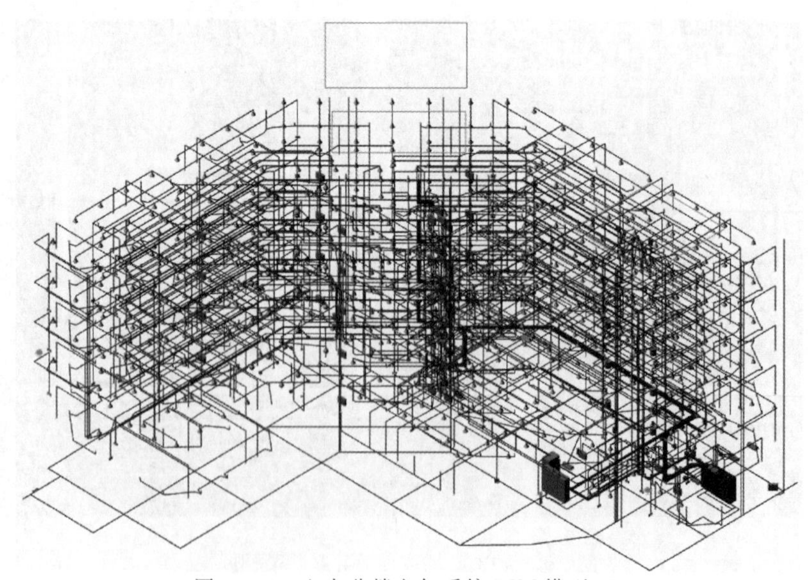

图 4.0.1　A 办公楼电气系统 BIM 模型(1)

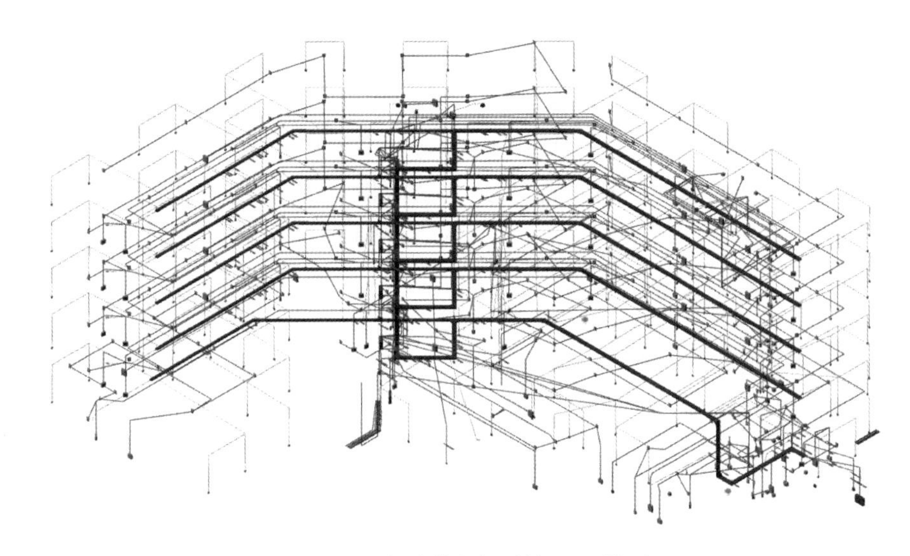

图 4.0.2　A 办公楼电气系统 BIM 模型(2)

任务 4.1　电气系统 BIM 建模准备

◎任务引入◎

在电气系统 BIM 建模前，需做好两个准备：一是熟悉项目概况，阅读电气施工图，提取相关的各项工程参数，如层高、管材、管道连接方式、设备安装高度等，便于各项工程参数的选定，提高建模速度；二是熟悉电气专业软件操作界面，掌握工程设置及图纸调入等操作，为后期各系统建模做好基础准备。

BIM 建模准备工作流程为：电气施工图识读→工程设置→图纸调入→系统编号。

◎任务实施◎

4.1.1　电气施工图识读

视频 4.1.1 电气施工图识读

1. 工程概况

本工程为上海某厂项目 A 办公楼，总建筑面积为 5975m²，框架结构，地下 1 层，地上 5 层，建筑高度为 22m。其中各层层高为：地下一层 4000mm，首层 4500mm，地上二层 4200mm，地上三至五层均为 3800mm。

本工程电气系统包括强电系统和弱电系统，其中强电系统包括电力系统、照明系统及防雷接地系统，弱电系统主要包括火灾自动报警系统、通信网络系统、有线电视系统及安全技术防范系统。

本工程由附近厂区变电所引入三路低压电源进线：一路 276kW 作为主要负荷电源供电；一路 139kW 作为备用电源供电；空调负荷单独一路进线，配电间以放射式供电。电源接驳方式为低压穿管埋地引入地下一层配电间然后沿桥架引至各用电设备。

2.用电设备

(1)配电箱柜

低压配电柜按固定柜设计,落地式安装。

设备用房和配电间内配电箱、柜落地式安装或墙上安装,其他场所采用暗装方式。

高度大于1.2m的配电箱落地安装,落地安装时设300mm高素混凝土基础;其他控制箱若无特殊说明,箱底距地1.5m安装,房间内配电箱距地1.8m。照明配电箱底边距地1.6m安装。

(2)灯具设备

灯具采用Ⅰ型灯具,有荧光灯、防水防尘灯、安全灯、走道灯、格栅灯、出口指示灯、疏散指示灯等。各灯具具体安装方式说明见图纸。

出口指示灯明装,在门上方安装时,底边距门框0.1m;若门上无法安装时,在门旁墙上安装,距地不少于2m。疏散指示灯暗装,底边距地0.3m;管吊时底边距地2.5m。

(3)开关插座

开关采用86系列(10A,250V)安全型开关,有单极单控、双极单控、三极单控、四极单控等类型,距地1.3m安装。

采用86系列(10A,250V)安全型,单相二极和三极组合插座,距地1.8m安装。

(4)弱电设备

本工程通信系统,由市政引来的宽带数据光缆从室外埋地引入弱电机房,再沿桥架引入一到三层弱电竖井,每层电信分线箱在弱电井内明装。

弱电机房设置信息配线箱暗装,底距地0.3m。

手动报警按钮,底距地1.5m。

消防栓按钮设在消防栓内,底距地1.6m。

声光报警器,距地2.4m。

消防专用电话分机,距地1.5m。

手动火灾报警按钮,距地1.5m。

(5)其他

屋顶防雷:屋面沿女儿墙敷设4×25mm热镀锌扁钢作防雷带。

基础接地:4×40mm热镀锌扁钢。

3.电缆导线

由配电间引出的低压电缆采用电缆桥架敷设方式,电缆桥架应设置防火隔板分隔。

低压电缆采用WDZB-YJY-1kV无卤低烟阻燃B级交联聚乙烯绝缘聚烯护套电力电缆。

消防设备配电电缆采用WDZBN-YJY-1kV无卤低烟阻燃B级耐火交联聚乙烯绝缘聚烯护套电力电缆。

一般动力、公共照明配电导线采用WDZC-BYJ-0.75kV无卤低烟阻燃C级交联聚乙烯绝缘电线;办公室内采用BV-0.75kV交联聚乙烯绝缘电线。

应急照明、消防设备配电导线采用WDZCN-BYJ-0.75kV无卤低烟阻燃C级耐火交联聚乙烯绝缘电线。

一般控制电缆为KVV型电缆,与消防设备有关的控制电缆为WDZBN-KVV耐火型电缆。弱电穿管管径规格为:2～4 根 SC15,5～8 根 SC20,2 根 $4mm^2$ 以内穿管采用 SC20。

照明、插座分别由不同的支路供电,除图中注明外,照明、插座支线均采用 BV-3×$2.5mm^2$ 导线。

【思考与讨论】

建筑电气系统由哪些部分组成?建筑电气施工图识读的方法及步骤是怎样的?

4.1.2 工程设置

1. 新建工程

双击“鲁班安装”快捷图标,进入软件界面,如图 4.1.1 所示。

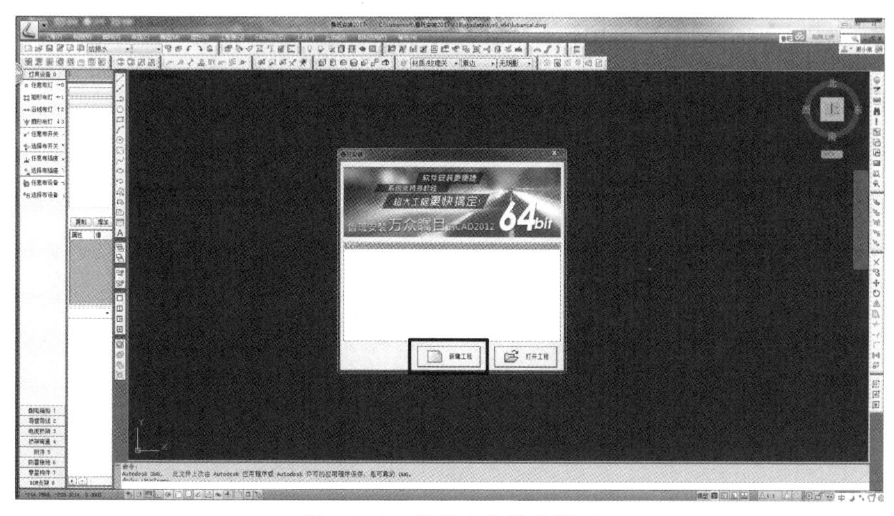

图 4.1.1 鲁班安装软件界面

选择“新建工程”,弹出工程保存界面,如图 4.1.2 所示。首先单击“保存在”选择框边上的“▾”按钮,选择工程需要保存的位置,然后在“文件名”文本框中输入文件名,如“A 办公楼电气”,最后单击“保存”。

图 4.1.2 工程保存界面

若是要打开以前做过的或者想要接着做的工程，选择“其他”，单击“打开工程”，弹出“打开”对话框，在“查找范围”中单击“▾”按钮，选择文件保存的位置，找到工程文件夹（如“A 办公楼电气”），再打开列表中的 lba 文件，就可以进入要打开的工程。

2. 用户模板

新建工程设置好文件保存路径之后，会弹出“用户模板”界面，如图 4.1.3 所示。该功能主要用于在建立一个新工程时可以选择过去我们做好的工程模板，以便我们直接调用以前工程的构件属性，从而加快建模速度。如果是第一次做工程或者以前的工程没有另存为模板的话，“列表”中就只有“软件默认的属性模板”供我们选择。选择好需要的属性模板，单击“确定”就完成了用户模板的设置。

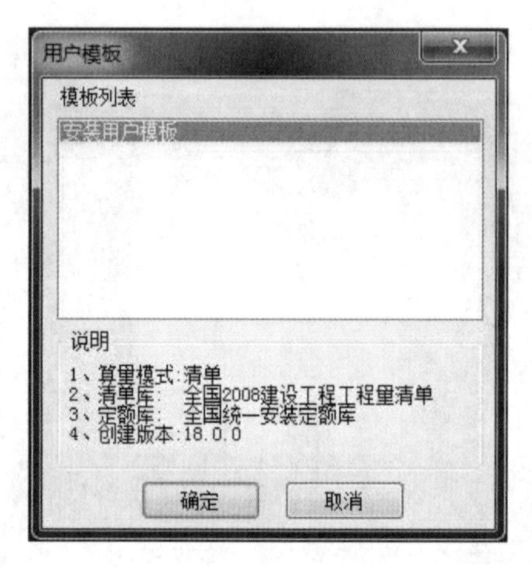

图 4.1.3 “用户模板”界面

3. 工程概况

用户模板当设置完成之后，软件会自动弹出“工程概况”对话框，也可以在软件工具栏中单击“”按钮，弹出该对话框，如图 4.1.4 所示。根据工程实际情况填写，填写完成后单击“下一步”。

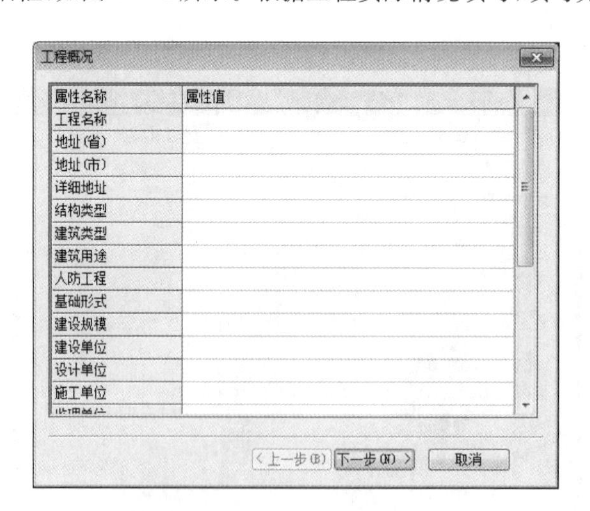

图 4.1.4 “工程概况”对话框

4. 算量模式

设置好工程概况后单击“下一步”按钮，软件自动进入算量模式的选择界面。也可在软件工具栏中单击“”按钮，弹出该对话框，如图 4.1.5 所示。

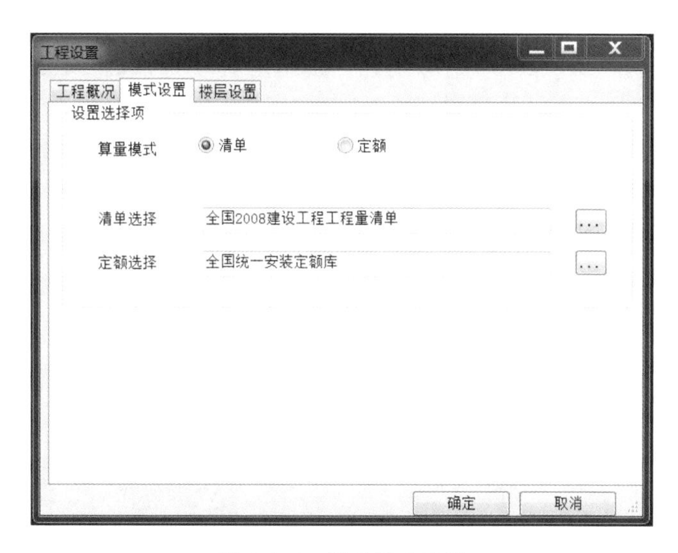

图 4.1.5　算量模式选择

根据实际工程需要选择“清单”或“定额”模式。当需要更换“清单”或“定额”时，分别单击旁边的“…”按钮，弹出清单或定额选择界面，选择相应的清单和定额。最后单击“确定”，完成算量模式设置。

5. 楼层设置

设置完算量模式，软件直接进入“楼层设置”界面，也可在软件工具栏中单击“”按钮，弹出该对话框。A 办公楼楼层设置如图 4.1.6 所示。定义好楼层设置后，单击“确定”结束设置。

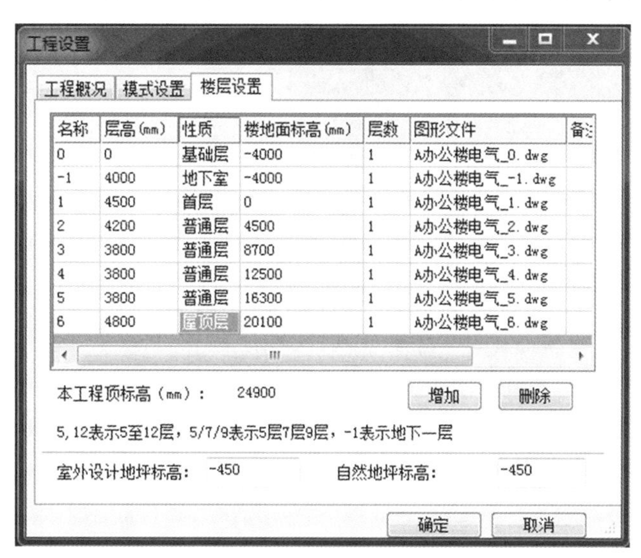

图 4.1.6　楼层设置

4.1.3　图纸调入

1. CAD 文件调入

单击“CAD 转化”—“CAD 文件调入”，选择“电气”专业及“0”层，找到要调入的 A 办公楼 CAD 图，单击“打开”按钮，界面切换到绘图状态下，命令行提示“请选择插入点”，单击或直接按 Enter 键确定插入点，CAD 图形调入完成。

2. 多层复制 CAD

单击工具栏中“多层复制”命令，点击对应楼层的“选择图形”，指定基点（A 办公楼 1 轴与 A 轴的交点定为基点），按住鼠标左键不放，拖动鼠标框选需要复制的图形后，右击完成复制，依此类推，完成各楼层图纸导入指定楼层中。再指定插入点（0，0，0），单击“确定”，如图 4.1.7 所示。

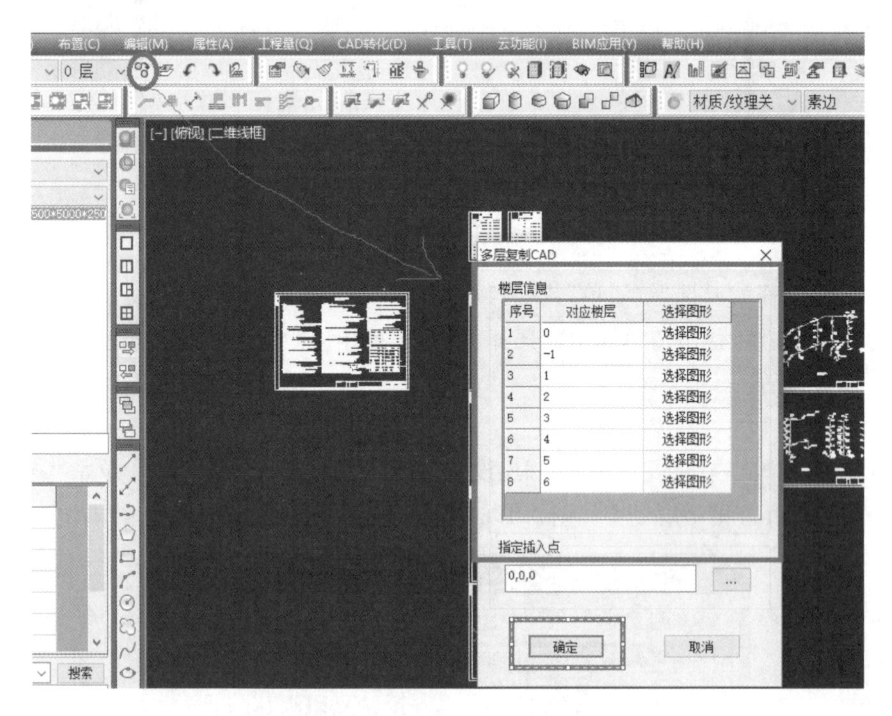

图 4.1.7　多层复制 CAD

4.1.4　系统编号

视频 4.1.2
电气系统
编号管理

单击“工具”—“系统编号管理”直接进入；或在绘制构件时，由构件属性工具栏下的“系统编号管理”按钮进入，但用这种方式进入后只显示当前专业，看不到其他专业。选中一个回路，直接右击在右键菜单中选择增加平级或者增加子级，即可增加新的系统编号。单击“确定”，完成系统编号管理。

管线的系统编号增加，不能超过三级。若超过三级，软件将会自动提示已达上限。

A 办公楼电气专业按类型分为桥架、动力、照明、设备，为此分成四个系统。其中桥架系统分为消防强电电缆金属桥架、强电电缆金属线槽，动力与照明系统以配电箱作为子系统进行系统编号，如图 4.1.8 所示。

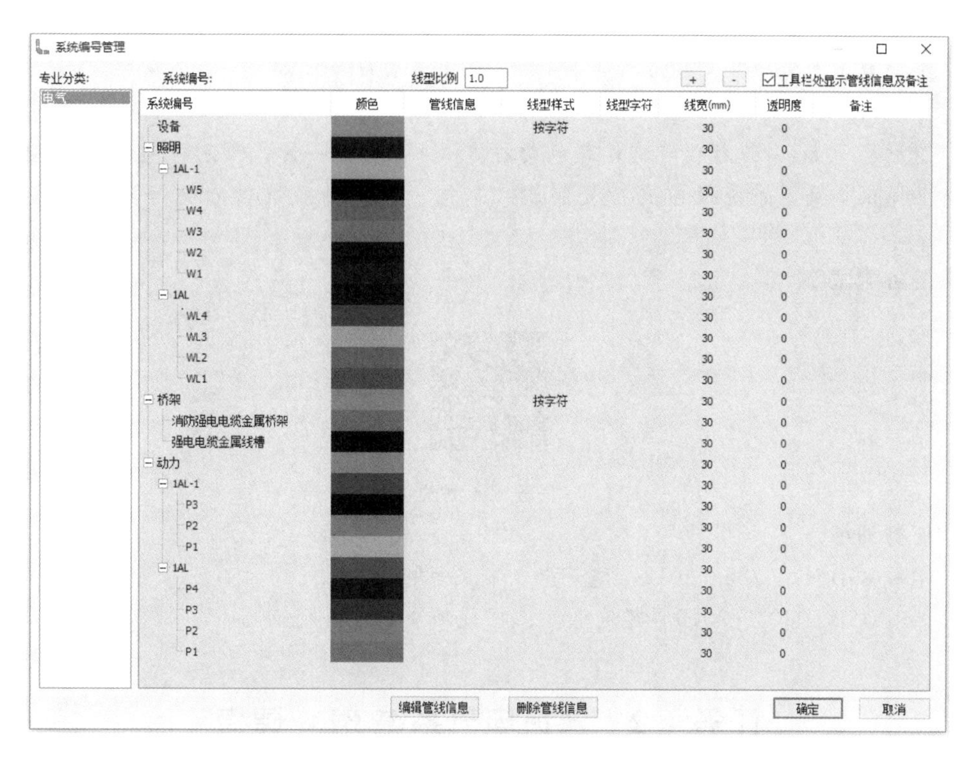

图 4.1.8　电气系统编号

A 办公楼弱电系统以线路类别进行系统编号，如图 4.1.9 所示。

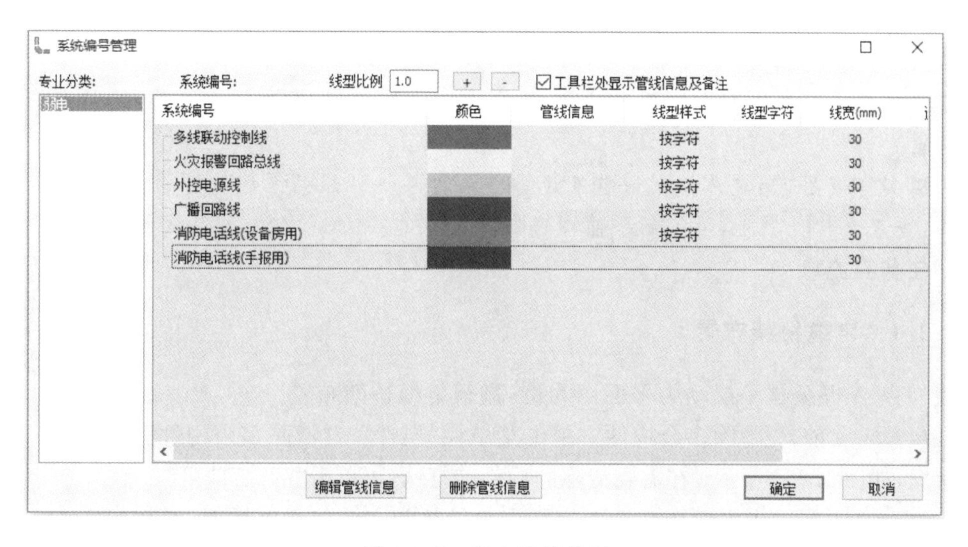

图 4.1.9　弱电系统编号

【提示】

系统编号管理采用树状结构，分专业进行显示，系统编号在当前专业下不得重复。用户可设置系统编号的名称和颜色；可以把定义好的系统编号导入与导出，并且支持不同专业的导入与导出。

系统编号不能包含“ _ ”“SYS”字符，且系统编号长度不能超过 17 个汉字，如超长提取将不起作用，即保持原状。

在图形显示上，系统颜色与构件颜色两种方式共存，默认显示构件颜色，在构件显示控制接口上提供切换。系统编号支持复制、粘贴，同一级别的系统编号支持多选的升、降级操作。

◎任务测试◎

任务 4.1 测试

◎任务训练◎

1. 学习《GB/T 50786—2012　建筑电气制图标准》。
2. 学习《GB 50303—2015　建筑电气工程施工质量验收规范》。

任务 4.2　建筑电气系统 BIM 建模

◎任务引入◎

电气系统是由低压供电组合部件构成的系统，有时也被称为“低压配电系统”或“低压配电线路”。

建筑电气系统主要有下述四个部分：变电和配电系统，设备和动力系统，照明系统，防雷接地装置。

BIM 建模流程为：电缆桥架→电气设备→动力系统→照明系统→防雷接地系统。建模的顺序：先定义构件属性，再绘制平面图进行建模。

◎任务实施◎

视频 4.2.1 电缆桥架布置

4.2.1　电缆桥架布置

我们以 A 办公楼一层动力平面图为例，进行电缆桥架布置。

在属性定义前，先清除多余构件。单击菜单栏“属性”—“清除多余构件”，弹出对话框，如图 4.2.1 所示。在需要清除的构件前打钩，再单击“清除”即可。

A 办公楼一层动力平面图中桥架有强电电缆桥架与消防强电桥架，桥架规格有 400mm×100mm、300mm×100mm、100mm×100mm、100mm×50mm 等，顶端距梁底 200mm 安装。

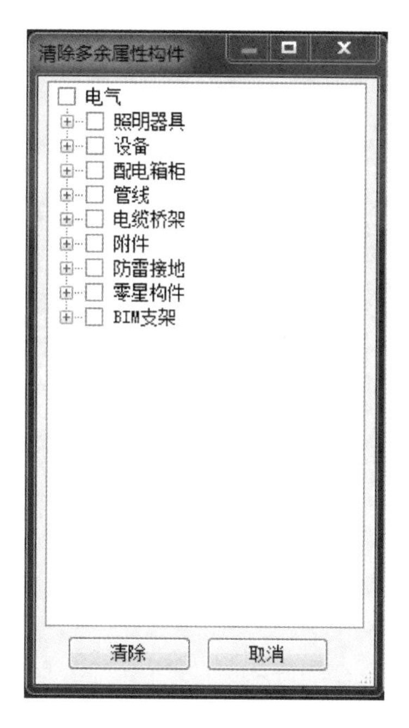

图 4.2.1 “清除多余属性构件”对话框

1. 属性定义

双击属性工具栏空白处,或单击“”按钮,或选择菜单栏“属性”下拉菜单中的“属性定义”,如图 4.2.2 所示。

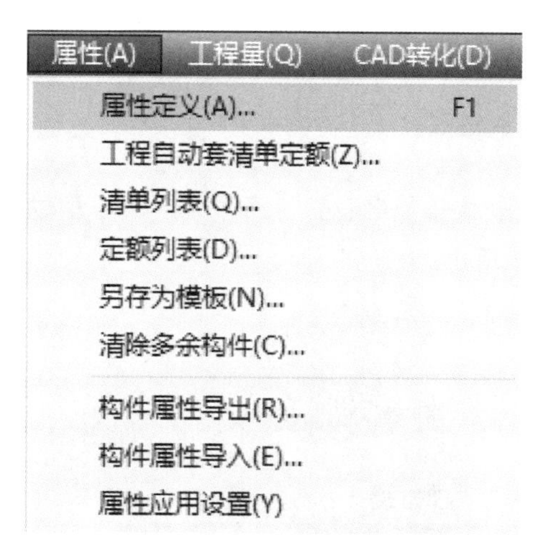

图 4.2.2 “属性定义”菜单

软件弹出构件的“属性定义”界面,单击“电缆桥架”标签,在“构件列表”的下拉列表中选择“桥架”进入属性编辑,单击“增加”,根据平面图信息,对桥架尺寸、材质等进行编辑,再单击“系统重命名”完成桥架命名,如图 4.2.3 所示。按此操作完成桥架属性定义。

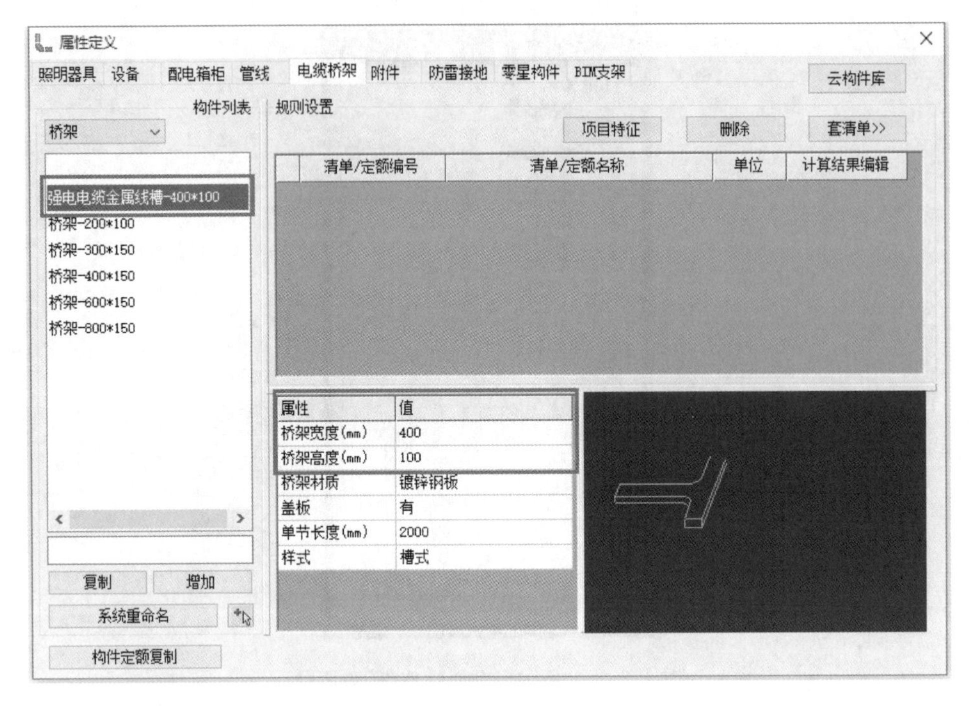

图 4.2.3 “属性定义”界面

复制:复制小类构件,复制的新构件与原构件属性完全相同。

增加:增加一个新的小类构件,新构件的属性要重新定义。

系统重命名:对已定义好的构件,如果调整了属性参数设置,软件可以自动读取相关参数替换原来的构件名称,减少修改属性定义后又要修改构件名称的时间。

构件定额复制:对构件套用的定额进行复制。

2.水平桥架布置

单击左侧中文工具栏“电缆桥架”下方“水平桥架”命令 水平桥架 →0,软件弹出“水平桥架”对话框,如图 4.2.4 所示。

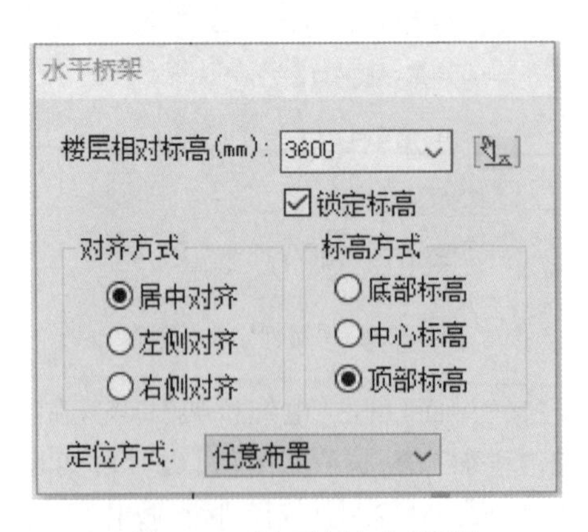

图 4.2.4 “水平桥架”对话框

楼层相对标高：A 办公楼地上一层层高为 4500mm，桥架安装高度为顶端距梁底 200mm，减去最高梁高 700mm，故桥架标高设置为 3600mm(选择顶部标高)。

对齐方式：选择居中对齐。

标高方式：选择顶部标高。

定位方式：选择任意布置。

单击选取左边属性工具栏中要布置的桥架的种类，选择“动力桥架”系统编号，再根据命令行提示进行桥架绘制：按提示在绘图区域内，单击依次选取桥架的第一点、第二点等，根据平面图走向进行绘制；也可以用光标控制方向、输入参数的方法来绘制桥架；绘制完一段桥架后，不退出命令，可以重复选择构件再布置；绘制完毕后右击，弹出右键菜单，选择“取消”并退出命令。在转折的地方只要对齐中心点，系统会自动生成弯通。

消防水平桥架绘制方式同动力桥架。三层水平桥架使用楼层复制将桥架复制到对应楼层(如四、五层)。

3. 垂直桥架布置(跨层桥架)

根据 A 办公楼动力平面图，找到垂直(跨层)桥架的位置，进行垂直(跨层)桥架的布置。地下一层垂直桥架位置如图 4.2.5 所示，地上一层垂直桥架位置如图 4.2.6 所示。

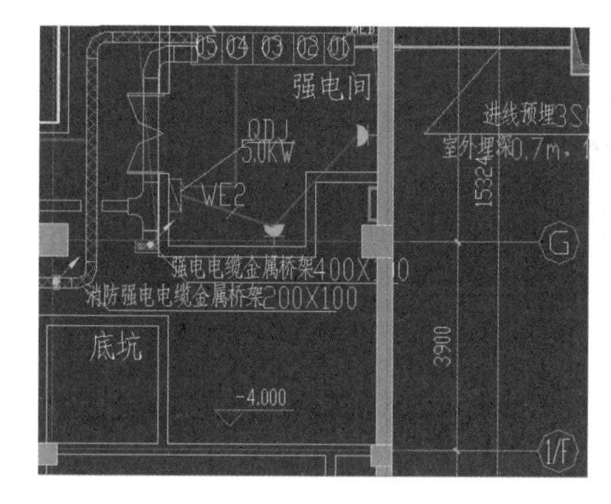

图 4.2.5 地下一层垂直桥架

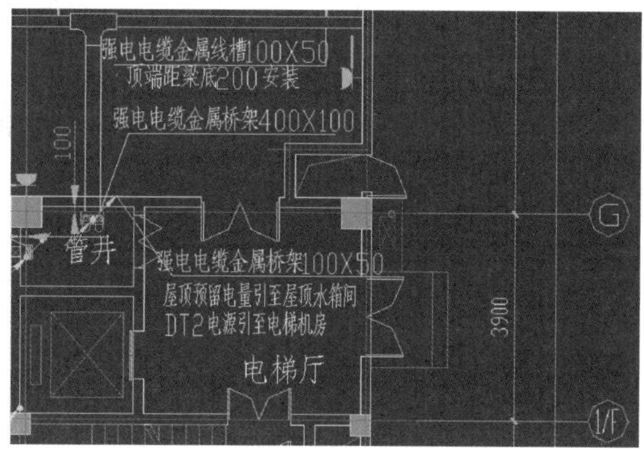

图 4.2.6 地上一层垂直桥架

单击左侧中文工具栏“电缆桥架”下方“垂直桥架”命令，软件弹出“垂直桥架”对话框，如图 4.2.7 所示。

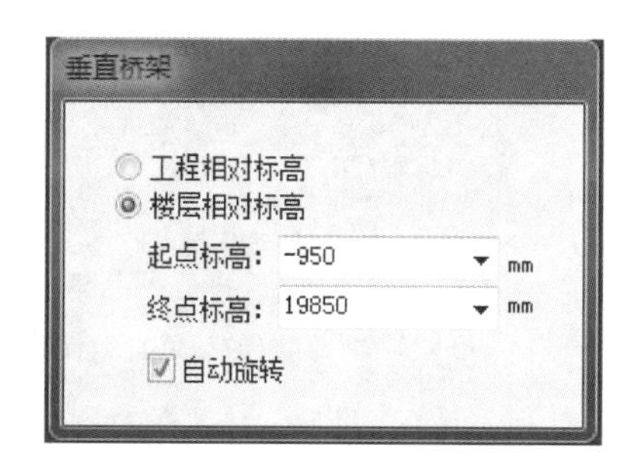

图 4.2.7 “垂直桥架”对话框

标高设置:“工程相对标高”和“楼层相对标高”的选择同给排水专业里的“立管”。我们选择“工程相对标高”,因为本层两根垂直桥架是从地下一层至地上五层,所以起点标高应为－1F＋3050(mm),终点标高应为5F＋3550(mm)(垂直桥架的标高为水平桥架中心点的标高,计算方式为:层高－梁高－桥架最大高度/2)。为了让水平桥架和垂直桥架连通,要将两个桥架中心点重合。输入起点标高－950mm和终点标高19850mm。标高输入时可使用“nF＋楼层高度”的方式,例如:起点标高－1F＋3050,终点标高5F＋3550。其含义为,起点从－950mm(－4000＋3050)位置开始至19850mm(16300＋3550)的标高结束。

规格选取:单击选取左边属性工具栏中要布置的垂直桥架的种类,选择“桥架-400×100”。

系统设置:选择“动力桥架”系统。

命令行提示“请指定插入点【R—选参考点】”,按命令行提示在绘图区域内连续任意单击布置垂直桥架;布置完毕后右击,弹出右键菜单,选择“取消”并退出命令,完成垂直桥架布置。

动力垂直桥架具体布置方式及步骤如图4.2.8所示。

【提示】

垂直桥架系统要与水平桥架系统保持一致。

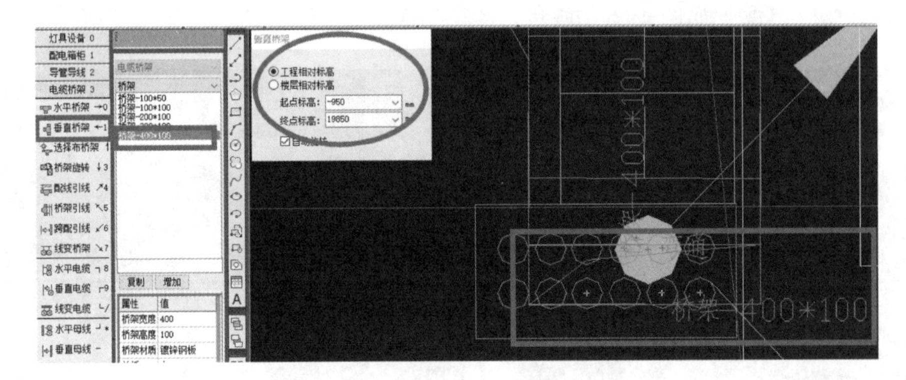

图4.2.8　动力垂直桥架布置

消防垂直桥架的布置同动力垂直桥架,具体如图4.2.9所示。

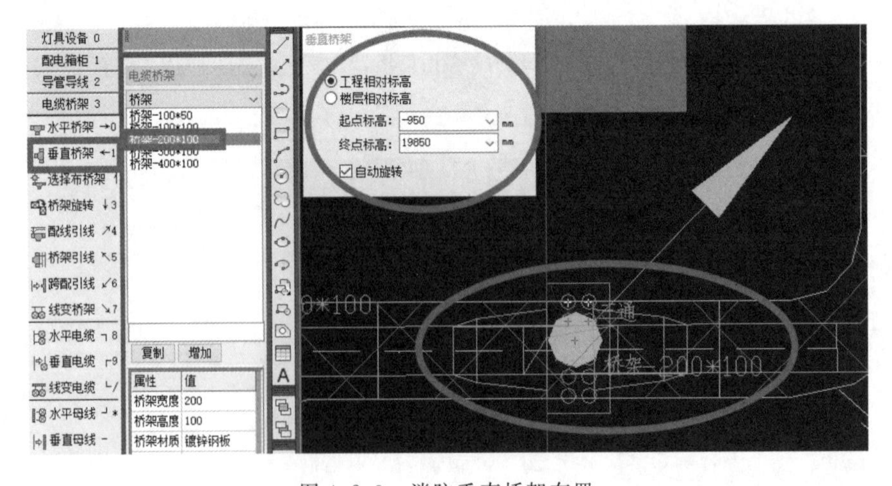

图4.2.9　消防垂直桥架布置

垂直桥架布置效果如图 4.2.10 所示。

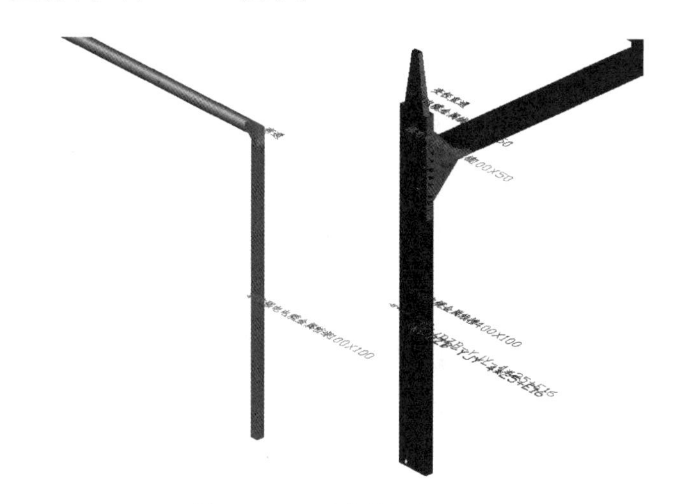

图 4.2.10　垂直桥架布置效果

绘制完成后的 A 办公楼一层桥架 BIM 模型如图 4.2.11 所示。

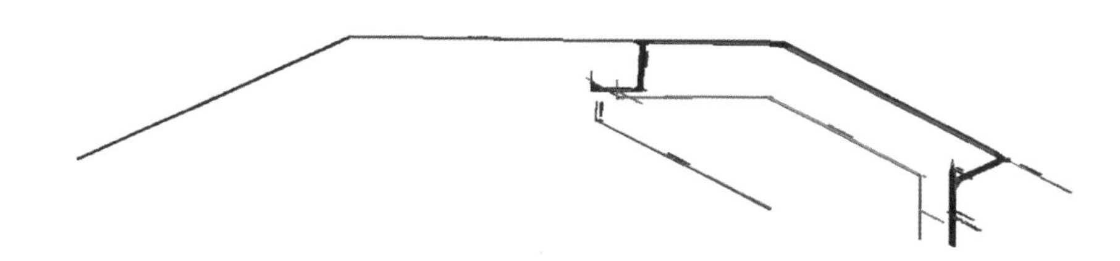

图 4.2.11　A 办公楼一层桥梁 BIM 模型

4. 桥架旋转

单击左侧中文工具栏“电缆桥架”中“桥架旋转”图标，根据命令行提示选择要旋转的垂直桥架，输入旋转角度后按 Enter 键即可。

【提示】

此命令不可用于水平桥架的旋转。

5. 桥架弯通

桥架弯通主要指弯头、三通、四通、大小头等。桥架布置完成后，进行桥架弯通布置，有工程生成、楼层生成、选择生成、随画随生成四种方式。

(1)工程生成

软件自动生成整个工程的桥架弯通(配件)。单击中文工具栏中的“工程生成”图标，软件会自动搜寻整个工程中所有的桥架连接点，并按照桥架连接方式自动生成相应的桥架配件。

(2)楼层生成

软件自动生成当前楼层的桥架弯通(配件)。单击中文工具栏中的“楼层生成”图标，软件会自动搜寻本层楼层中所有的桥架连接点，并按照桥架连接方式自动生成相应的桥架配件。

(3)选择生成

软件自动生成框选范围内的桥架弯通(配件)。单击中文工具栏中的“选择生成”图标,根据命令行提示选择要生成配件的桥架,选择好后右击确定即可。

(4)随画随生成

在绘制前先进行选项设置。

单击菜单栏“工具”—“选项”—“配件”,弹出选项设置对话框,如图 4.2.12 所示。选择“桥架配件”后,单击“应用”—“确定”即可。桥架配件随画随生成,同时在编辑修改后实时自动更新。

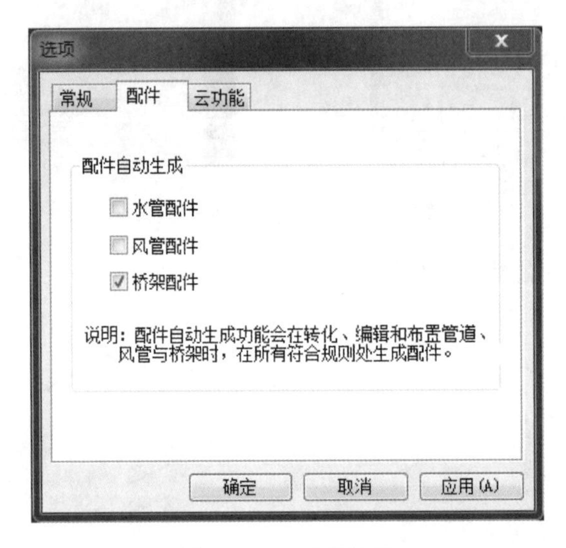

图 4.2.12 选项设置

【提示】

桥架封头布置:单击中文工具栏中的“选布封头”图标,根据命令行提示选择要布置的桥架点,选择好后右击确定即可完成封头布置。

【讨论与练习】

选择布桥架如何布置? 与任意布桥架有何区别?

4.2.2 电气设备布置

我们以 A 办公楼一层动力平面图为例进行电气设备布置,一层动力平面图中电气设备主要有插座、配电箱、控制箱等。插座采用单相二极和三极组合插座,距地 1.8m 安装。照明配电箱采用 PZ30 系列配电箱,底边距地 1.6m 安装。

1. 灯具设备布置

我们以插座布置为例,其他灯、开关等灯具设备布置类似。先进行属性定义,再依据平面图布置插座。

视频 4.2.2 插座布置

(1)属性定义

在电气专业模块下,双击属性工具栏空白处,或单击“”按钮,或者单击菜单“属性”—“属性定义”，软件弹出构件的“属性定义”界面，如图 4.2.13 所示。

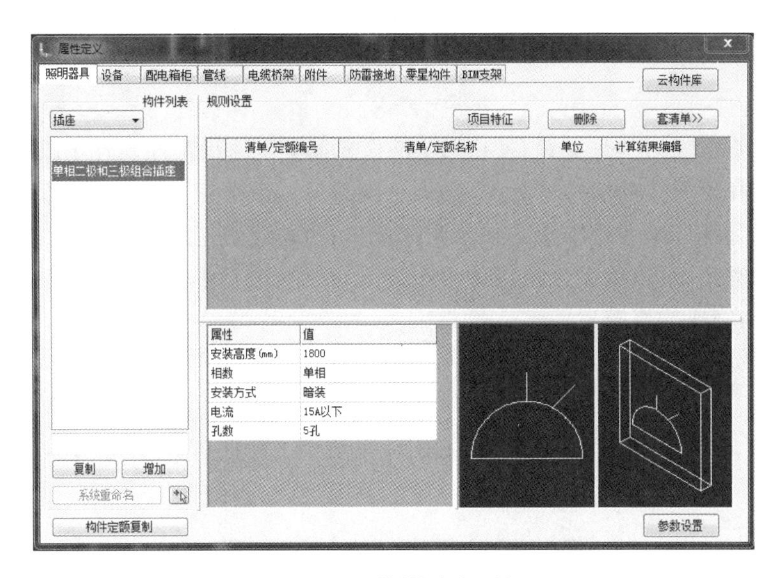

图 4.2.13 “属性定义”界面

选择“照明器具”标签，在“构件列表”的下拉列表中选择“插座”，单击“增加”，在“构件定义”对话框中对插座的安装高度、相数、安装方式、电流等进行定义。

在图形显示区，可对属性值进行设置，直接单击“参数设置”，弹出“参数设置”对话框，如图 4.2.14 所示。在该对话框中对三维尺寸与插入点进行编辑，最后单击“确定”即可。

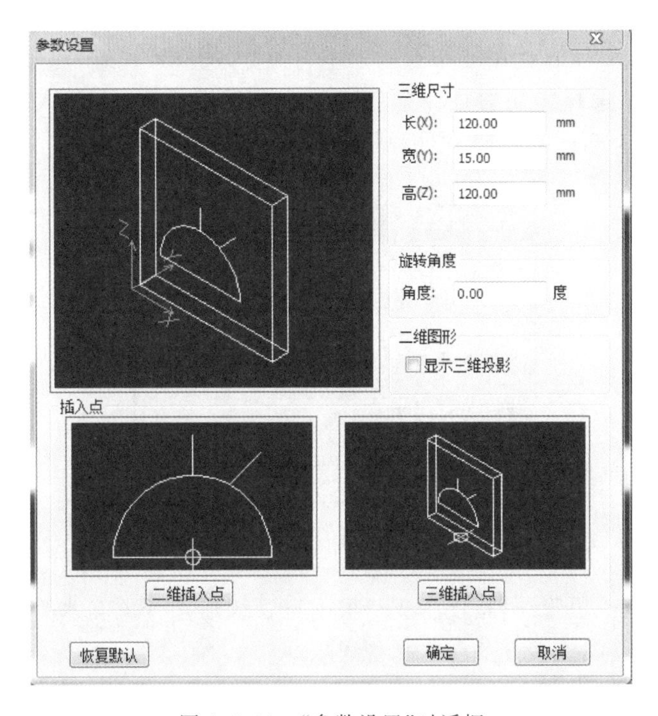

图 4.2.14 “参数设置”对话框

(2)插座布置

插座布置可采用手动布置与转化布置两种,其中手动布置还可以选择任意布置与选择布置。

①任意布插座

单击左边中文工具栏“灯具设备”中“任意布插座”图标,软件属性工具栏自动跳转到灯具构件中,选择要布置的插座的种类,选取系统编号。命令行提示“指定插入点【A—旋转角度, B—左右翻转,R—参考点】”, 在绘图区域内,可连续任意单击布置开关;布置完一种插座后,命令不退出,可以重新选择构件再布置。布置完毕后右击,弹出右键菜单,选择“取消”并退出命令,完成插座布置。

②选择布插座

单击左边中文工具栏“灯具设备”中“选择布插座”图标,该命令用于在平面图中布置插座,并自动生成连接插座和水平管线的竖向管线,软件弹出一个浮动式对话框,如图 4.2.15所示。

图 4.2.15 “标高设置”对话框

勾选“自动布置垂直管线”复选框,则软件会根据所选管线标高和开关安装高度的差值自动生成对应的竖直管线。

单击选取左边属性工具栏中要布置的插座的种类,选取系统编号。命令行提示“请选择需布置插座的管线”,选择需布置插座的管线。命令栏提示“指定插入点【A—旋转角度, B—左右翻转】”,确定管线上一点,软件弹出如图 4.2.16 所示对话框。

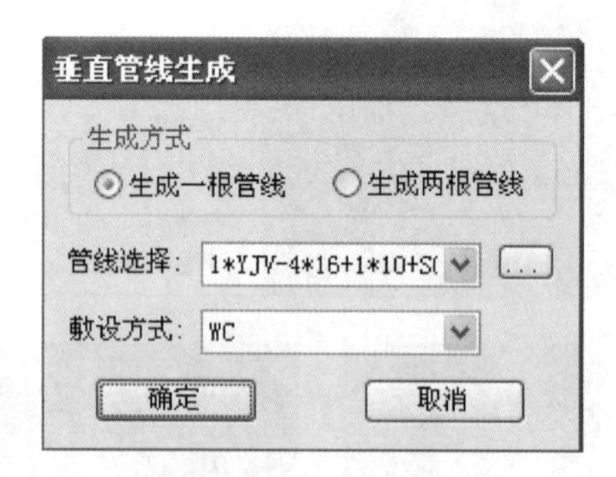

图 4.2.16 “垂直管线生成”对话框

生成方式:“生成一根管线”指仅生成一根垂直管线连接开关与水平管线;“生成两根管线”指生成两根垂直管线连接开关与水平管线 。

管线选择:默认的选项和水平管线一致,也可以单击小三角打开下拉列表进行选择,下拉列表中的构件选项与水平管线是同一小类构件,如:水平管线选择的是“导线 · 导管”,则这里的选项也是“导线·导管”类别的。如果下拉列表中没有该构件，则单击后面的“...”按钮进入“属性定义”，重新定义新构件再进行选择。

单击“确定”完成一个插座的布置；单击“取消”返回上一步。

布置完一种插座后，命令不退出，可以再重复选择构件布置；布置完毕后右击，弹出右键菜单，选择“取消”并退出命令。

③转化布置

单击右侧工具栏“转化设备”按钮，软件弹出如图4.2.17所示对话框。

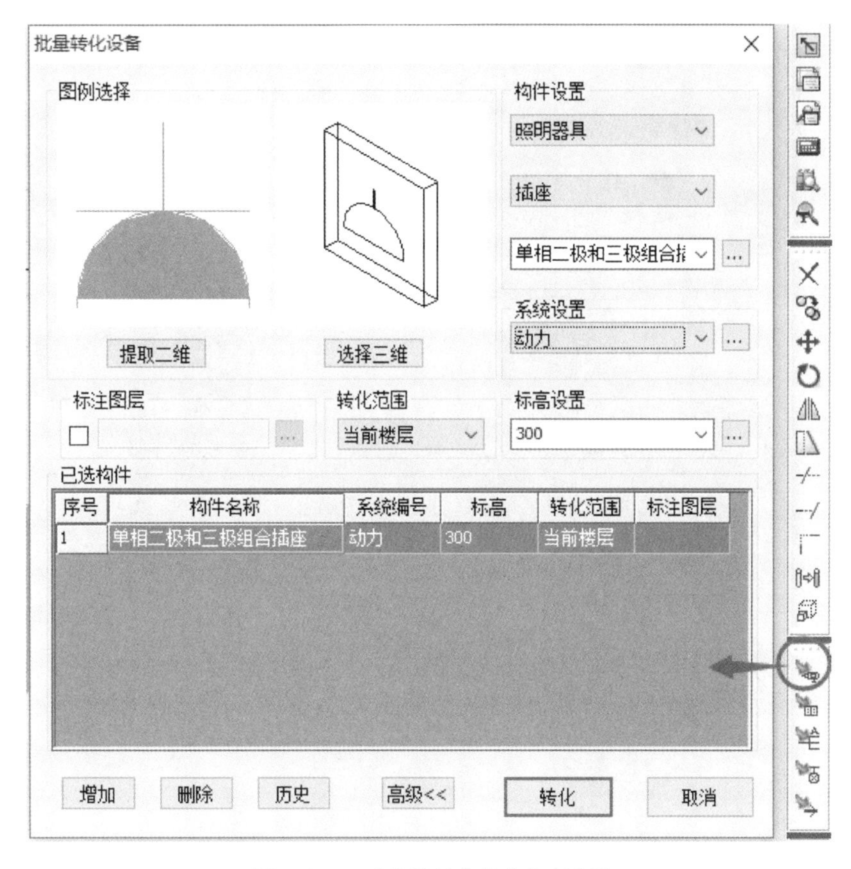

图4.2.17 “批量转化设备”对话框

单击“提取二维”按钮，软件自动转入绘图界面，光标变成小方框，单击CAD图形中的插座，右击，选择插入点（靠墙的点）。二维提取完成后，软件会默认生成一个三维图形，我们也可以单击“选择三维”按钮进入图库选择对应图形。

构件设置：选择构件类型，手动定义构件名称，或单击“…”按钮，在图纸中提取名称。本工程插座设置为：照明灯具—插座—单相二极和三极组合插座。

系统设置：选择系统编号“动力”，也可以单击“…”按钮进行设置。

标高设置：图例中给出“距地1.8m（办公室除外）”，可先按照软件默认标高设置为300mm，后续使用“高度调整”命令对不同区域标高进行调整。

转化范围：支持全部楼层转化、当前楼层转化和当前范围转化。我们根据需要选择“当前楼层”转化，对话框如图 4.2.18 所示。

标注图层：选中后，单击“…”按钮，可以选择构件标注的图层，转化时将标注信息加入构件名称中。

增加：需要增加构件时，单击“增加”按钮，重复上述操作，继续提取其他构件。

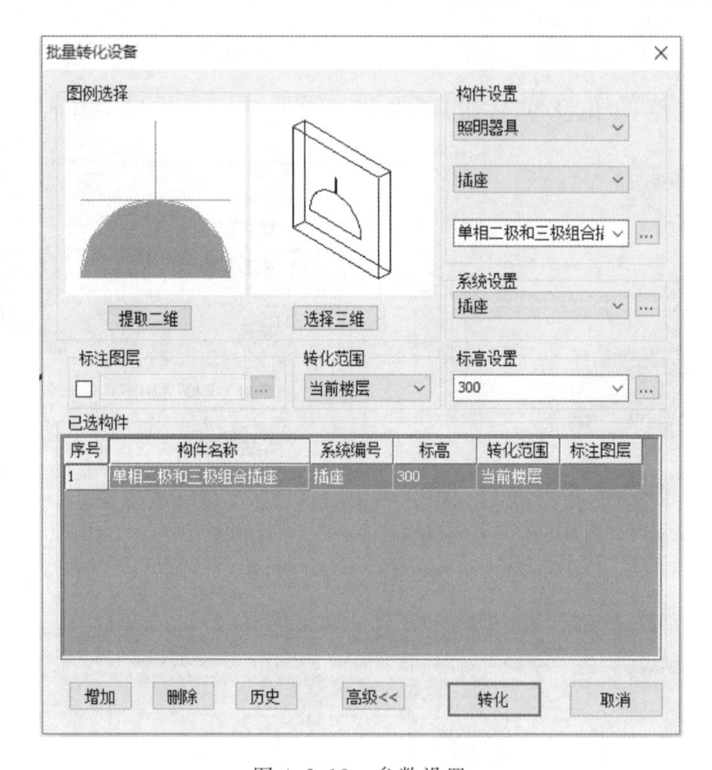

图 4.2.18　参数设置

各参数设置完成后单击“转化”按钮，开始插座的转化。转化后的效果如图 4.2.19 所示。

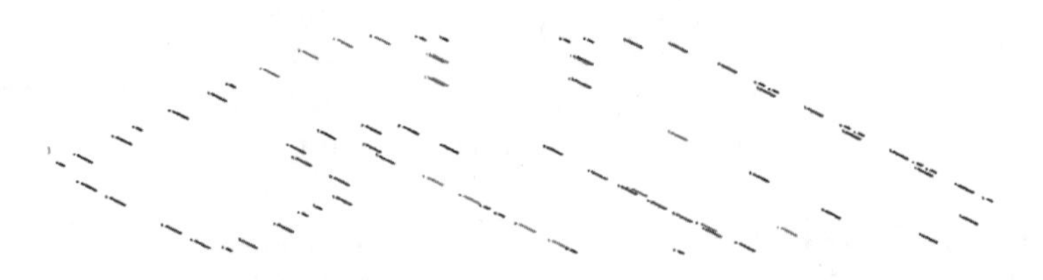

图 4.2.19　插座转化效果

2. 配电箱柜布置

视频 4.2.3 配电箱柜布置

以 A 办公楼一层动力平面图中的 1AL 配电箱为例，进行配电箱柜布置。先进行属性定义，再进行配电箱布置。

(1)属性定义

在电气专业模块下，双击属性工具栏空白处，或单击“ ”按钮，或单击“属性”—“属性定义”，进入“属性定义”界面，如图 4.2.20 所示。

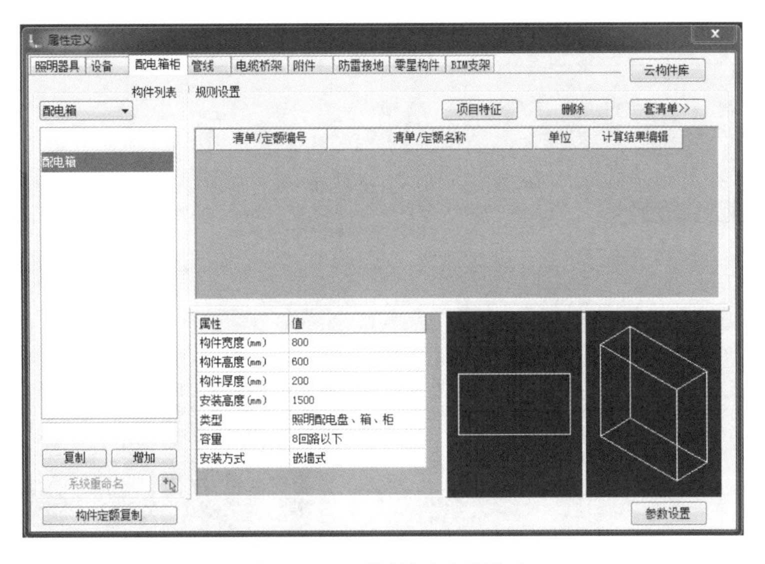

图 4.2.20 “属性定义”界面

单击“配电箱柜”标签，在“构件列表”的下拉列表中选择“配电箱”。单击“增加”然后单击“ ”，可在平面图当中提取对应配电箱名称。在“构件定义”对话框中对配电箱的尺寸、安装高度、类型、容量、安装方式等进行定义。

在图形显示区，可对属性值进行设置，直接单击“参数设置”，弹出“参数设置”对话框，如图 4.2.21 所示。在该对话框中对三维尺寸与插入点进行编辑，最后单击“确定”即可。

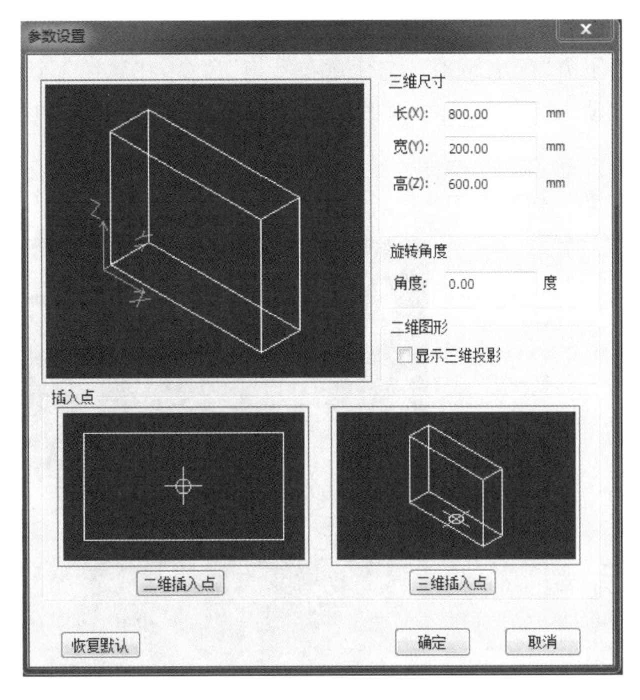

图 4.2.21 “参数设置”对话框

A 办公楼配电箱属性定义完成后效果如图 4.2.22 所示。

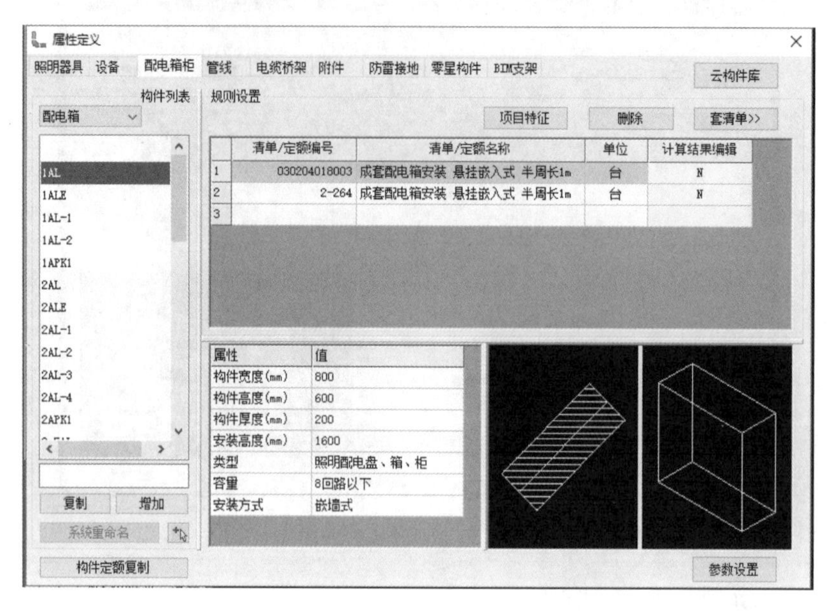

图 4.2.22　属性定义完成

(2)配电箱柜布置

配电箱柜布置可采用手动布置与转化布置两种,其中手动布置还可以分为任意布置与选择布置。

①任意布置

单击中文工具栏下方“配电箱柜”—“任意布箱柜”命令,在属性工具栏当中选择 1AL 配电箱,系统编号选择“动力系统”,在平面图对应位置单击布置即可,布置方式同“任意布插座”。

任意布置操作示意及效果如图 4.2.23 所示。

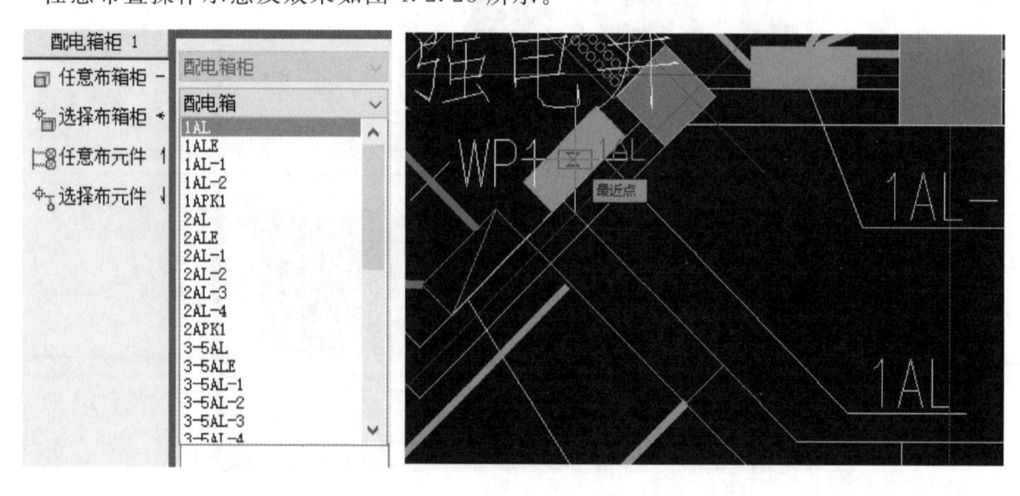

图 4.2.23　任意布置操作示意及效果

②选择布置

单击中文工具栏下方“配电箱柜”—“选择布箱柜”命令，布置方式同“选择布插座”。

③转化布置

单击右侧工具栏“转化设备”按钮，布置方式同“转化布置灯具设备”。

【思考与讨论】

1. 如何批量调整插座安装高度？

2. 如何更换电气设备名称？

4.2.3 动力系统布置

我们仍旧以 A 办公楼地上一层动力平面图为例进行动力系统布置。由地上一层动力平面图可看出，其主要有空调插座动力系统、照明插座动力系统。其中空调插座动力系统由配电箱 1APK1 配电箱引出，电气线路通过桥架敷设，引至空调插座。空调插座动力系统详见图 4.2.24。

根据电气动力系统的组成，A 办公楼动力系统 BIM 建模流程为：桥架布置→配电箱布置→插座布置→线路布置→附件及零星构件布置。其中桥架布置方式同“4.2.1 电缆桥架布置”，配电箱、插座布置方式同“4.2.2 电气设备布置”，这里不再赘述。本节重点讲述动力系统电气线路布置。

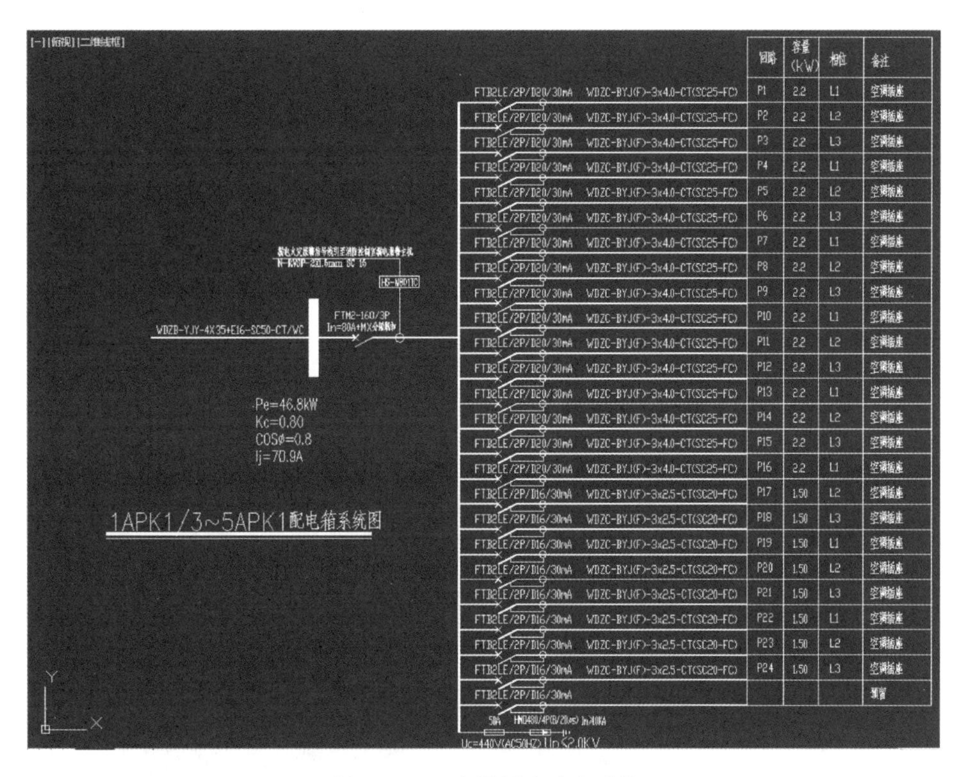

图 4.2.24 空调插座动力系统

动力系统电气线路布置流程一般为：管线定义→配线引线→跨配引线。我们对 P1 回路进行电气线路布置，线路为 WDZC－BYJ(F)－3×4.0－CT(SC25－FC)。

【提示】

线路的文字标注基本格式为

$$ab-c(d\times e+f\times g)i-jh$$

其中，a——线缆编号；

b——线缆型号；

c——线缆数量(根)；

d——线缆线芯数(根)；

e——线芯截面(mm^2)；

f——N、PE 线芯数(根)；

g——N、PE 线芯截面(mm^2)；

h——安装高度(m)；

i——线路敷设方式；

j——线路敷设部位。

线路 WDZC－BYJ(F)－3×4.0－CT(SC25－FC)，表示线缆编号为 WDZC，线缆型号为 BYJ，线芯截面为 $4mm^2$，共有 3 根，CT 表示采用桥架敷设，SC25 表示导线穿管径 25mm 的焊接钢管敷设，FC 表示地板或地面下暗敷设。

1. 管线定义

(1)定义动力导线

视频 4.2.4 管线定义

根据系统图给的回路信息、管线的材质，对导线进行编辑。在电气专业模块下，双击属性工具栏空白处，或单击“”按钮，或单击“属性”—“属性定义”，进入“属性定义”界面，单击“管线”标签，在“构件列表”的下拉列表中的“动力导线”中定义管线的材质以及导线的规格，如图 4.2.25 所示。

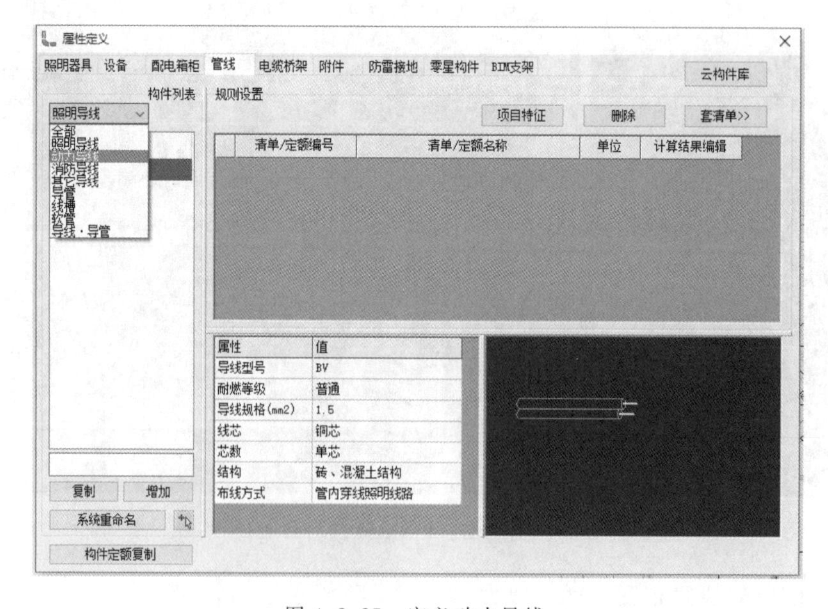

图 4.2.25 定义动力导线

【提示】

如果动力导线中没有需要的导线类型，可以在材质规格表中进行添加，然后再到动力导线中进行定义。单击“材质规格表”按钮，选择“电”类别下的“导线”，单击“增加”进行导线类型添加；也可选择一个规格相近的类型单击“复制”；还可用“导入”命令，完成导线类型添加。

本工程 BYJ 线型需在材质规格表中进行添加，如图 4.2.26 所示。

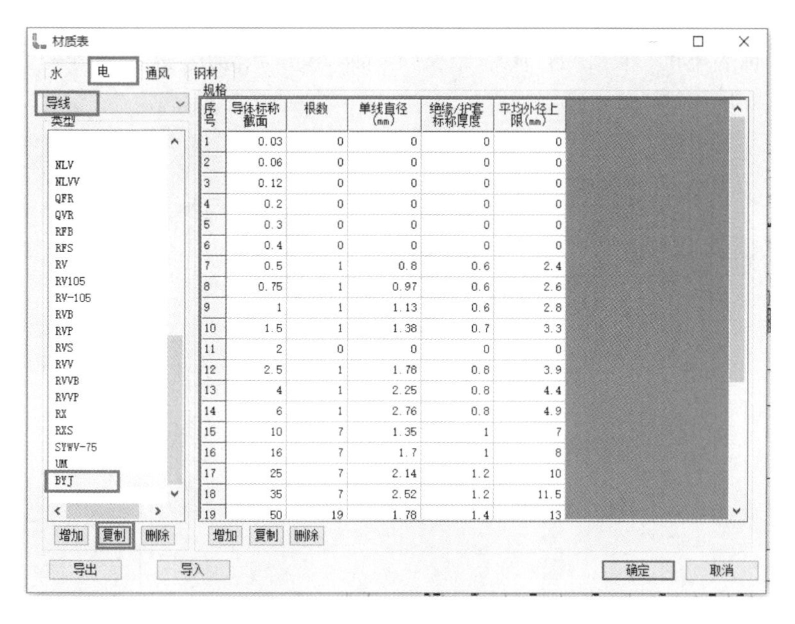

序号	导体标称截面	根数	单线直径(mm)	绝缘/护套标称厚度	平均外径上限(mm)
1	0.03	0	0	0	0
2	0.06	0	0	0	0
3	0.12	0	0	0	0
4	0.2	0	0	0	0
5	0.3	0	0	0	0
6	0.4	0	0	0	0
7	0.5	1	0.8	0.6	2.4
8	0.75	1	0.97	0.6	2.6
9	1	1	1.13	0.6	2.8
10	1.5	1	1.38	0.7	3.3
11	2	0	0	0	0
12	2.5	1	1.78	0.8	3.9
13	4	1	2.25	0.8	4.4
14	6	1	2.76	0.8	4.9
15	10	7	1.35	1	7
16	16	7	1.7	1	8
17	25	7	2.14	1.2	10
18	35	7	2.52	1.2	11.5
19	50	19	1.78	1.4	13

图 4.2.26　材质规格

在动力导线的“属性定义”界面，单击“增加”，进入导线的“构件定义”界面，如图 4.2.27 所示。

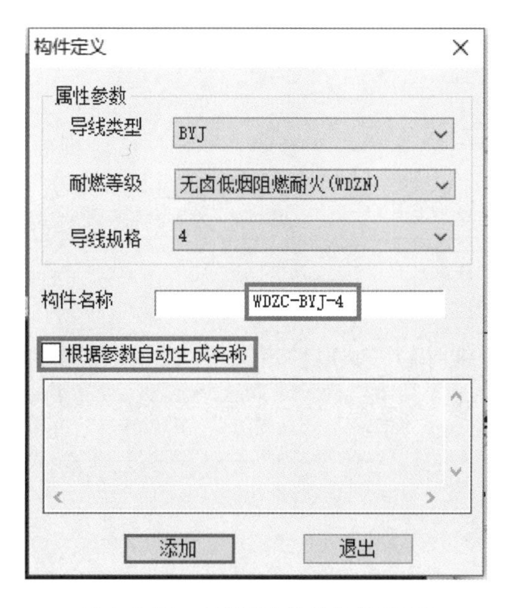

图 4.2.27　导线的“构件定义”界面

导线类型:选择“BYJ”。

耐燃等级:先选择“WDZN”,再取消勾选“根据参数自动生成名称”,将耐燃等级改为“WDZC”。

导线规格:选择“4”。

单击“添加”,可继续进行其他构件定义;完成构件定义点击“退出”。

(2)导管定义

在“管线”标签下的“导管”的“属性定义”界面,单击“增加”,进入导管的“构件定义”界面,如图 4.2.28 所示,完成导管定义。

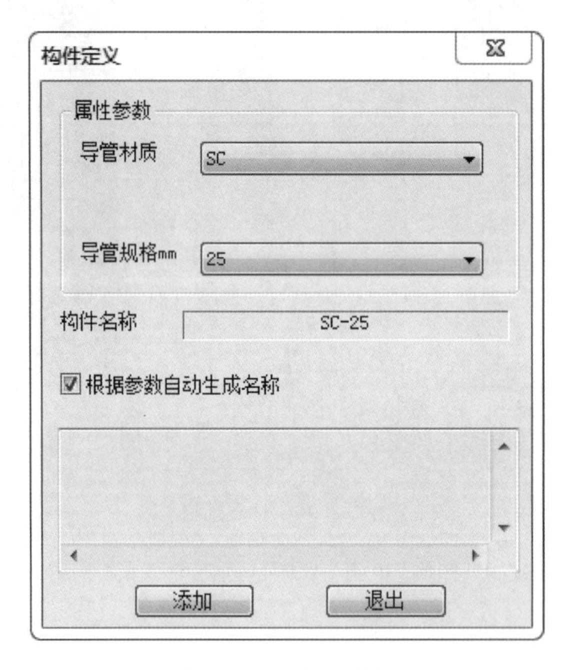

图 4.2.28 导管定义

【提示】

线路敷设方式文字符号:穿焊接钢管敷设——SC;穿电线管敷设——TC;穿硬塑料管敷设——PC;穿聚氯乙烯半硬管敷设——PVC;穿金属软管敷设——CP;穿水煤气管敷设——RC;电缆桥架敷设——CT;金属线槽敷设——MR;塑料线槽敷设——PR;钢线槽敷设——SR;直埋敷设——DB。

(3)导线导管定义

在“管线”标签下的“导线导管”的“属性定义”界面,单击“增加”,进入导线导管的“构件定义”界面,如图 4.2.29所示。

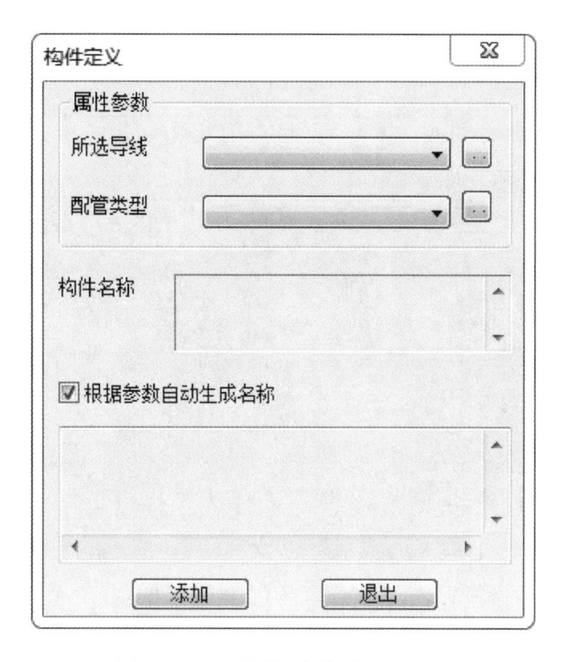

图 4.2.29 导管"构件定义"界面

单击"所选导线"后的"..."按钮，弹出"导线选择"界面，如图 4.2.30 所示。单击"确定"完成导线选择。

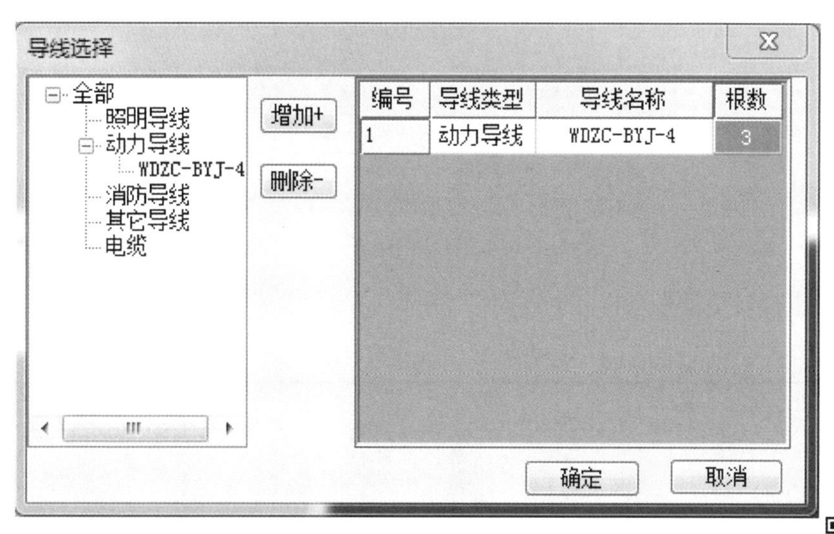

图 4.2.30 "导线选择"界面

视频 4.2.5
桥架配线引线

再在导线导管的"构件定义"界面中，在"配管类型"下拉菜单中选择 SC25 导管，完成导线导管定义。

2. 桥架配线引线

以动力系统"1APK1-P1"回路为例。单击中文工具栏中"电缆桥架"下方的“配线引线”命令，软件会弹出“桥架配线引线”对话框，如图 4.2.31 所示。同时配线引线命令支持高亮闪烁的功能，方便查找回路信息布置的合理性。

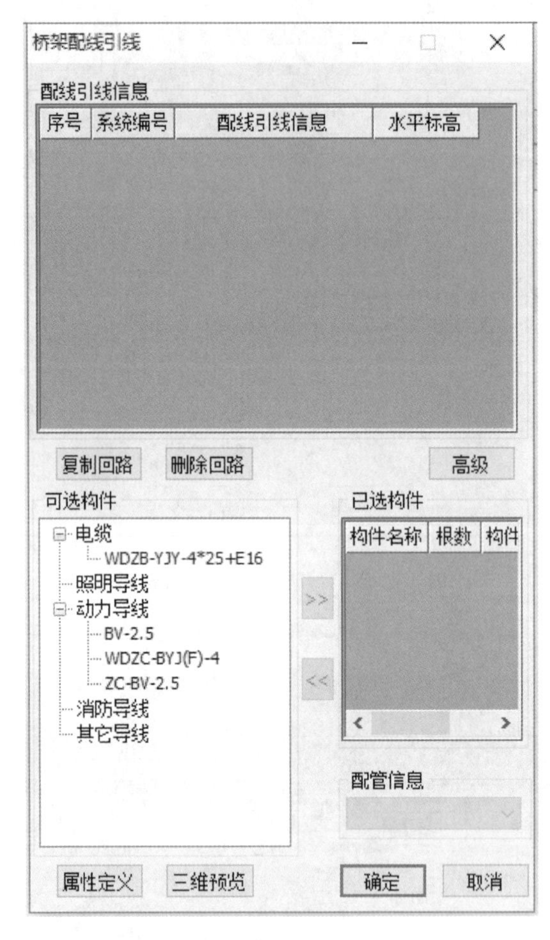

图 4.2.31 “桥架配线引线”对话框

根据命令行提示进行操作，如表 4.2.1 所示。

表 4.2.1 配线引线命令

提　示	操　作
选择需引入电缆的桥架 【选择电缆引入端(F)】:指定桥架上的一点	选择桥架 选择桥架上的一点
选择设备【指定下一点(D)】	选择设备，或在命令行输入 d，回车，命令行提示：选择下一点，在平面上选择一点(可以反复输入 d，进行布置)
选择需引出电缆的桥架 【选择电缆引出端(F)/修改电缆引入端(C)】:指定桥架上的一点 选择设备【指定下一点(D)】	选择桥架 选择桥架上的一点 选择设备——即完成一个回路的设置，或在命令行输入 d，回车，命令行提示：选择下一点，在平面上选择一点(可以反复输入 d，进行布置)，回车

使用相同的方式对其他回路进行布置。

也可对每个回路中的构件名称、导线数量、构件类型进行编辑。

单击“系统编号”可对其所对应回路的系统编号进行编辑，如图 4.2.32 所示；选择对应“序号”后方的“配线引线信息”可对该回路信息进行编辑；“配管信息”则可以对配管进行编辑，如图 4.2.33 所示。

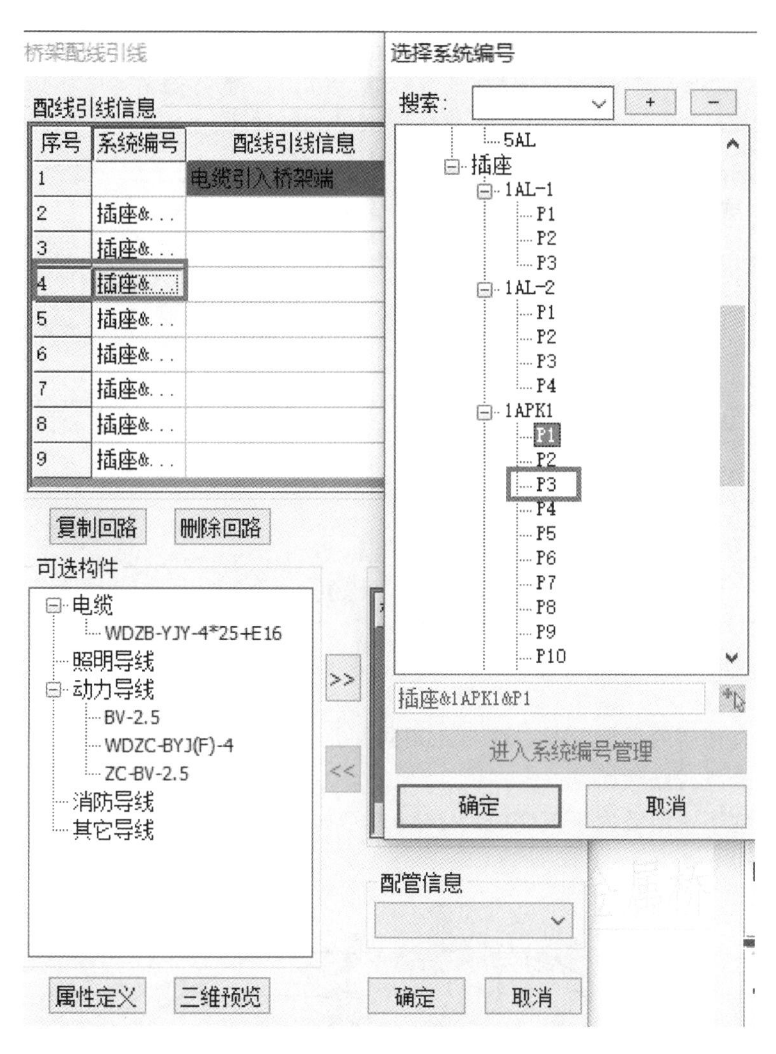

图 4.2.32 选择系统编号

根据系统图可知，该层空调插座所用线型相同，将其对应的系统编号选择正确后，单击第一个，然后按住 Shift 键选择最后一条回路可批量对配线信息进行编辑；选择动力导线下方 WDZC-BYJ(F)-4 线型；数量改为 3 根；配管信息选择“导管 SC-25”，可看到对应的配线引线信息全部为 3 * WDZC-BYJ(F)-4，SC25，如图 4.2.34 所示。

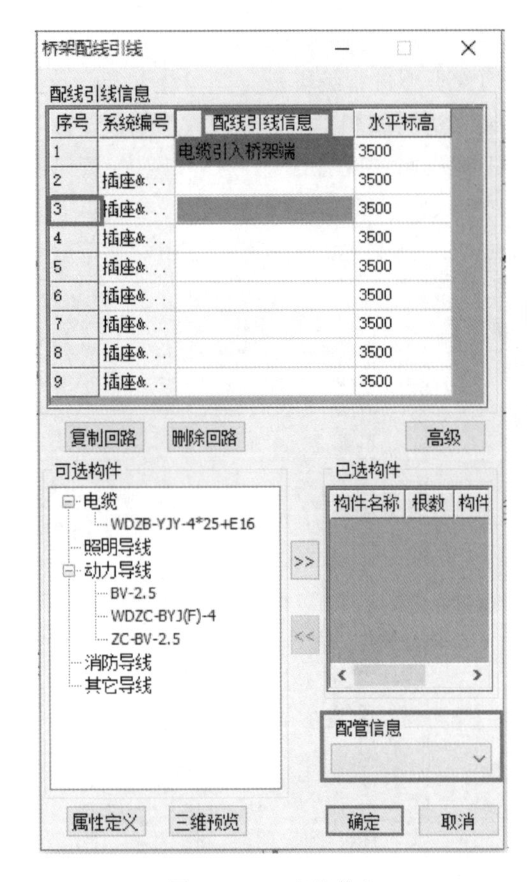

图 4.2.33 配管信息

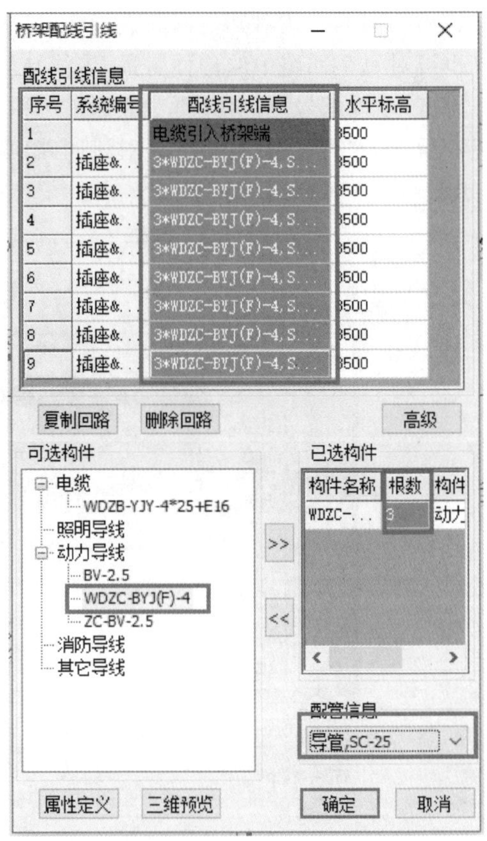

图 4.2.34 配线引线信息

其余线路及楼层的桥架配线引线与此相同。此外，选择回路中的配线引线信息栏右击，可以选择清空管线或删除回路。

A 办公楼地下一层动力系统完成后 BIM 模型如图 4.2.35 所示。

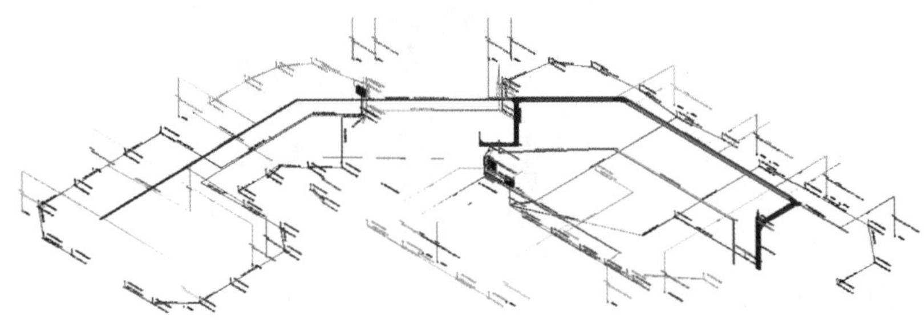

图 4.2.35 A 办公楼地下一层动力系统完成后 BIM 模型

视频 4.2.6 桥架跨配引线

3. 桥架跨配引线

根据图 4.2.36 可知，1AL-5AL（照明用电）、1APK-5APK（空调用电）、1ALE-5ALE（应急照明）都是由地下一层低压配电设备供电。

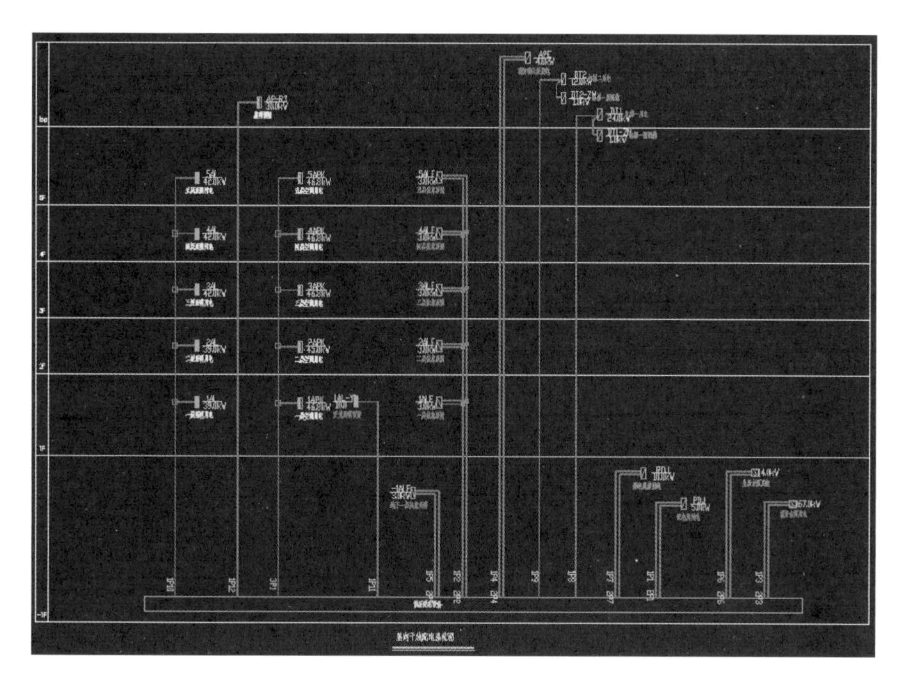

图 4.2.36　竖向干线配电系统图

结合图 4.2.36 和图 4.2.37 可得知 1APK1 由地下一层“05”配电柜引出，低压电缆采用 WDZB-YJY-4X35＋E16-SC50-CT/WC。

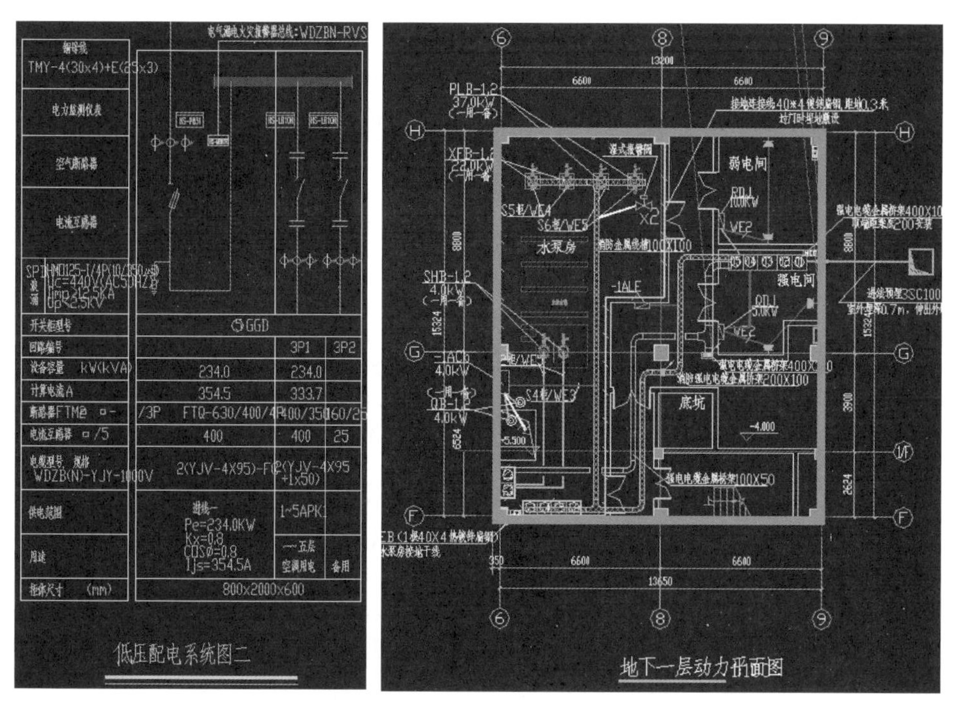

图 4.2.37　低压配电系统图二和地下一层动力平面图

(1)电缆定义

单击“属性”—“属性定义”—“电缆桥架”—“电缆”对电缆进行属性编辑;单击“增加”,电缆类型选择 YJV,选择耐燃等级,单击电缆规格编辑为单芯规格 35、芯数 4,单芯规格 16、芯数 1,取消勾选“根据参数自动生成名称”,将电缆名称设置为 WDZB-YJY-1 * 16+4 * 35,如图 4.2.38 所示。

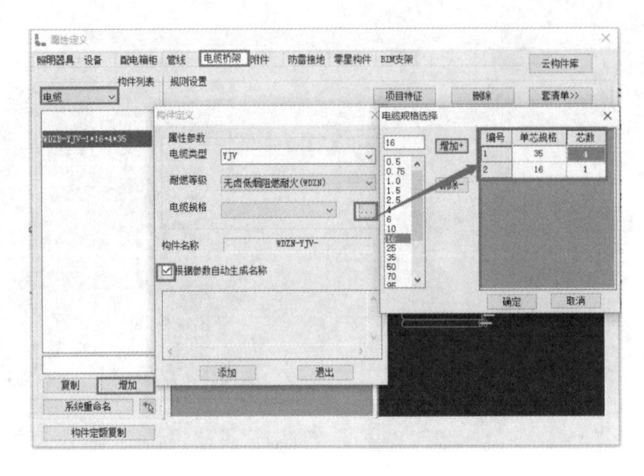

图 4.2.38　电缆定义

(2)跨配引线

单击中文工具栏“电缆桥架”下方“跨配引线”图标,弹出“跨层配线引线”界面,如图 4.2.39 所示。

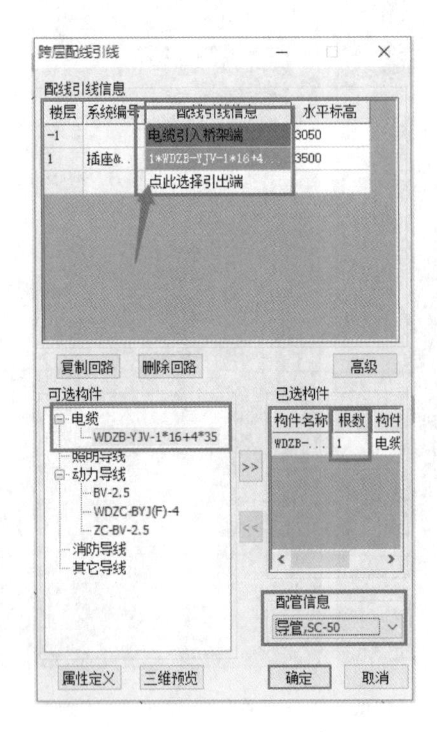

图 4.2.39　“跨层配线引线”界面

根据命令行提示，首先选择跨楼层桥架，选择好跨楼层桥架后其余的操作步骤与桥架“配线引线”命令相同。当前楼层“配线引线”命令操作完成后，不需要退出命令，直接切换到相对应楼层，如图 4.2.39 所示。

继续跨层桥架配线引线操作，如需引至多个楼层，先切换楼层，单击“点此选择引出端”后重复上述操作即可；完成后对配线引线信息及配管信息进行编辑。

跨配引线完成后效果如图 4.2.40 所示。

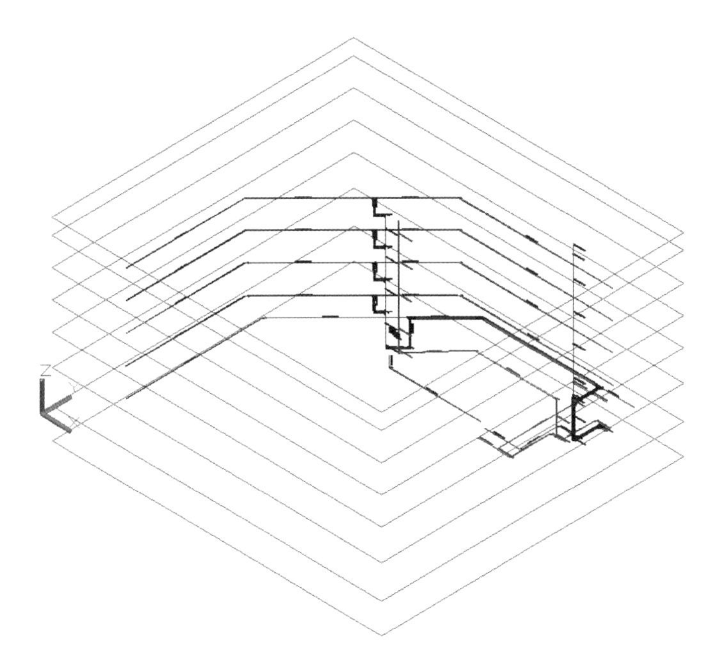

图 4.2.40　跨配引线完成效果

【提示】

若要从已配置完的桥架上引出一根或多根电缆或导线，可用“桥架引线”命令。

单击左边中文工具栏中“桥架引线”图标，命令行提示及操作见表 4.2.2。

表 4.2.2　桥架引线命令

提示	操作
选择需引出电缆的桥架	选择需要引出电缆的桥架，选择好后，选择需引出电缆回路
请指定桥架上引出点选择回路引出端	指定电缆或导线的引出点、回路引出端
选择设备【指定下一点(D)】	选择已布置的设备，或在命令行输入 d，回车，指定引出电缆或导线的位置，布置引出电缆或者导线，方法同水平桥架的布置 （注：选择设备生成的管线软件会自动生成预留长度）
选择需引出电缆的桥架，选择完成后回车	继续对其他桥架回路引线，循环执行上述操作

桥架引出不受引出次数限制，支持一根导线多次引线。

4. 附件布置

(1)接线盒

①布置接线盒

单击左边中文工具栏中“附件”下的“布置接线盒”图标，弹出“标高设置”对话框，输入接线盒对应的标高。

单击选取左边属性工具栏中要布置的接线盒的种类，命令行提示“指定插入点【A—旋转角度】”，在绘图区域内，可连续任意单击布置接线盒；布置完一种接线盒后，不退出命令，可以再重复选择新构件布置；布置完毕后右击，弹出右键菜单，选择“取消”并退出命令。

②楼层生成接线盒

单击左边中文工具栏中“附件”下的“楼层生成”图标，根据对话框提示完成参数设置，软件会按照规则自动布置相应楼层接线盒。

③工程生成接线盒

单击左边中文工具栏中“附件”下的“工程生成”图标，根据对话框提示完成参数设置，软件会按照规则自动布置整个工程接线盒。

(2)套管

①水平套管

单击左边中文工具栏中“附件”下的“水平套管”按钮，软件属性工具栏自动跳转到“附件—套管”构件中，选择要布置的水平套管名称，输入相应套管标高，命令行提示如表 4.2.3 所示，按要求操作即可。

表 4.2.3 命令行提示及操作

提示	操作
指定插入点【A—旋转角度】:	指定要布置套管的位置
指定插入点【A—旋转角度】:	如果要设置套管的旋转角度，输入 A
请输入旋转角度值:	输入旋转角度，角度的输入方式为：逆时针为正，顺时针为负
指定插入点【A—旋转角度】:	重复执行该命令

②竖直套管

单击左边中文工具栏中“附件”下的“竖直套管”按钮，软件属性工具栏自动跳转到“附件—套管”构件中，选择要布置的竖直套管名称，输入相应套管标高，命令行提示“指定插入点”，单击指定要布置套管的位置即可。

4.2.4 照明系统布置

我们以 A 办公楼地上一层照明平面图为例进行照明系统布置。一层照明有一般照明与应急照明两大类，本节主要讲述一般照明系统布置，应急照明系统参照类似布置。

从图 4.2.41 中 1AL 配电箱系统图、1AL-1 配电箱系统图、1AL-2 配电箱系统图，可看出一层照明系统的整体构成。根据系统图、一层照明平面图、一层动力平面图，可将照明系统建模分成三大部分：

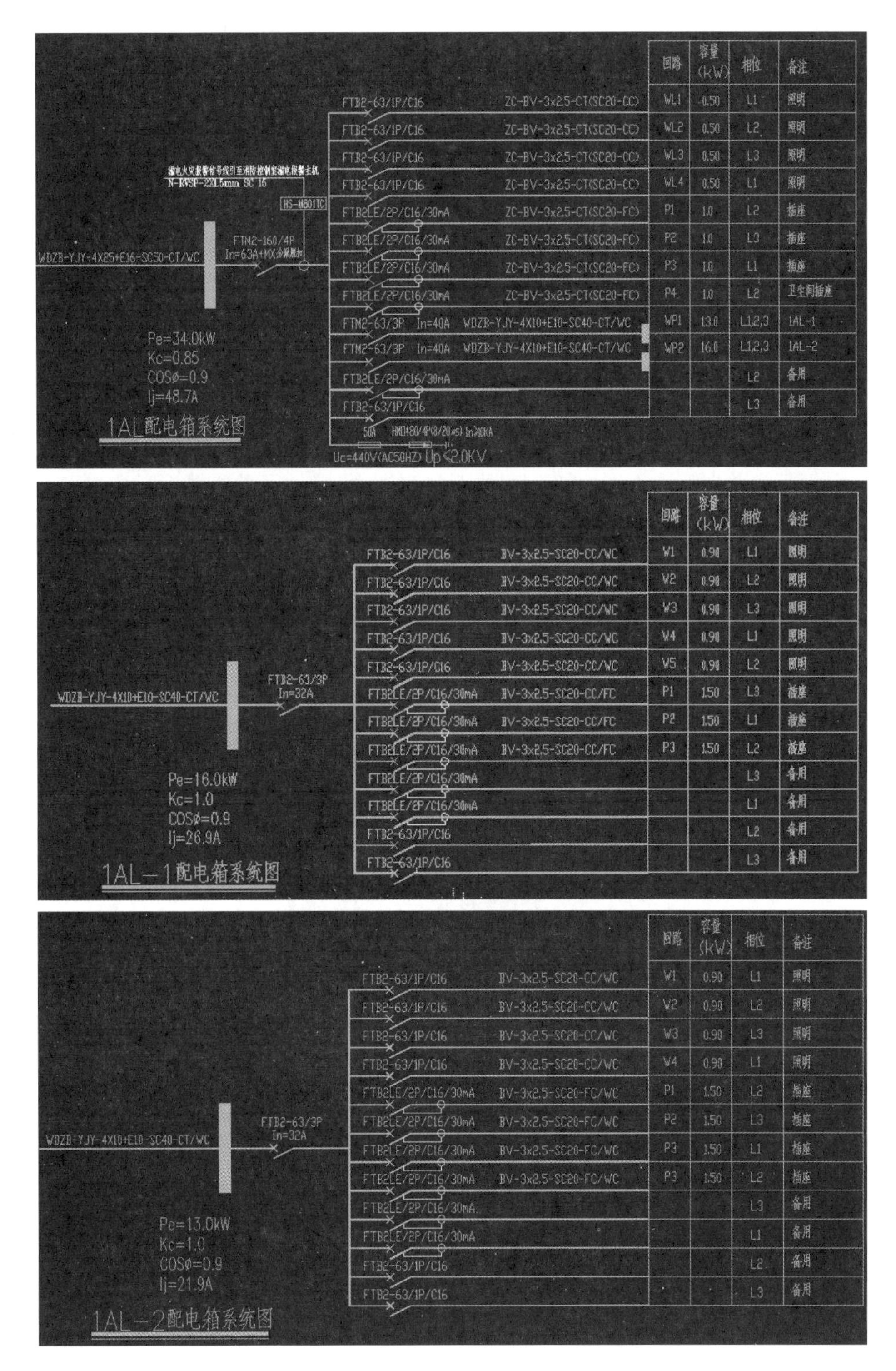

图 4.2.41 配电箱系统图

(1)1AL→1AL－1(1AL－2)的 WP1(WP2)回路：在一层动力系统中已布置，布置方式同“4.2.3　动力系统布置”。

(2)1AL(1AL－1、1AL－2)→插座的 P 回路：线路在一层动力平面图中布置。

(3)1AL(1AL－1、1AL－2)→灯具的 WL 照明回路：线路在一层动力平面图中布置。

本节主要讲述照明回路的布置，照明系统 BIM 建模流程为：图纸调入→配电箱布置→灯具设备布置→线路布置→附件布置。其中图纸调入、配电箱布置及附件布置在前面已讲，这里不再赘述，本节重点讲述灯具设备布置和照明线路布置。

1. 灯具设备布置

视频 4.2.7

灯具布置

(1)灯具布置

①属性定义

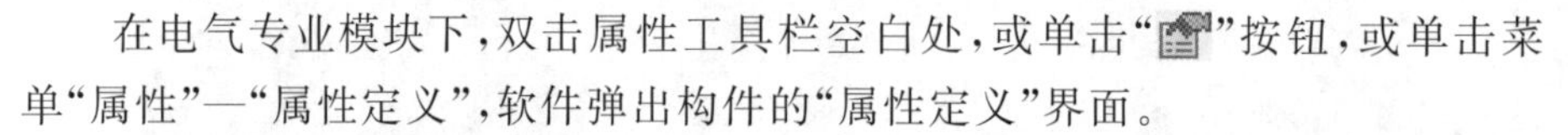

在电气专业模块下，双击属性工具栏空白处，或单击“”按钮，或单击菜单“属性”—“属性定义”，软件弹出构件的“属性定义”界面。

选择“照明器具”标签，在“构件列表”的下拉列表中选择“点状灯具”，单击“增加”，在“构件定义”对话框中对灯具的型号、规格、类型、安装方式等进行定义。

在图形显示区，可对属性值进行设置，直接单击“参数设置”，弹出“参数设置”对话框，对三维尺寸与插入点进行编辑，最后单击“确定”即可。

具体可参照插座的属性定义。

②灯具布置

a. 任意布置

单击左边中文工具栏“灯具设备”中“任意布灯”图标，软件属性工具栏自动跳转到灯具构件中。选择要布置的插座的种类，选取系统编号“照明系统”，弹出“任意布灯”对话框，如图 4.2.42所示。

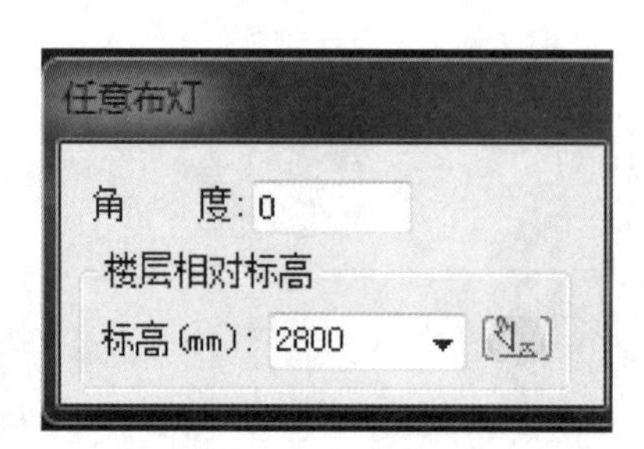

图 4.2.42　“任意布灯”对话框

角度：输入灯具的旋转角度。角度遵循逆时针为正值，顺时针为负值的原则；软件默认值为 0。

楼层相对标高：相对于本层楼地面的高度。可以直接输入参数对它进行调整，也可以单击后面的“标高提取”按钮自动提取。

同时命令行提示“第一点【R—选参考点】”，单击布置灯具的位置，在绘图区域内，按照命令行提示可连续单击布置灯具；布置完一种灯具后，不退出命令，可以在属性工具栏重新选择构件名称再布置；布置完毕后右击，弹出右键菜单，选择“取消”即退出该命令。

b. 转化布置

单击右侧工具栏中的“转化设备”按钮，软件弹出“批量转化设备”对话框，具体布置同插座转化布置。

(2)开关布置

①属性定义

在电气专业模块下，双击属性工具栏空白处，或单击“”按钮，或单击菜单“属性”—“属性定义”，软件弹出构件属性定义界面。

选择“照明器具”标签，在“构件列表”的下拉列表中选择“开关”，单击“增加”，在“构件定义”对话框中对开关的参数进行定义。

在图形显示区，可对属性值进行设置，直接单击“参数设置”，弹出“参数设置”对话框，对三维尺寸与插入点进行编辑，最后单击“确定”即可。

具体可参照插座的属性定义。

②开关布置

开关布置参照插座布置。

2. 线路布置

照明系统电气线路布置流程一般为：管线属性定义→管线布置。以下以 A 办公楼一层 1AL 配电箱回路为例讲述，其余配电箱回路管线定义方式与之相同。

由“1AL 配电箱系统图”可知照明回路为 4 条，插座回路也有 4 条；管线信息都为 ZC－BV－3×2.5－CT(SC20－CC)。

(1)导线定义

在电气专业模块下，双击属性工具栏空白处，或单击“”按钮，或单击“属性”—“属性定义”，进入“属性定义”界面，选择“管线”标签，在“构件列表”的下拉列表中选择“照明导线”，定义管线的材质以及导线的规格，如图 4.2.43 所示。

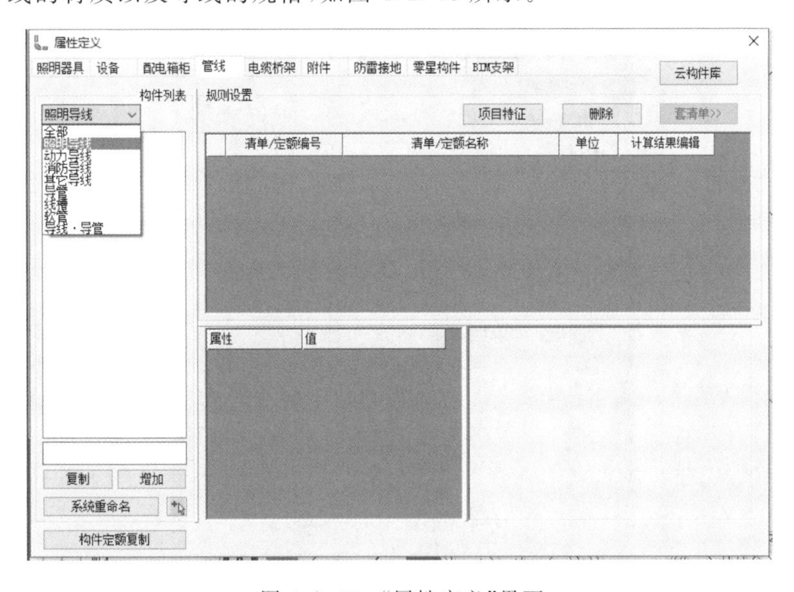

图 4.2.43 “属性定义”界面

单击“增加”进入“构件定义”界面。“导线类型”选择“BV”，“耐燃等级”先选择“阻燃(ZR)”，“导线规格”选择“2.5”；取消勾选“根据参数自动生成名称”，再将构件名称中的“阻燃(ZR)”改为“ZC”，如图 4.2.44 所示。

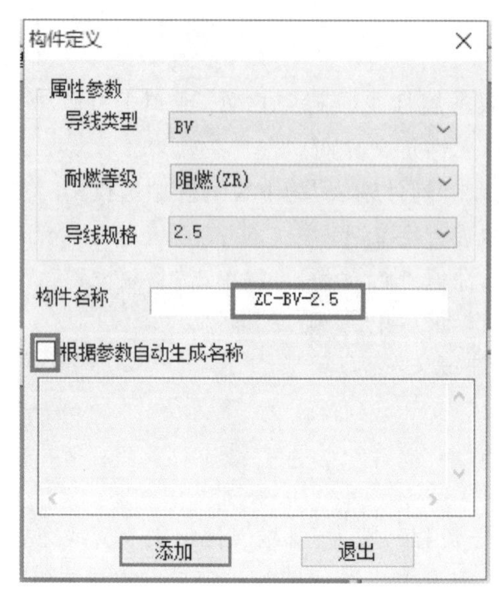

图 4.2.44　导线“构件定义”界面

单击“添加”，可继续进行其他构件定义；完成构件定义后单击“退出”。

(2)导管定义

在导管的“属性定义”界面，单击“增加”，进入导管“构件定义”界面。“导管材质”选择“SC”，“导管规格”为“20”，完成导管定义，如图 4.2.45 所示。

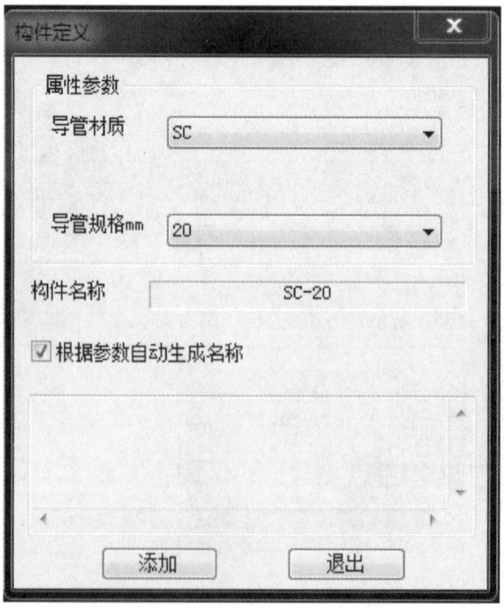

图 4.2.45　导管“构件定义”界面

(3)导线导管定义

在导线导管的“属性定义”界面,单击“增加”,进入导线导管“构件定义”界面,单击所选导线后方“..”按钮,选择照明导线 ZC-BV-2.5,单击“增加”,“根数”为3根,如图4.2.46所示。

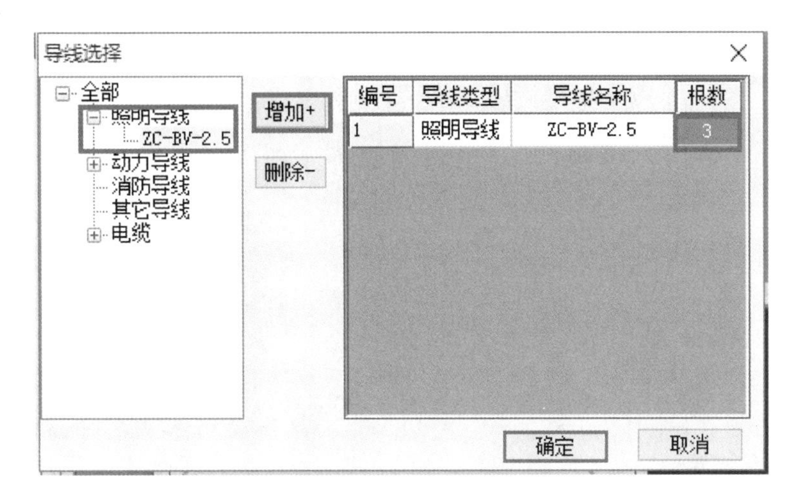

图4.2.46 选择导线

单击配管类型后方“..”按钮,选择导管 SC20,单击“确定”,如图4.2.47所示。

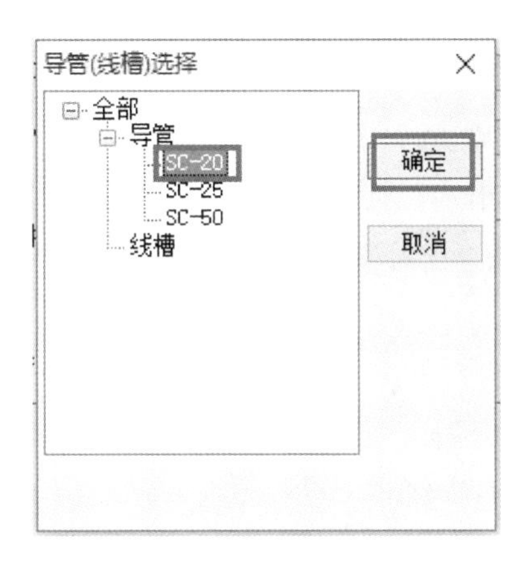

图4.2.47 选择导管

导线、导管类型全部定义好以后,软件会自动生成3*ZC-BV-2.5+SC-20的线型,单击“添加”,即可将该导线添加至导管导线下方,如图4.2.48所示。

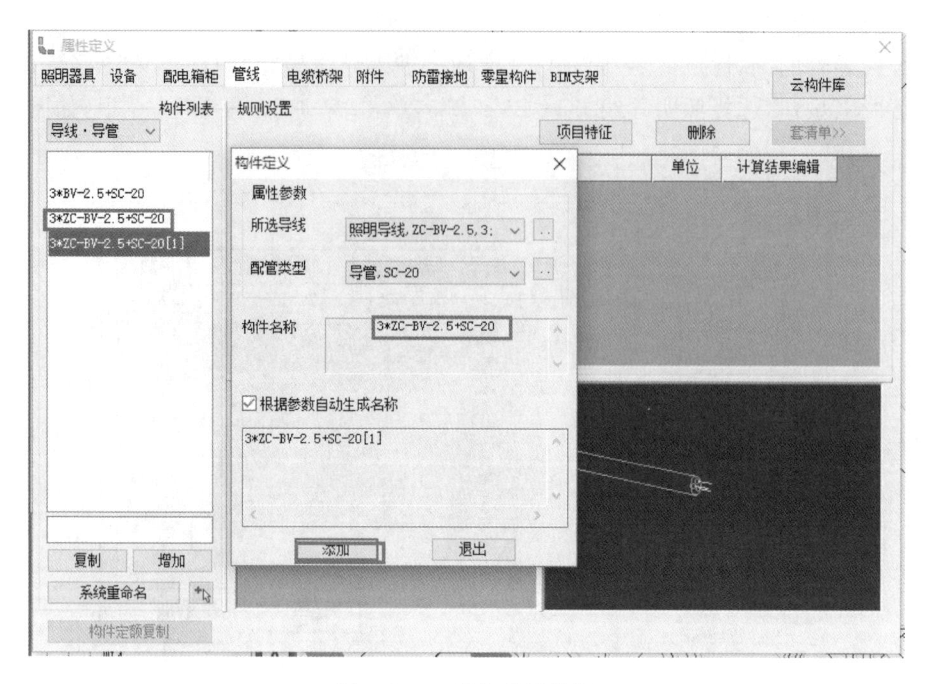

图 4.2.48　添加导线导管

(4)管线布置

软件中管线布置方式有任意布管线、选择布管线、线变管线等。本回路布置采用选择布管线。

视频 4.2.8
电气管线
布置

①选择布管线

单击中文工具栏“导管导线”下的“选择布管线”命令，“系统编号”选择“WL1”，敷设方式选择“CC(4400)-天棚暗敷”，导管导线选择“3 * BV - 2.5+SC - 20”，如图 4.2.49 所示。

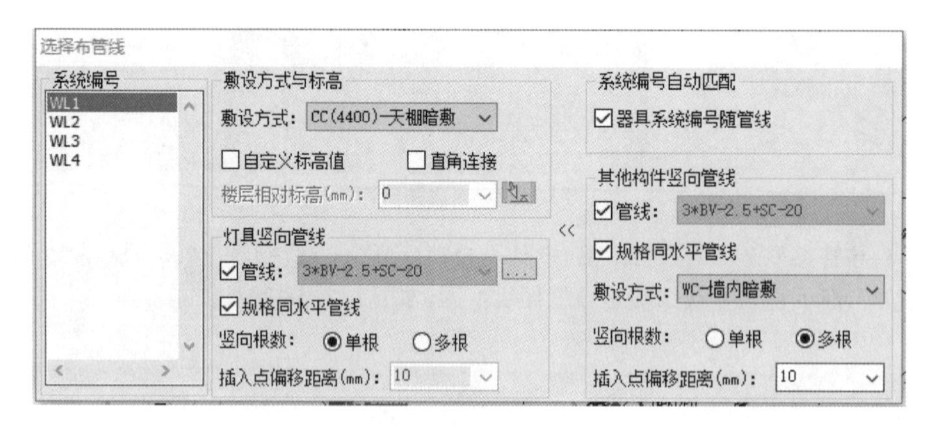

图 4.2.49　“选择布管线”对话框

框选 1AL 配电箱，然后选择 WL1 回路的照明灯具。在命令操作时使用 Space 键可打断命令，适用于同一条回路灯具之间没有连线的情况。使用相同的布置方式对剩余回路及灯具进行管线布置。

【提示】

该命令主要用于在平面图中连接已布置的灯具、开关、设备等，并自动生成竖直的连接管线或软管。

敷设方式与标高：表示线路敷设方式及部位。各文字符号代表含义：WE——沿墙面敷设，CE——沿天棚面敷设，ACE——上人天棚内敷设，WC——墙内暗敷，CC——天棚暗敷，ACC——不上人天棚内暗敷，FC——地面暗敷。敷设方式决定了管线的敷设高度，相关定义请参见“工具”—“水平敷设方式设置”。

灯具竖向管线：“管线”选择生成竖向管线类型，点击小三角在已定义的软管构件中进行选择，若定义好的构件中没有需要的，则可单击“…”按钮，进入“属性定义”界面增加所需管线；勾选“规格同水平管线”，表示生成的竖向管线与水平管线规格一致；“插入点偏移距离”表示当有多根竖向管线时，可以选择两根竖向管线的偏移距离。

管线布置流程：单击选取左边属性工具栏中要布置的管线的种类；命令行提示“请指定第一个对象〈回车结束〉”，按提示在绘图区域内，依次单击选取管线所需连接的第二、第三个对象等；布置完一种管线后，不退出命令，可以再重复选择构件布置；布置完毕后右击，弹出右键菜单，选择“取消”并退出命令。

②任意布管线

单击中文工具栏“导管导线”下的“任意布管线”图标，软件弹出“任意布管线”对话框，如图 4.2.50 所示。

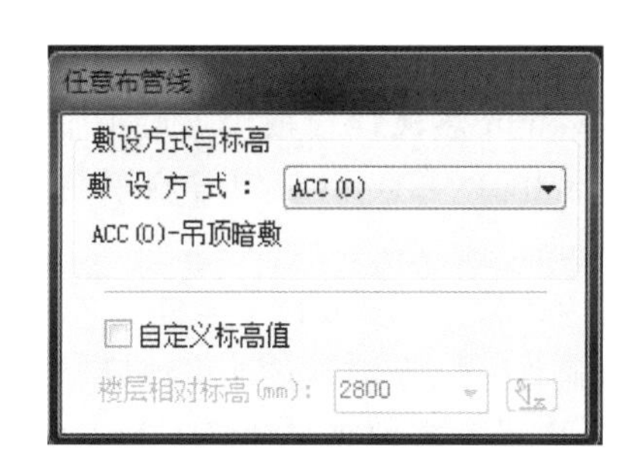

图 4.2.50 “任意布管线”对话框

管线布置流程：单击选取左边属性工具栏中要布置的管线的种类；命令行提示“第一点【R—选参考点】”，输入导线标高及敷设方式；按提示在绘图区域内，依次单击选取管线的第一点、第二点等；也可以用光标控制方向，输入参数的方法来绘制管线；绘制完一段管线后，不退出命令，可以重复选择构件再布置；绘制完毕后右击，弹出右键菜单，选择“取消”并退出命令。

③线变管线

该命令支持将 CAD 线段或软件里的线条转换成用户定义的电气管线。单击左边中文工具栏中的“线变管线”图标，按命令提示操作即可。

④垂直管线

单击左边中文工具栏中的“垂直管线”图标，软件弹出如图 4.2.51 所示对话框。

图 4.2.51 “垂直管线”对话框

工程相对标高和楼层相对标高的选择同给排水专业里的“立管”，并输入起点标高和终点标高；敷设方式的选择同“任意布管线”。

单击选取左边属性工具栏中要布置的垂直管线的种类；命令行提示“请指定插入点【R—选参考点】”，按提示在绘图区域内，连续任意单击布置垂直管线；布置完毕后右击，弹出右键菜单，选择“取消”并退出命令。

视频 4.2.9 防雷接地布置

4.2.5 防雷接地系统布置

防雷接地系统的作用是将雷云电荷或建筑物感应电荷迅速引入大地，以保护建筑物、电气设备及人身不受损害。防雷接地系统主要由接闪器、引下线和接地装置等组成。

A 办公楼接闪器采用 4×25mm 热镀锌扁钢作为避雷带。避雷带沿屋脊、屋面或屋檐边、女儿墙外垂直敷设，支持卡子用 4×25mm 热镀锌扁钢制作，安装间距为 0.5m，转角处间距为 0.3m，支起高度为 150mm。

引下线利用柱子或剪力墙内两根∅16mm 以上主筋通长焊接作为防雷引下线。引下线间距不大于 25m，上端与接闪(避雷)带、下端与接地极焊接。

接地极为建筑物桩基、基础底梁及基础底板轴线上的上下两层主筋中的两根通长焊接形成接地极(网)。

A 办公楼防雷接地系统 BIM 建模流程为：图纸调入→接闪器布置→引下线布置→接地装置布置。

1. 接闪器布置

接闪器的类型主要有避雷针、避雷带、避雷线、避雷网等。本工程采用避雷带，其布置方式主要有手动布置、生成避雷带、线变避雷带等。

(1)属性定义

在电气专业模块下，双击属性工具栏空白处，或单击“”按钮，或单击菜单“属性”—“属性定义”，进入“属性定义”界面。选择“防雷接地”标签，在“构件列表”下拉列表中选择“避雷带”后定义避雷带的类型及规格，如图 4.2.52 所示。

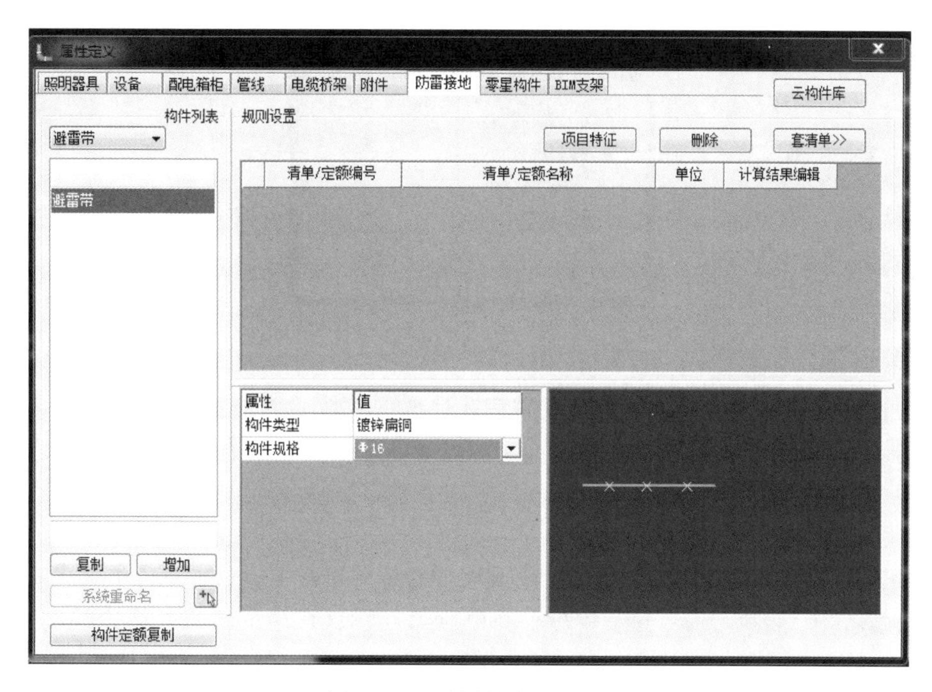

图 4.2.52 “属性定义”界面

(2)水平避雷带

单击左边中文工具栏中的“水平避雷带”图标，弹出“水平避雷带”对话框，如图 4.2.53 所示。

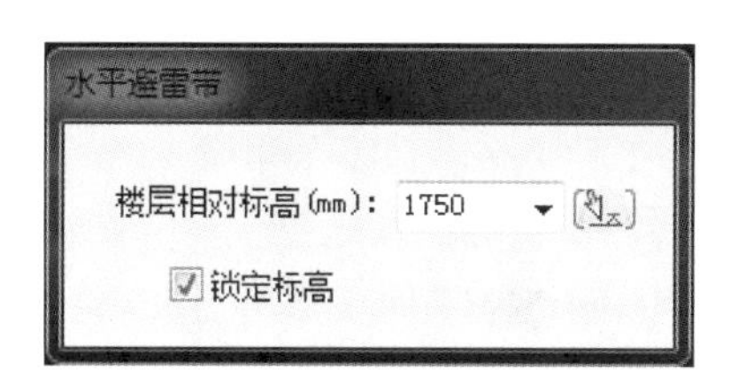

图 4.2.53 “水平避雷带”对话框

A 办公楼屋顶女儿墙高度为 1600mm，避雷带高出女儿墙 150mm，故避雷带的楼层相对标高为 1750mm。

单击选取左边属性工具栏中要布置的避雷带的种类；命令行提示“第一点【R—选参考点】”，在绘图区域内，依次单击选取避雷带的第一点、第二点等，也可以用光标控制方向，输入参数的方法来绘制避雷带；绘制完一段避雷带后，命令不退出，可以再选择构件名称布置；绘制完毕后右击，弹出右键菜单，选择“取消”并退出命令。

(3)垂直避雷带

单击左边中文工具栏中的“垂直避雷带”图标，弹出“垂直避雷带”对话框，输入起点标高和终点标高，如图 4.2.54 所示。

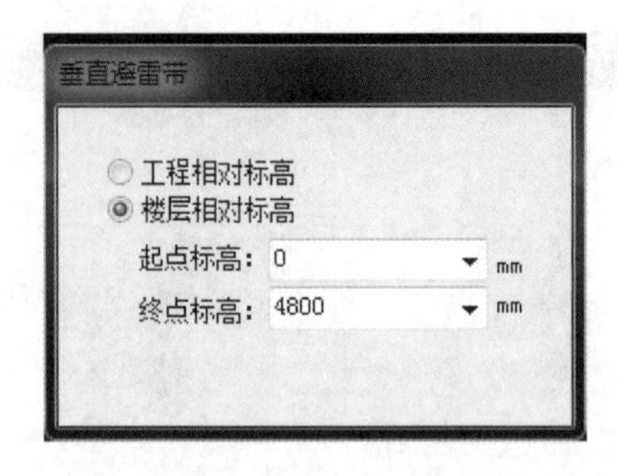

图 4.2.54 “垂直避雷带”对话框

单击选取左边属性工具栏中要布置的垂直管线的种类;命令行提示“请指定插入点”,按提示在绘图区域内连续任意单击布置垂直避雷带;布置完毕后右击,选择“取消”并退出命令。

(4)生成避雷带

该命令用于根据建筑外墙边线自动生成用户指定的避雷带。单击左边中文工具栏中的“生成避雷带”图标,执行命令过程中软件自动搜索绘图区域中的建筑外墙边线、若无外墙边线,则命令行提示“没有形成外墙封闭线”;若搜索到,则命令行提示“请输入避雷带标高〈2800〉”。直接按 Enter 键则使用默认值,用户也可输入避雷带标高。

输入标高后命令行再次提示“请输入外墙外边线向内偏移量〈120〉”,直接按 Enter 键则使用默认值,用户也可输入实际值。

(5)线变避雷带

该命令主要用于把已绘制的线条或 CAD 图形中的线转变成指定的避雷带。单击“线变避雷带”图标,弹出“标高设置”对话框,在对话框中输入标高,选择要变成避雷带的线条,右击确认即可。

(6)避雷针

单击左边中文工具栏中的“避雷针”图标,弹出“标高设置”对话框,在对话框中输入标高。单击选取左边属性工具栏中要布置于的避雷针的种类;命令行提示“请指定插入点”,按提示在绘图区域内连续任意单击布置避雷针;布置完一种避雷针后,不退出命令,可再选择构件名称布置;布置完毕后右击,选择“取消”并退出命令。

2. 引下线布置

单击左边中文工具栏中的“引下线”图标,弹出“布置引下线”对话框,如图 4.2.55 所示。

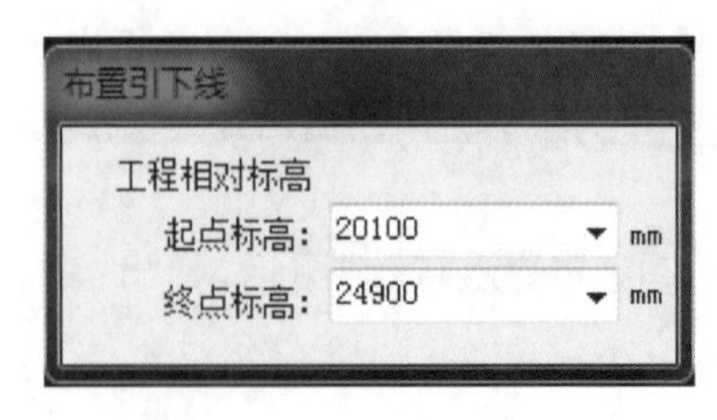

图 4.2.55 “布置引下线”对话框

工程相对标高的设置同给排水专业。

单击选取左边属性工具栏中要布置的垂直引下线的种类；命令行提示“请指定插入点【R—选参考点】”，在绘图区域内可连续任意单击布置引下线；布置完毕后右击，弹出右键菜单，选择“取消”并退出命令。

3. 接地装置布置

(1)水平接地母线

单击左边中文工具栏中的“水平接地母线”图标，具体操作参见“水平避雷带”。

(2)垂直接地母线

单击左边中文工具栏中的“垂直接地母线”图标，具体操作参见“垂直避雷带”。

(3)线变接地母线

单击左边中文工具栏中的“线变接地母线”图标，具体操作参见“线变避雷带”。

(4)接地极

单击左边中文工具栏中的“接地极”图标，具体操作参见“避雷针”。

【思考与练习】

1. 如何转化电气系统图？

2. 如何转化电气管线？如何转化单回路电气管线？

4.2.6 电气系统 BIM 模型展示

单击菜单栏“视图”—“三维显示”—“整体”，即可查看本工程电气系统的整体三维立体图，电气系统 BIM 模型如图 4.2.56 所示。

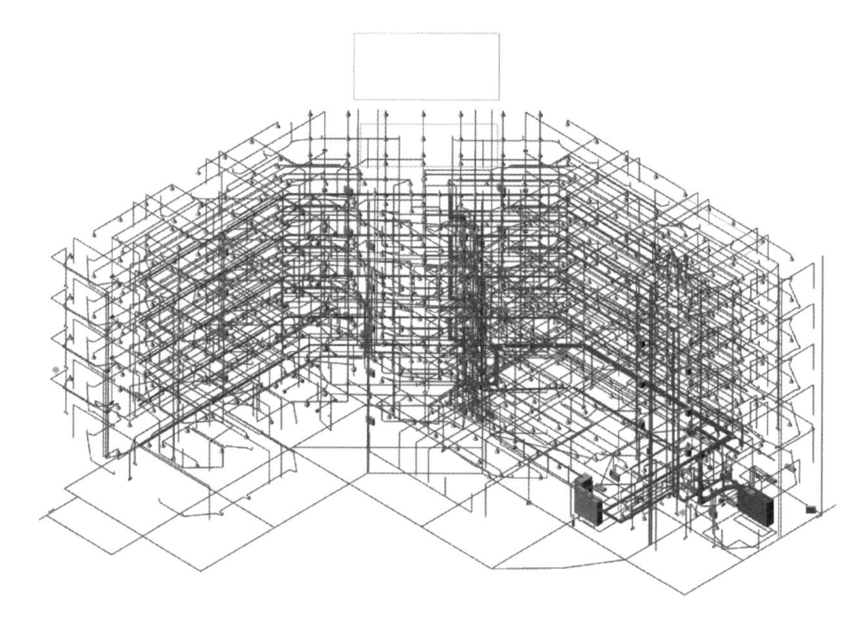

图 4.2.56 电气系统 BIM 模型

◎任务测试◎

任务 4.2 测试

◎任务训练◎

完成 A 办公楼电气强电系统 BIM 建模。

任务 4.3 建筑弱电系统 BIM 建模

◎任务引入◎

建筑弱电系统主要用于传输信号,包括通信网络系统、有线电视系统、安全防范系统、火灾自动报警系统、综合布线系统、建筑设备监控系统等,是智能建筑的重要组成部分。A 办公楼弱电系统主要有火灾自动报警系统、通信网络系统、有线电视系统、安全防范系统等。

建筑弱电系统 BIM 建模在鲁班软件弱电专业下进行,建模的流程及方法与建筑电气专业基本相似,先进行建模准备(建筑弱电施工图识读→工程设置→图纸调入→系统编号),该部分内容与前面项目建模准备相同,不再讲述;再按系统建模(桥架线槽→箱柜→弱电设备→桥架配线引线→穿管引线→附件)。本节主要以 A 办公楼火灾自动报警系统为例进行 BIM 建模,其他弱电系统按相同的方法建模。

建模的顺序:先定义构件属性,再绘制平面图进行建模。

◎任务实施◎

4.3.1 桥架线槽布置

由 A 办公楼弱电平面图可知,弱电系统桥架线槽采用金属线槽,规格有 300mm×100mm、200mm×100mm 等,梁下 200mm 敷设。

1. 属性定义

在弱电专业模块下,双击属性工具栏空白处,或单击“ ”按钮,或选择菜单栏“属性”下拉菜单中的“属性定义”,软件弹出构件“属性定义”对话框。单击“线槽桥架”标签,在“构件列表”的下拉列表中选择“线槽”进入属性编辑,单击“增加”,根据平面图信息,对线槽尺寸、材质等进行编辑,再单击“系统重命名”完成命名,如图 4.3.1 所示。按此操作完成属性定义。

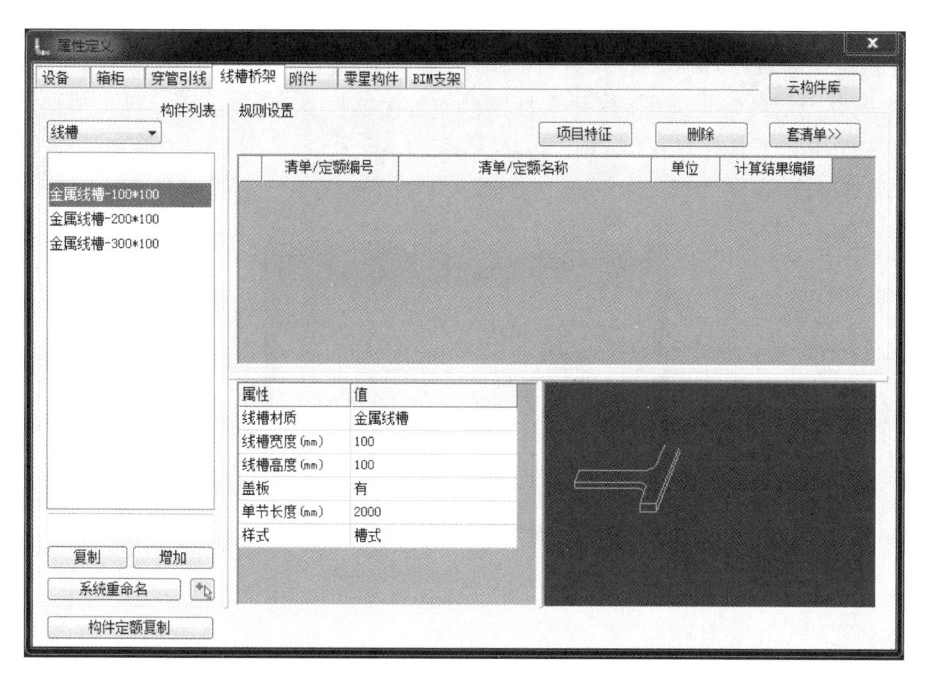

图 4.3.1 "属性定义"对话框

2.水平桥架布置(线槽)

单击左侧中文工具栏"桥架线槽"下方"水平桥架 →0"命令,软件弹出"水平桥架"对话框,如图 4.3.2 所示。

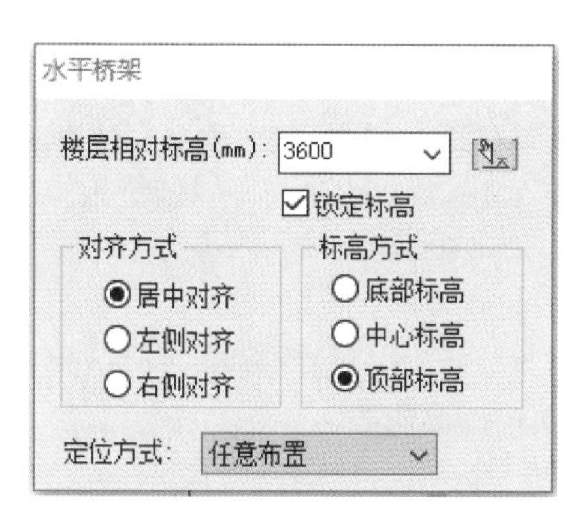

图 4.3.2 "水平桥架"对话框

标高设置:A 办公楼地上一层层高为 4500mm,桥架安装高度为顶端距梁底 200mm,减去最高梁高 700mm,故桥架标高设置为 3600mm,居中对齐,顶部标高。

单击选取左边属性工具栏中要布置的桥架的种类;命令行提示"第一点【R—选参考点】",按提示在绘图区域内,依次单击选取桥架的第一点、第二点等;也可以用光标控制方向,输入参数的方法来绘制桥架;绘制完一段桥架后,不退出命令,可以重复选择构件再布置;绘制完毕后右击,弹出右键菜单,选择"取消"并退出命令。在转折的地方只要对齐中心点，系统会自动生成弯通。

3. 垂直桥架布置(跨层桥架)

根据A办公楼弱电平面图，找到垂直(跨层)桥架的位置，进行垂直(跨层)桥架的布置。

单击左侧中文工具栏“桥架线槽”下方“垂直桥架”命令，软件弹出“垂直桥架”对话框，如图4.3.3所示。

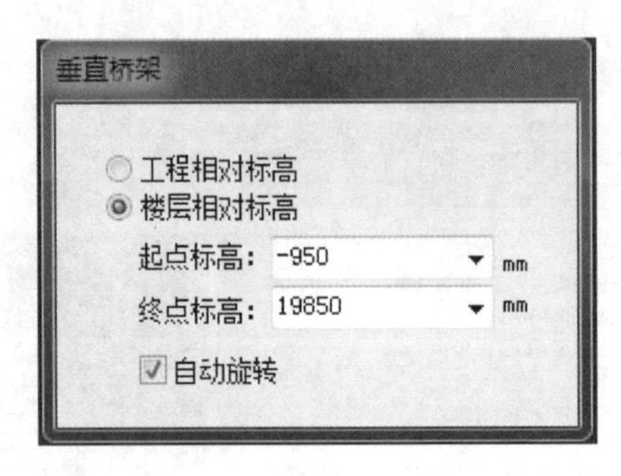

图4.3.3 “垂直桥架”对话框

标高设置：“工程相对标高”和“楼层相对标高”的选择同给排水专业里的“立管”。此处，我们选择“工程相对标高”，因为本层两根垂直桥架是从地下一层至地上五层，所以起点标高应为－1F＋3050(mm)，终点标高应为5F＋3550(mm)(垂直桥架的标高为水平桥架中心点的标高，计算方式：层高－梁高－桥架最大高度/2)。为了让水平桥架和垂直桥架连通，要将两个桥架中心点重合。输入起点标高－950mm和终点标高19850mm。标高输入时可使用“nF＋楼层高度”的方式，例如：起点标高－1F＋3050，终点标高5F＋3550。其含义为，起点从－950mm(－4000＋3050)位置开始至19850mm(16300＋3550)的标高结束。

单击选取左边属性工具栏中要布置的垂直桥架的种类，选择“金属线槽-300×100”。

命令行提示“请指定插入点【R—选参考点】”，按命令行提示在绘图区域内，连续任意单击布置垂直桥架；布置完毕后右击，弹出右键菜单，选择“取消”并退出命令，完成垂直桥架布置。

4. 桥架旋转

单击左侧中文工具栏“桥架线槽”中“桥架旋转”图标，根据命令行提示选择要旋转的垂直桥架，输入旋转角度，按Enter键即可。

【提示】

此命令不可用于水平桥架的旋转。

5. 桥架配件布置

桥架配件主要指弯头、三通、四通、大小头等。桥架布置完成后，进行桥架配件布置，有工程生成、楼层生成、选择生成等方式。

(1)工程生成

软件自动生成整个工程的桥架配件。单击中文工具栏中的“工程生成”图标，软件会自动搜寻整个工程中所有的桥架连接点，并按照桥架连接方式自动生成相应的桥架配件。

(2)楼层生成

软件自动生成当前楼层的桥架配件。单击中文工具栏中的"楼层生成"图标,软件会自动搜寻本层楼层中所有的桥架连接点,并按照桥架连接方式自动生成相应的桥架配件。

(3)选择生成

软件自动生成框选范围的桥架配件。单击中文工具栏中的"选择生成"图标,根据命令行提示选择要生成配件的桥架,右击确定即可。

(4)随画随生成

在绘制前先进行选项设置。

单击菜单栏中"工具"—"选项"—"配件",弹出选项设置对话框,如图 4.3.4 所示。勾选"桥架配件"后,单击"应用"—"确定"即可。桥架配件随画随生成,同时在编辑修改后实时自动更新。

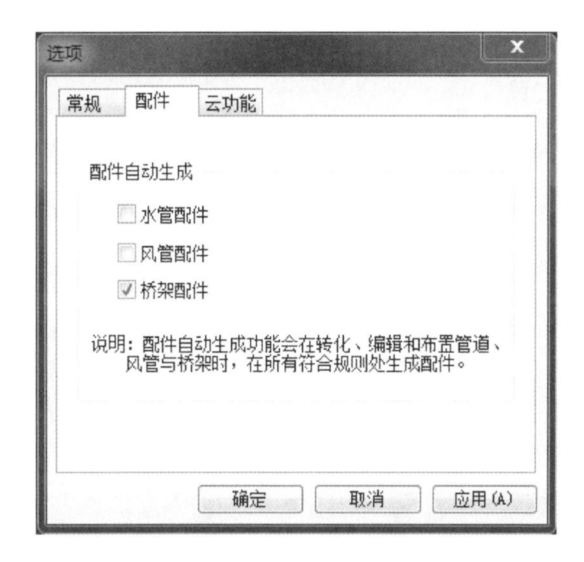

图 4.3.4　选项设置

4.3.2　箱柜布置

由 A 办公楼一层消防平面图可知,一层箱柜主要有接线端子箱、模块箱、配电箱、双电源切换箱等,安装高度为 1.5m,弱电系统中箱柜的布置基本同电气专业中配电箱柜布置。

1. 属性定义

在弱电专业模块下,双击属性工具栏空白处,或单击""按钮,或选择菜单栏"属性"下拉菜单中的"属性定义",软件弹出构件"属性定义"对话框。单击"箱柜"标签,在"构件列表"的下拉列表中选择"接线箱",进入属性编辑。单击"增加",根据平面图信息,对尺寸、安装高度、类型、容量、安装方式等进行定义,再单击"系统重命名"完成命名,按此操作完成属性定义。

2. 箱柜布置

箱柜布置可采用手动布置与转化布置两种,其中手动布置还可以分为任意布置与选择布置。

(1)任意布置

单击中文工具栏下方“箱柜”—“任意布箱柜”命令，软件属性工具栏自动跳转到箱柜构件中，选择要布置的接线箱的种类。命令行提示“指定插入点【旋转角度（A)/ 参考点(R)】”，在绘图区域内，可连续任意单击布置箱柜。若需要改变布置箱柜的旋转角度，则在命令行输入字母 A 后接 Enter 键，命令行提示“指定旋转角度:〈0〉”，输入旋转角度值后按 Enter 键即可；布置完一种箱柜后，不退出命令，可以重新选择构件再布置。布置完毕后右击，弹出右键菜单，选择“取消”并退出命令。

(2)选择布置

单击中文工具栏下方“箱柜”—“选择布箱柜”命令，具体方法参见电气专业中“选择布箱柜”。

(3)转化布置

单击右侧工具栏中的“转化设备”按钮，布置方式同电气专业中“转化配电箱”。

4.3.3 弱电设备布置

由 A 办公楼一层消防平面图可知，自动消防报警系统主要设备有感烟探测器、消火栓按钮、手动报警按钮、声光报警器、楼层显示器、消防广播、消防电话等，其设备布置基本与电气专业中设备布置相同。

1. 属性定义

在弱电专业模块下，双击属性工具栏空白处，或单击“”按钮，或选择菜单栏“属性”下拉菜单中的“属性定义”，软件弹出构件“属性定义”对话框。单击“设备”标签，在“构件列表”的下拉列表中选择“消防报警”，进入属性编辑。单击“增加”，根据图纸信息，对构件名称、规格等进行定义，再单击“系统重命名”完成命名。按此操作完成属性定义，具体如图 4.3.5 所示。

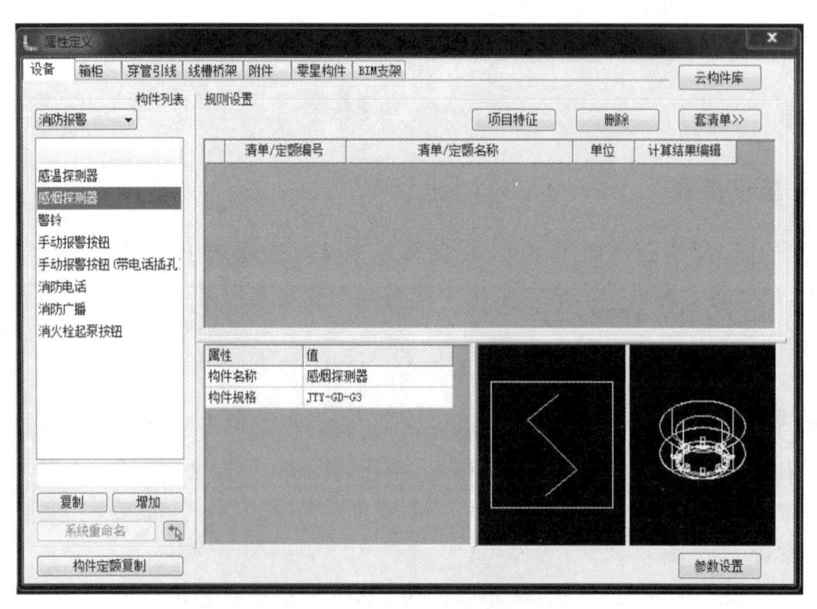

图 4.3.5 “属性定义”界面

2. 设备布置

设备布置可采用手动布置与转化布置两种，其中手动布置还可以分为任意布置与选择布置。

(1)任意布置

单击中文工具栏下方“设备”—“任意布设备”命令，软件属性工具栏自动跳转到设备构件中，选择要布置的设备的种类，输入相应的标高；同时命令行提示“指定插入点【旋转角度(A)/ 参考点(R)】”，单击布置设备的位置点，在绘图区域内，按照命令行提示可连续单击布置设备；单击选择参考点；布置完一种设备后，不退出命令，可以在属性工具栏重新选择构件名称再布置；布置完毕后右击，弹出右键菜单，选择“取消”并退出该命令。

(2)选择布置

单击中文工具栏下方“设备”—“选择布设备”命令，具体方法参见电气专业中“选择布设备”。

(3)转化布置

单击右侧工具栏中的“转化设备”按钮，布置方式同电气专业中“转化设备”。

4.3.4 桥架配线引线

1. 配线引线

单击左边中文工具栏中“桥架线槽”下方的“配线引线”图标，具体操作参见电气专业中“配线引线”。

2. 桥架引线

单击左边中文工具栏中“桥架线槽”下方的“桥架引线”图标，具体操作参见电气专业中“桥架引线”。

3. 跨配引线

单击左边中文工具栏中“桥架线槽”下方的“跨配引线”图标，具体操作参见电气专业中“跨配引线”。

4.3.5 穿管引线

1. 属性定义

弱电系统中管线属性定义基本与电气专业中的管线定义相同。

(1)配线

在弱电专业模块下，双击属性工具栏空白处，或单击“”按钮，或单击“属性”—“属性定义”，进入“属性定义”界面。在“穿管引线”标签下的“构件列表”的下拉列表选择“配线”，定义配线的型号、规格、线芯、线数、布线方式等，如图 4.3.6 所示。

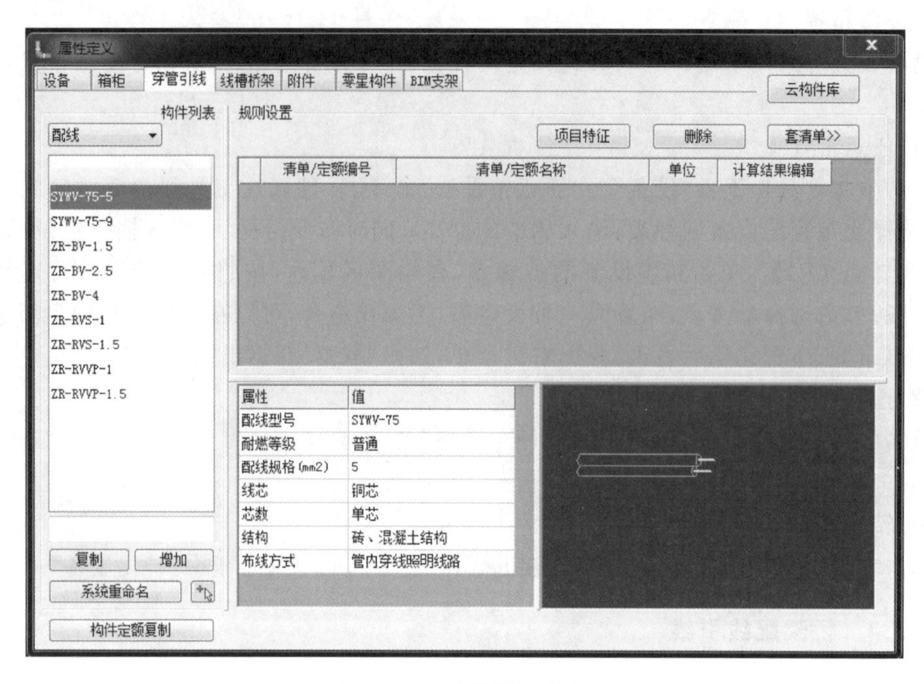

图 4.3.6 配线属性定义

(2)配管

在“配管”的“属性定义”界面,单击“增加”,进入配管“构件定义”界面。选择导管材质为SC,导管规格为20mm,完成配管,如图 4.3.7 所示。

图 4.3.7 配管“构件定义”界面

(3)配管配线

在“配管配线”的“属性定义”界面，单击“增加”，进入配管配线“构件定义”界面，选择好导线类型及配管类型，完成配管配线，如图 4.3.8 所示。

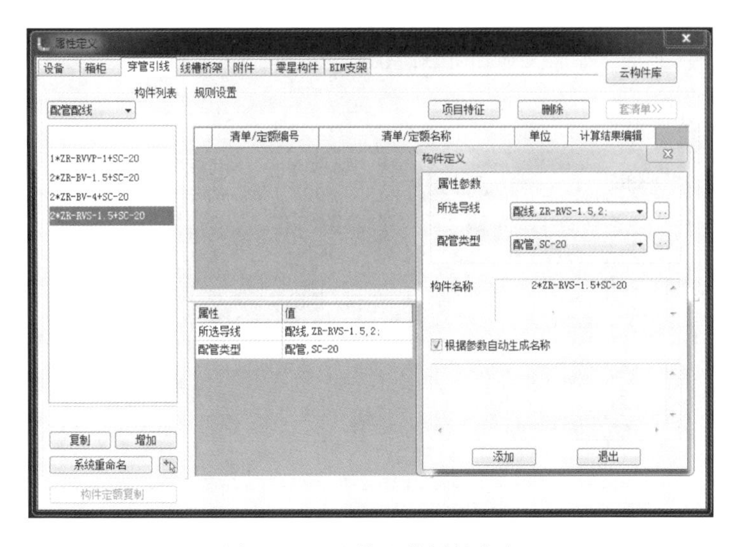

图 4.3.8 配管配线属性定义

【提示】

RVS(双绞线)，此类线型属性定义与电气管线定义是有区别的，现以 ZBN-RVS-2×1.5 SC15 WC/CC 线型为例，对 RVS(双绞线)管线进行属性定义。

单击“属性”—“属性定义”，进入“属性定义”界面，选择“穿管引线”标签下方的“配线”。单击“增加”，进入“构件定义”界面，导线类型选择“RVS”，耐燃等级选择“阻燃耐火(ZN)”，导线规格选择“1.5”，取消勾选“根据参数自动生成名称”，将构件名称改为 ZBN－RVS－2 * 1.5，如图 4.3.9 所示。

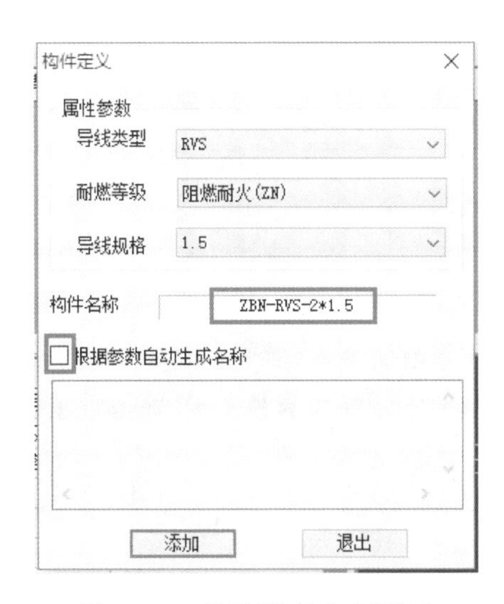

图 4.3.9 导线“构件定义”界面

在“属性定义”界面，选择“穿管引线”标签下方的“配管”，单击“增加”，完成 SC-15 配管添加。

在“属性定义”界面，选择“穿管引线”标签下方“配管配线”命令，单击“增加”进入“构件定义”界面，在“所选导线”栏单击后方“..”按钮，选择照明导线 ZBN-RVS-2＊1.5，单击“增加”，“根数”为 1 根，单击“确定”，如图 4.3.10 所示。

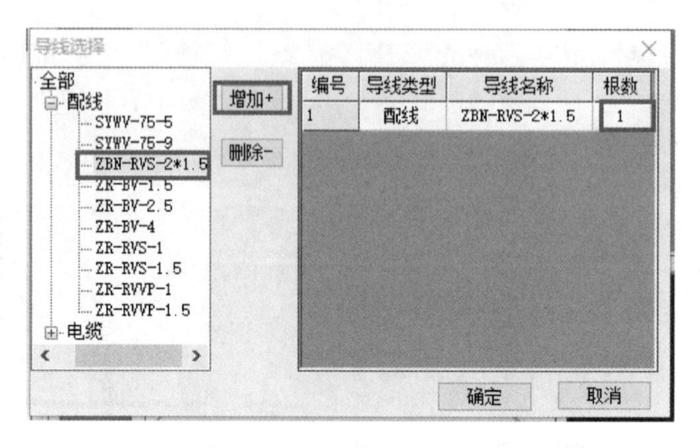

图 4.3.10 “导线选择”对话框

单击配管类型后方的“..”按钮，选择导管 SC-15，点击“确定”，如图 4.3.11 所示。

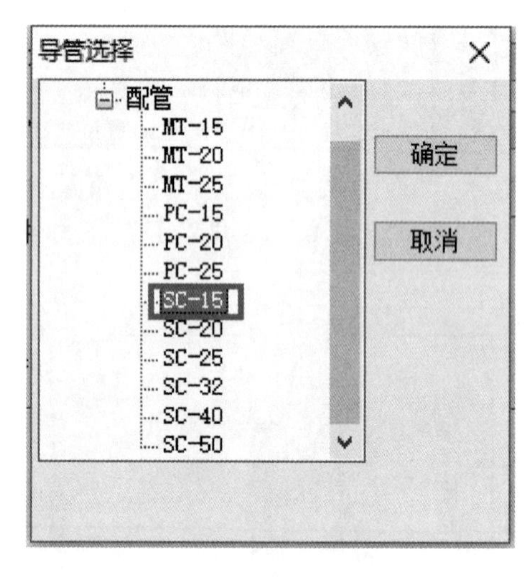

图 4.3.11 导管选择

导线、导管类型全部定义好以后软件会自动生成 1＊ZBN-RVS-2＊1.5＋SC-15 的线型，单击“添加”，即可将该导线添加至导管导线下方，如图 4.3.12 所示。

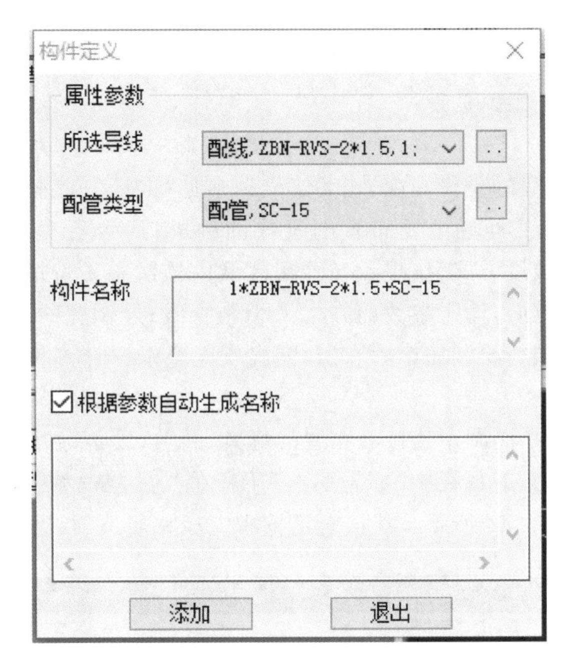

图 4.3.12 添加导线

2.管线布置

(1)任意布管线

单击左边中文工具栏中“穿管引线”下方的“任意布管线”图标，软件弹出“任意布管线”对话框，如图 4.3.13 所示。

图 4.3.13 “任意布管线”对话框

敷设方式：管线敷设方式各选项所代表的意义如下

SR ——沿钢线槽敷设；

BE ——沿屋架敷设；

CLE ——沿柱敷设；

WE ——沿墙面敷设；

CE ——沿天棚面敷设；

ACE ——上人天棚内敷设；

BC ——梁内暗敷；

WC ——墙内暗敷；

CC ——天棚暗敷；

ACC ——不上人天棚内敷设；

FC ——地面暗敷。

敷设方式决定了管线的敷设高度，相关定义请参见“工具”—“水平敷设方式设置”。

单击选取左边属性工具栏中要布置的管线的种类；命令行提示“第一点【R—选参考点】”，输入导线标高及敷设方式；按提示在绘图区域内依次单击选取管线的第一点、第二点等；也可以用光标控制方向，输入参数的方法来绘制管线；绘制完一段管线后，不退出命令，可以重复选择构件再布置；绘制完毕后右击，弹出右键菜单，选择“取消”并退出命令。

(2)选择布管线

该命令主要用于在平面图中连接已布置的灯具、开关、设备等并自动生成竖直的连接管线或软管。单击左边中文工具栏中“穿管引线”下方的“选择布管线”图标，软件弹出“选择布管线”对话框，如图 4.3.14 所示。在该对话框中完成相应选项设置。

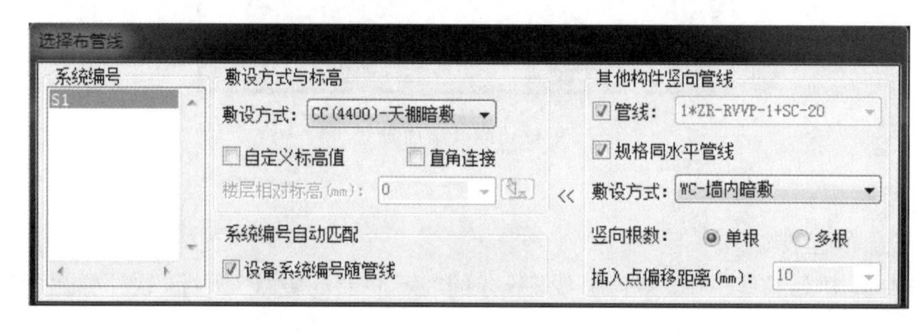

图 4.3.14 “选择布管线”对话框

单击选取左边属性工具栏中要布置的管线的种类；命令行提示“请指定第一个对象〈回车结束〉”，按提示在绘图区域内依次单击选取管线所需连接的第二、第三个对象等；布置完一种管线后，不退出命令，可以再重复选择构件布置；布置完毕后右击，弹出右键菜单，选择“取消”并退出命令。

【提示】

线性构件，比如水平管线、按照楼层相对标高布置的垂直管线、电缆、桥架等图形上有三个夹点。中间这个夹点是它的移动夹点，直接拖动该夹点即可移动该构件的位置。拖动两端的任意夹点可以调整它的长度或高度。

(3)垂直管线

单击左边中文工具栏中“穿管引线”下方的“垂直管线”图标，软件弹出“垂直管线”对话框，如图 4.3.15 所示。在该对话框中完成标高及敷设方式设置。

单击选取左边属性工具栏中要布置的垂直管线的种类；命令行提示“请指定插入点【R—选参考点】”，按提示在绘图区域内，连续任意单击布置垂直管线；布置完毕后右击，弹出右键菜单，选择“取消”并退出命令。

图 4.3.15 “垂直管线”对话框

(4)多线布置

该命令主要用于布置多根空间位置平行的管线。单击左边中文工具栏中“穿管引线”下方的“多线布置”图标,软件弹出“多线布置”对话框,如图 4.3.16 所示。在该对话框中设置参数,完成多线布置。

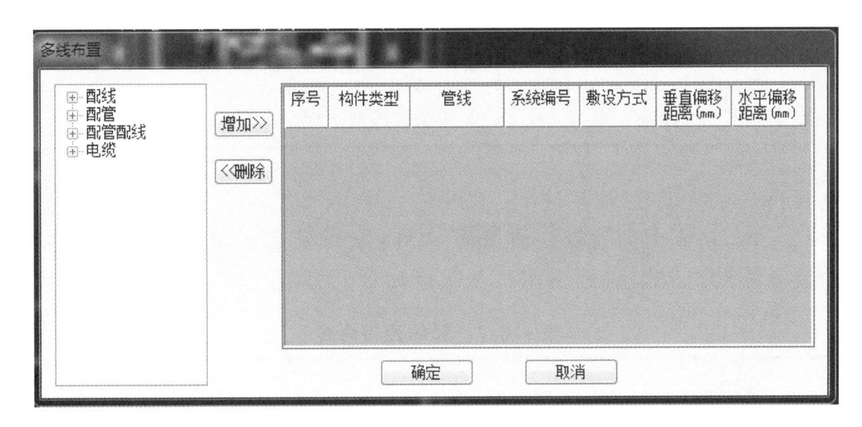

图 4.3.16 “多线布置”对话框

(5)线变管线

该命令支持将 CAD 线段或软件里的线条转换成用户定义的配管配线。单击左边中文工具栏中“穿管引线”下方的“线变管线”图标,软件弹出“线变管线”对话框,如图 4.3.17 所示。在该对话框中设置参数,按命令行提示完成布置。

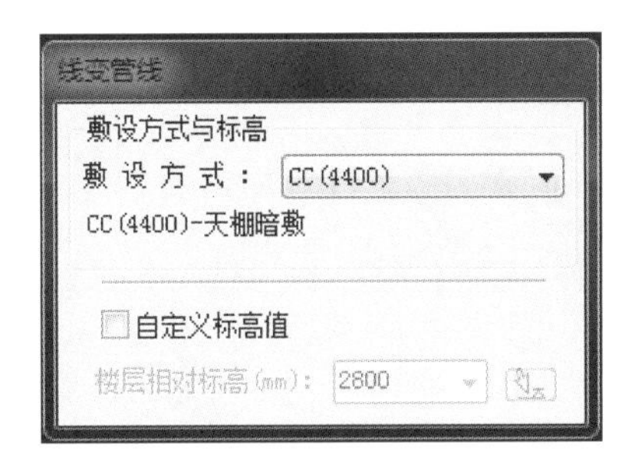

图 4.3.17 “线变管线”对话框

(6)布置软管

单击左边中文工具栏中“穿管引线”下方的“布置软管”图标，单击选取左边属性工具栏中要布置的软管的种类，命令行提示“请选择第一点【R—选择参考点】”，依次指定(或捕捉)软管的第一点、第二点等，直到完成布置。布置完毕后右击，弹出右键菜单，选择“确定”，退出该软管的布置状态，再次右击，在弹出的右键菜单中选择“取消”并退出命令。

(7)管线打断

单击左边中文工具栏中“穿管引线”下方的“管线打断”图标，按照命令行提示操作，操作完成之后右击退出。管线打断命令见表 4.3.1。

表 4.3.1 管线打断命令

提示	操作
请选择需要打断的管线：	单击选择要被打断的管线
请选择断点【L—选择参考线】	单击选择过断点的管线
请选择需要打断的管线：	选择要被打断的管线
请选择断点【L—选择参考线】：L	选择另一相交的管线，打断点为管线相交处
请选择需要打断的管线：	重复执行该命令

(8)管线连接

单击左边中文工具栏中的“管线连接”图标，按照命令行提示操作。操作完成之后右击退出，还需要继续操作时要重新再执行一次该命令。管线连接命令见表 4.3.2。

表 4.3.2 管线连接命令

提示	操作
请选择需要连接的管线 1：	单击选择要连接的管线 1
请选择需要连接的下一个管线：	单击选择要连接的下一管线

4.3.6 附件布置

弱电系统附件布置同电气专业中的附件布置。

4.3.7 弱电系统 BIM 模型展示

单击菜单栏“视图”—“三维显示”—“整体”，即可查看本工程弱电系统的整体三维立体图。弱电系统 BIM 模型如图 4.3.18 所示。

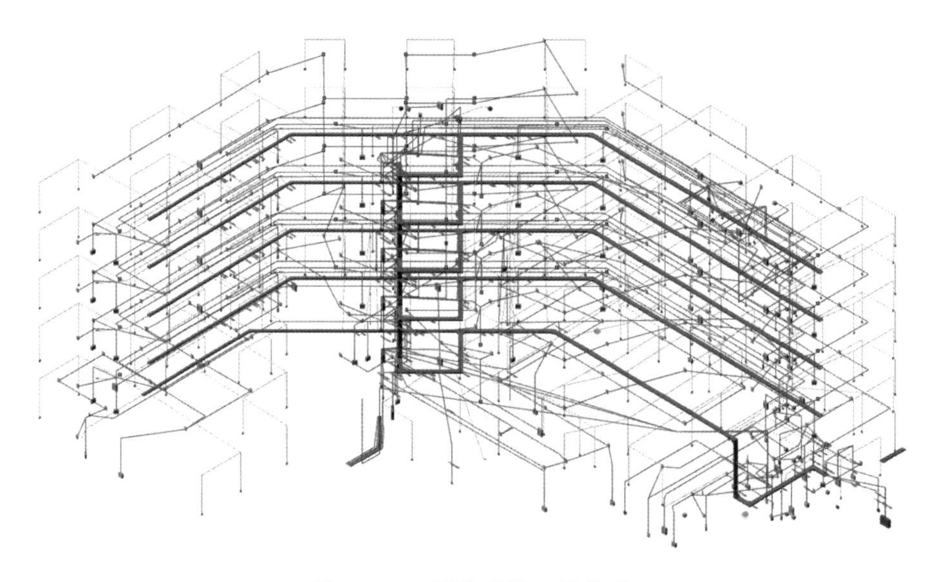

图 4.3.18　弱电系统 BIM 模型

◎任务测试◎

任务 4.3 测试

◎任务训练◎

完成 A 办公楼电气弱电系统 BIM 建模。

【项目小结】

学生通过电气系统 BIM 建模，边建模边识图，提高了其电气施工图识读能力；通过创建电气系统 BIM 模型，提高了对电气系统的认知度，将构件信息三维化、可视化、数字化，便于工程量统计、模型维护与应用；通过对灯具、设备的转化功能，省却了以往手动建模的烦琐步骤，大大提升了建模效率。

【项目测试】

项目测试

【项目拓展】

根据提供的图纸信息，完成建筑电气系统 BIM 建模。建模内容有：

(1)坐标原点放在 4 轴与 C 轴的交点;

(2)根据系统图完成桥架、电气设备、管线等构件的属性定义;

(3)根据平面图、系统图,完成建筑电气系统的建模。

(备注:本项目任务来自 2017 年 5 月全国 BIM 应用技能等级考试试题)

附:

一、施工设计说明

1. 本层层高为 3000mm。

2. 参考图集及选用设备说明。

	照明配电箱	离地 1.2米
	照明总配电箱	离地 1.0米
	双管荧光灯 YG-2, 2x36W,T8 [illegible]	2.6米
	单管荧光灯 YG-1, 1x36W,T8 [illegible]	2.6米
	单相二,三眼组合插座 B4/10U	离地0.3米
	三,双,单联单控开关 B31/1 B33/1 B32/1	离地1.4米

二、电气系统图

1. AAL 配电箱系统图。

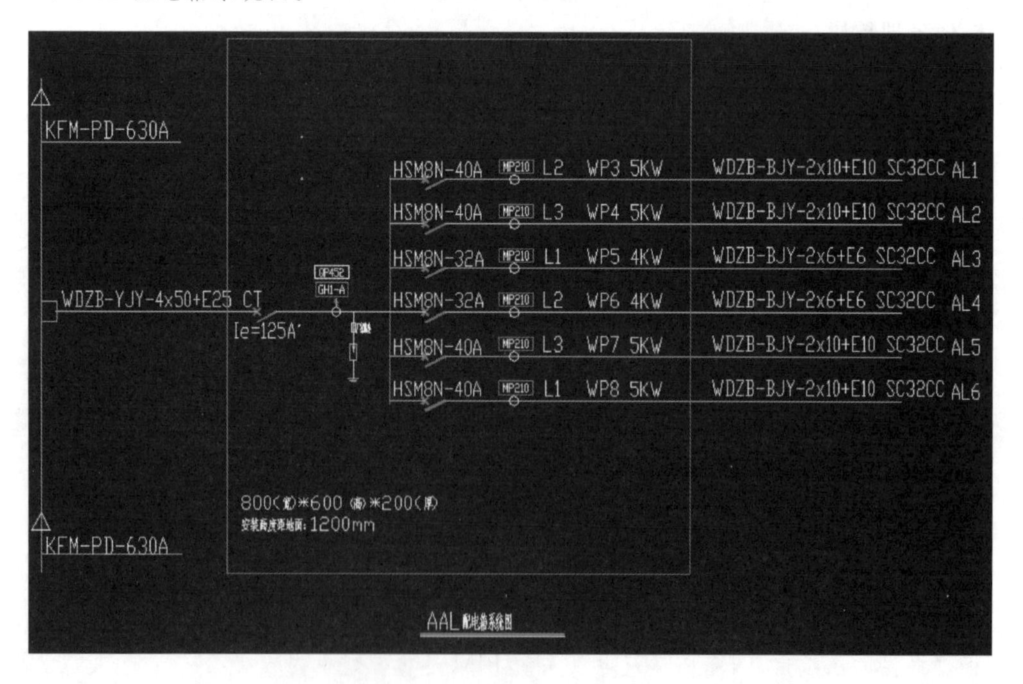

2. AL1～6 配电箱系统图。

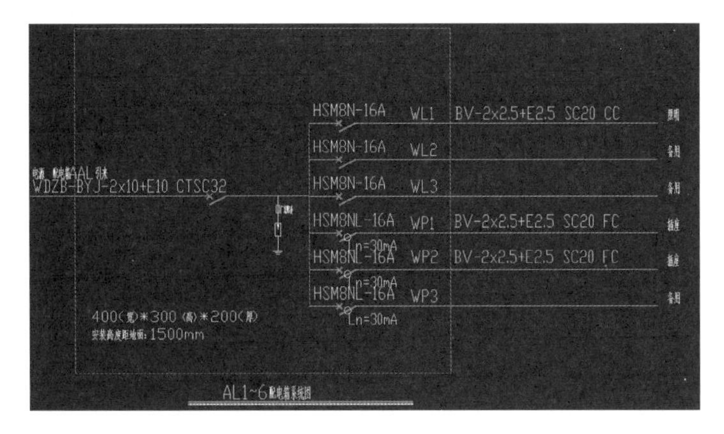

三、电气平面图

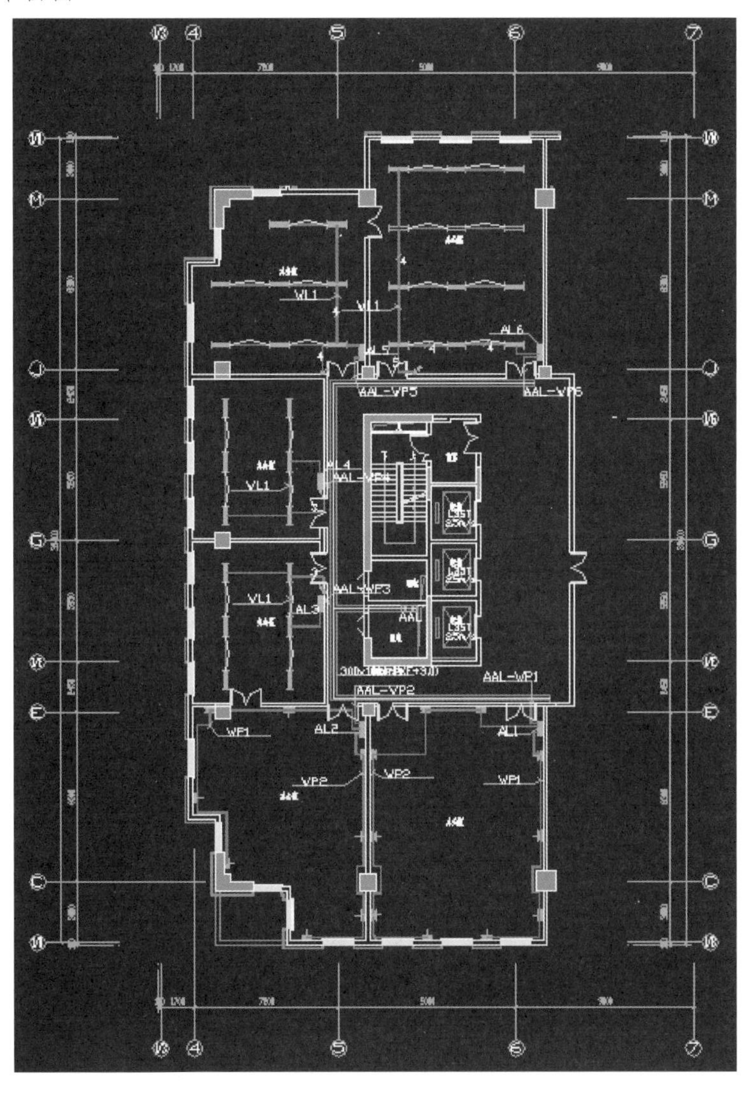

项目5 建筑暖通系统 BIM 建模

【学习目标】

学生通过本项目的学习，熟悉鲁班安装软件暖通专业建模界面，掌握建筑暖通系统BIM建模流程，掌握建筑暖通系统BIM模型的创建方法。

学生通过本项目的学习，能熟练识读建筑暖通施工图，能用鲁班安装软件创建建筑暖通系统BIM模型。

【项目导入】

本工程为某公安局公安业务用房，建筑暖通系统主要包括机械通风系统、中央空调系统、机械防排烟系统，本项目主要任务是创建通风与空调系统BIM模型。暖通BIM模型见图5.0.1。

任务分解及建模流程：

(1)建模准备：暖通施工图识读→工程设置→图纸调入→系统编号。

(2)通风系统建模：通风设备布置→风管布置→风口布置→风部件布置→风管配件布置→通风系统BIM模型展示。

(3)空调系统建模：设备布置→风管系统布置→冷媒管系统布置→采暖系统布置→暖通系统BIM模型展示。

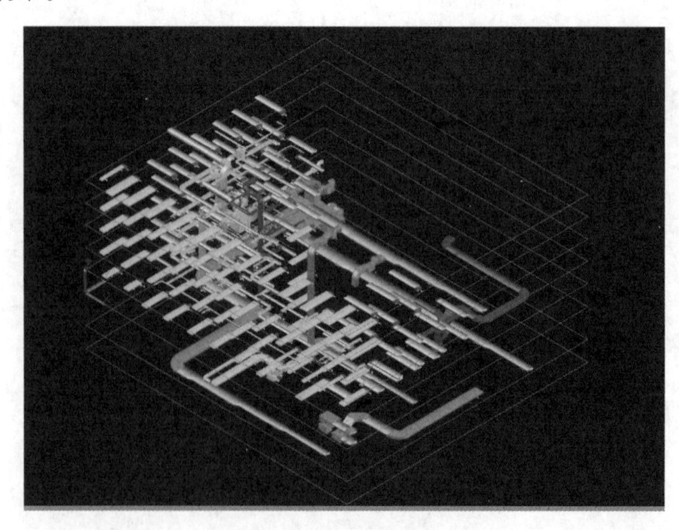

图5.0.1 公安局暖通BIM模型

任务5.1 暖通系统BIM建模准备

◎任务引入◎

在暖通系统BIM建模前，需做好两个准备：一是熟悉项目概况，阅读暖通施工图，提取相关的各项工程参数，如层高、风管管材、风管风口规格、管道连接、设备安装高度等，便于各项工程参数的选定，提高建模速度；二是熟悉暖通专业软件操作界面，掌握工程设置及图纸调入等操作，为后期各系统建模做好基础准备。

暖通BIM建模准备工作流程为：暖通施工图识读→工程设置→图纸调入→系统编号。

◎任务实施◎

视频5.1.1 暖通施工图识读

5.1.1 暖通施工图识读

1.工程概况

本工程为某公安局公安业务用房，总建筑面积为10870.95m²，地下2层，地上5层，建筑高度为19.3m。其中各层层高为：地下二层3650mm，地下一层4900mm，首层3700mm，地上二至五层均为3500mm，各层吊顶高度均为2400mm。本工程暖通系统主要包括中央空调系统、通风系统、防排烟系统。

(1)空调系统

本工程空调系统采用变冷媒流量空调系统，室外机设置在通风良好的屋面上，室外机的气、液管道通过土建竖井和各层的吊顶接至各房间内的卧式暗装室内机，空调室内机自带下回风箱，回风口与下回风箱之间采用软管连接；各房间的新风通过设置在四层机房内的全热交换机组送入室内，各房间的气流组织采用顶送顶回的方式，新排风全热交换器向各房间补入新风，由顶送风口、回风口构成完整的室内空气气流组织。

(2)通风系统

地下车库通风系统包括送风系统和排风系统，由风机、风管、消声器及风阀等组成。新鲜空气经百叶风口—送风机—送风管—送风口送至室内，车库内废气经由排风风机箱—排风管最后经由外墙防水百叶排出室外。

各层卫生间设置由吸顶式排气扇的机械排风系统。本工程部分房间通风系统采用全热交换机组，本身即为一个完整的通风系统。机电用房等产生余热和余湿的场所也都设有机械排风系统。

(3)防排烟系统

本工程地下二层车库划分为两个防烟分区，排烟及补风系统与机械排风送风系统共用。

2.管材附件设备

(1)空调系统

空调系统主要设备有型号VRD28、VRD36、VRD45、VRD56、VRD71、VRD90、VRD100、VRD125等变冷媒流量空调室内机，型号VRW22RH、VRW48RH、VRW50RH、

VRW60RH 、VRW72RH 等变冷媒流量空调室外机，以及全热交换式换热机等。

空调系统冷媒管采用铜管，冷凝水管采用 PVC-U 管，黏结连接。冷凝管管径规格有 DN25、DN32、DN50，坡度为 0.005，立管管径规格有 DN50。

设置在消声器后的空调风管采用成品型超细玻璃棉直接风管，空调风管及风口尺寸见表 5.1.1。

表 5.1.1 变冷媒流量空调系统室内机接风管尺寸

型号	风量/ $m^3 \cdot h^{-1}$	一个送风口/mm×mm		两个送风口/mm×mm		回风口兼做检修口(带过滤网) mm×mm	出口接管尺寸 mm×mm
		散流器 C4	百叶送风口	散流器 C4	百叶送风口	门铰型百叶回风口 HH/F	
VRD28	570	300×300	500×160	180×180	500×160	550×250	450×200
VRD36	570	300×300	500×160	180×180	500×160	550×250	450×200
VRD45	980	360×360	800×160	240×240	500×160	550×250	900×200
VRD56	980	360×360	800×160	240×240	500×160	550×250	900×200
VRD71	1300	360×360	1000×160	300×300	800×160	550×250	900×200
VRD90	2000	500×500	1500×160	360×360	1000×160	600×300	1200×200
VRD100	2000	500×500	1500×160	360×360	1000×160	600×300	1200×200
VRD125	200	500×500	1500×160	360×360	1000×160	600×300	1200×200

注：所有风机盘管所接风口尺寸为暂定值，待设备订货、装修方案确定后，需与相关单位协商后再最终确定，办公室采用的侧吹口出风方向应可调节。

(2)通风系统

通风系统主要设备有：型号 EXF 的排风兼排烟风机，型号 AXF 的送风及排烟补风风机，型号 EAF 的排风机，型号 AAF 的送风机，型号 ESF 的消防排烟风机，以及全热交换式换热机和排气扇等。

消防加压送风管和消防排烟风管采用镀锌钢板，一般机械通风管和设置在消声器前的消声风管采用镀锌钢板制作。机械通风管道尺寸有 1100mm×320mm、800mm×200mm、750mm×630mm、500mm×630mm、400mm×1100mm、630mm×200mm、500mm×200mm、450mm×160mm、400mm×160mm、320mm×160mm、250mm×120mm、200mm×120mm、120mm×120mm 等。风口尺寸有 250mm×250mm、200mm×200mm、120mm×120mm 等。

防火百叶风口尺寸有 300mm×200mm、300mm×300mm、800mm×300mm、1500mm×1500mm、2500mm×1000mm 等。防雨百叶尺寸有 1800mm×800mm、1500mm×400mm 等。常开百叶排风、排烟风口尺寸有 500mm×500mm。排烟、排风静压箱尺寸有 1900mm×1500mm×800mm、2500mm×1600mm×800mm。卫生间使用编号为 DEF06 的换气扇，数量见图纸。

阀门采用防烟防火风阀、280°自动关闭风量可调防烟防火风阀、70°自动关闭电动防烟防火风阀、止回风阀等。

管道穿越墙或楼板处必须加设套管，套管的内径应比管道保温层外径大 20～30mm。套管处不得有管子接头焊缝，在管道保温工程竣工后，用离心玻璃棉塞紧空隙。墙体上套管的两端应与墙面抹灰层外平，穿楼板的套管应比建筑面层高出 50mm。套管可用厚度为

1.5mm 的镀锌钢板或内径适用的钢管制作。

【思考与讨论】

建筑暖通系统由哪些部分组成？建筑暖通施工图识读的步骤及方法是怎样的？

5.1.2　工程设置

1. 新建工程

双击“鲁班安装”快捷图标，进入软件界面，如图 5.1.1 所示。

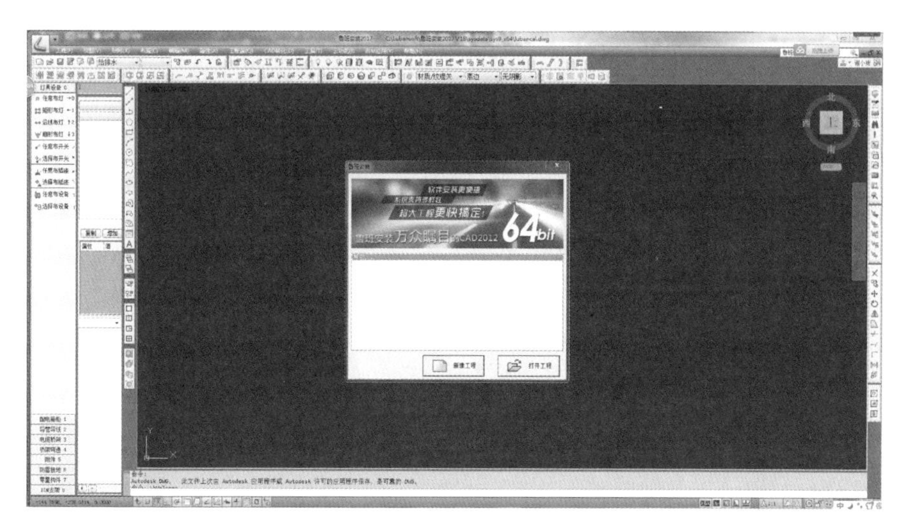

图 5.1.1　鲁班安装软件界面

选择“新建工程”，弹出工程保存界面，如图 5.1.2 所示。首先单击“保存在”选择框边上的“▾”按钮，选择工程需要保存的位置，然后在“文件名”文本框中输入文件名，如“公安局暖通”，最后单击“保存”。

图 5.1.2　工程保存界面

若是要打开以前做过的或者想要接着做的工程，选择“其他”，单击“打开工程”，弹出“打开”对话框，在“查找范围”中单击“▾”按钮，选择文件保存的位置，找到工程文件夹（如“公安局暖通”），再打开列表中的 lba 文件，就可以进入要打开的工程。

2. 用户模板

新建工程设置好文件保存路径之后，会弹出“用户模板”界面，如图 5.1.3 所示。该功能主要用于在建立一个新工程时可以选择过去我们做好的工程模板，以便我们直接调用以前工程的构件属性，从而加快建模速度。如果是第一次做工程或者以前的工程没有另存为模板的话，列表中就只有软件默认的属性模板供我们选择。选择好需要的属性模板，单击“确定”就完成了用户模板的设置。

图 5.1.3 “用户模板”界面

【提示】

安装用户模板可以保存定义好的构件属性、新增加入图库的构件图形、安装材质规格表中新增加的管材、构件颜色管理中定义好的颜色、构件计算项目设置中设置的内容、风阀长度设置中设置的内容、套好的清单和定额等。

3. 工程概况

当设置完成用户模板之后，软件会自动弹出“工程概况”对话框，也可以在软件工具栏中单击“ ”按钮，弹出该对话框，如图 5.1.4 所示。根据工程实际情况填写，填写完成后单击“下一步”。

图 5.1.4 “工程概况”对话框

4.算量模式

设置好工程概况后单击“下一步”按钮,软件自动进入算量模式的选择界面,如图 5.1.5 所示。

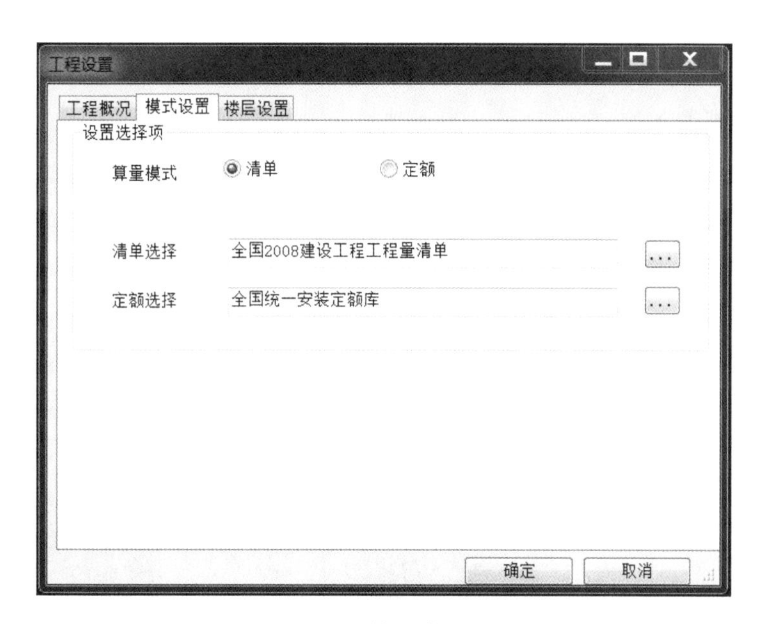

图 5.1.5 算量模式选择

根据实际工程需要选择“清单”或“定额”模式。当需要更换“清单”或“定额”时,分别单击旁边的“…”按钮,弹出清单或定额选择界面,选择相应的清单和定额。最后单击“确定”,完成算量模式设置。

5.楼层设置

设置完算量模式,软件直接进入“楼层设置”界面,本工程公安局业务用房楼层设置如图

5.1.6 所示。定义好楼层设置后，单击“确定”结束设置。

图 5.1.6 楼层设置

5.1.3 图纸调入

1. CAD 文件调入

单击“CAD 转化”—“CAD 文件调入”，因安装中的 0 层不参与转化，对话框如图 5.1.7 所示。

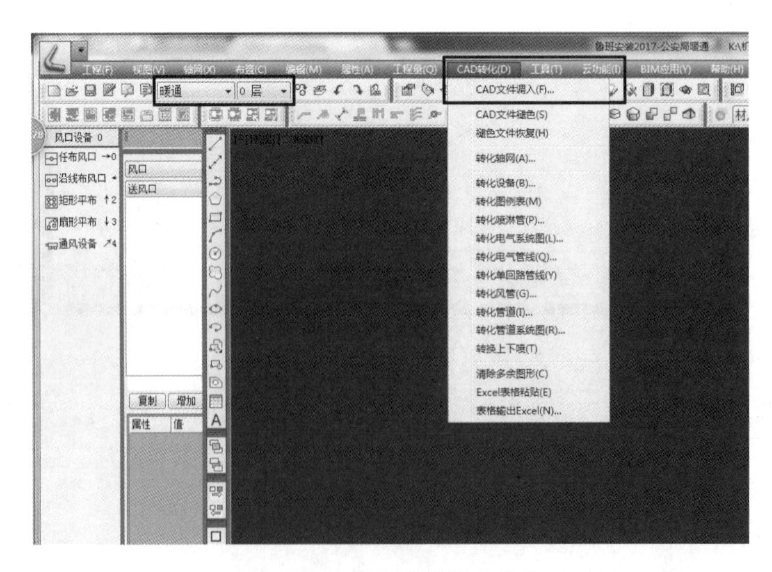

图 5.1.7 CAD 文件调入菜单

软件弹出如图 5.1.8 所示对话框。在该对话框中找到要调入的公安局暖通 CAD 图,单击“打开”按钮,界面切换到绘图状态下,命令行提示“请选择插入点”,单击或直接按 Enter 键确定插入点,CAD 图形调入完成。完成后界面如图 5.1.9 所示。

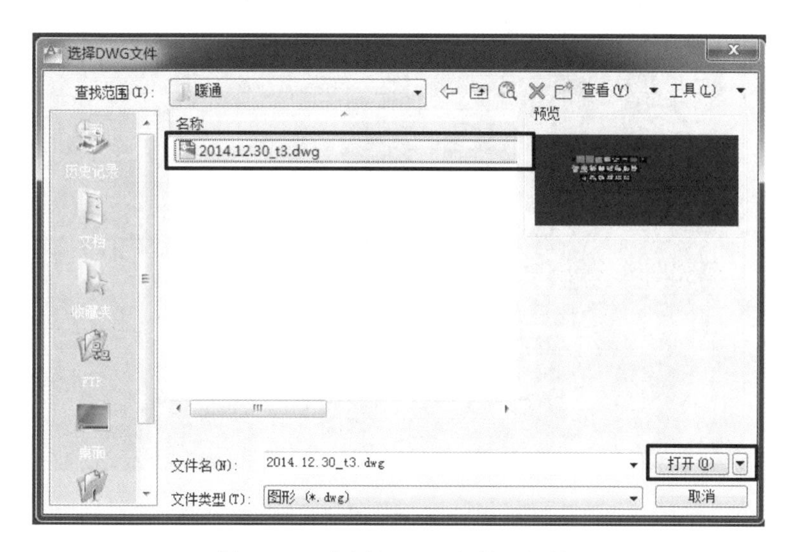

图 5.1.8 “选择 DWG 文件”对话框

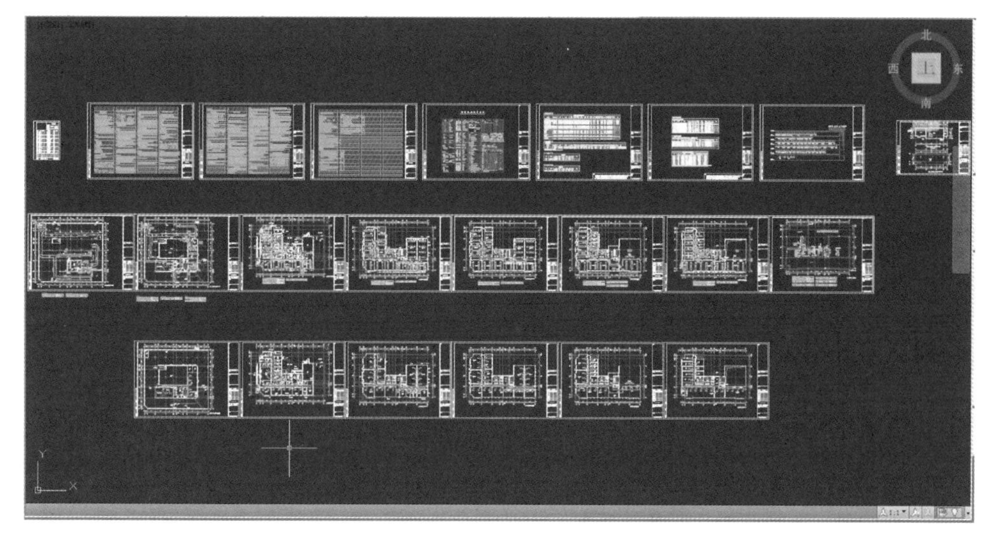

图 5.1.9 CAD 图形调入完成

2. 多层复制 CAD

单击工具栏中的“多层复制”命令,点击对应楼层的“选择图形”,指定基点(1 轴与 A 轴的交点定为基点),按住鼠标左键不放,拖动鼠标框选需要复制的图形后,右击完成复制,依此类推,将各楼层图纸导入指定楼层中。再指定插入点(0,0,0),单击“确定”,如图 5.1.10所示。

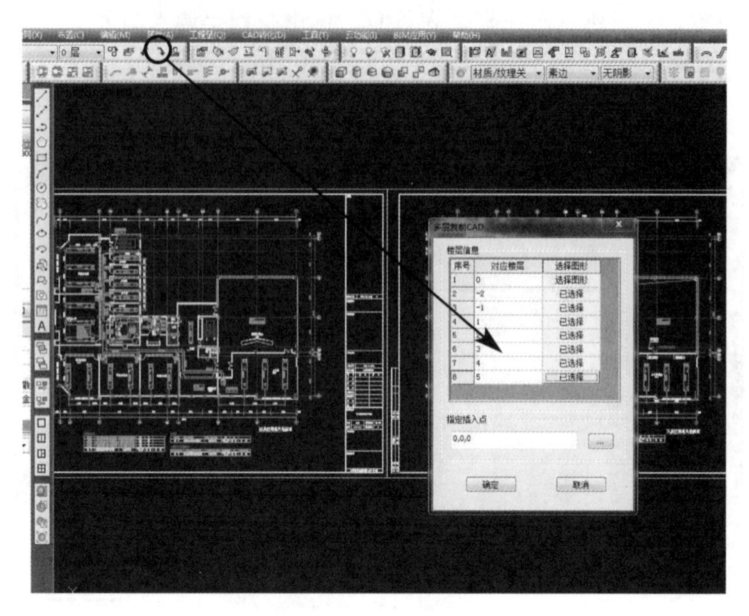

图 5.1.10　多层复制 CAD

【思考与练习】

如果在多层复制时有一层漏选了，如何将其复制到相应楼层？

5.1.4　系统编号

单击“系统编号管理”按钮，按照管道类型划分不同的系统编号。公安局暖通专业管道按类型分为通风部分、空调水部分、采暖部分和设备部分，如图 5.1.11 所示。选中一个系统部分，直接右击在右键菜单中选择增加平级或者增加子级，即可增加新的系统编号。单击“确定”，完成系统编号管理。

管线的系统编号增加不能超过三级。若超过三级，软件将会自动提示已达上限。

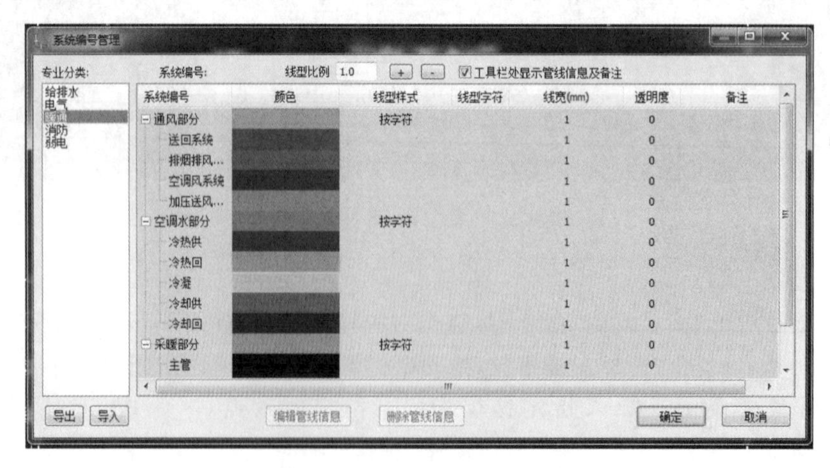

图 5.1.11　“系统编号管理”界面

◎任务测试◎

任务 5.1 测试

任务 5.2 通风系统 BIM 建模

◎任务引入◎

建筑暖通系统包括建筑采暖系统和通风空调系统，采暖系统主要指北方地区冬季集中供暖，通风空调系统是指建筑通风与空调系统。本公安局业务用房暖通系统主要包括通风系统、空调系统、防排烟系统，本节任务主要完成通风系统的 BIM 建模。

通风系统一般由通风设备、风管、风口、风部件及风管配件等组成。BIM 建模流程为：通风设备→风管→风口→风部件→风管配件。建模的顺序：先定义构件属性，再绘制平面图进行建模。

◎任务实施◎

视频 5.2.1 通风设备布置

5.2.1 通风设备布置

以公安局地下二层通风系统为例，进行通风设备布置。在地下二层中，通风设备主要是通风机，有排烟兼排风风机 2 台（EXF-B2-01、EXF-B2-01），尺寸为 1380mm×1700mm×1323mm；送风兼排烟补风机 2 台（AXF-B2-01、AXF-B2-01），尺寸为 1250mm×1550mm×1143mm。

1. 属性定义

在暖通专业模块下，双击属性工具栏空白处或单击“ ”按钮，软件弹出构件的“属性定义”界面，如图 5.2.1 所示。对话框界面按功能分为构件分类区、构件列表区、计算设置区、属性参数设置区、图形显示区。暖通专业分为风口设备、风管、风管部件、风管配件、水管、水管附件、水管配件、水暖设备、零星构件共九大类构件；构件列表区是小类构件的详细列表，由构件列表，复制、增加、系统重命名三个按钮组成。计算设置区主要是套清单、定额的设置，可以对其中的计算单位、计算结果等进行编辑，本区域包含套清单、定额、删除、项目特征、构件定额复制按钮。属性参数设置区对应每一个小类构件的属性值，对应构件不同，属性项目会有所不同。图形显示区显示与属性参数及构件类型相对应的构件图形。

选择“风设备”标签，在“构件列表”的下拉列表中选择“通风机”，单击“增加”，在“构件定义”对话框中对构件的形式、类型、规格等进行定义。

本工程地下二层通风系统中，通风设备的规格及属性详见图 5.2.1。

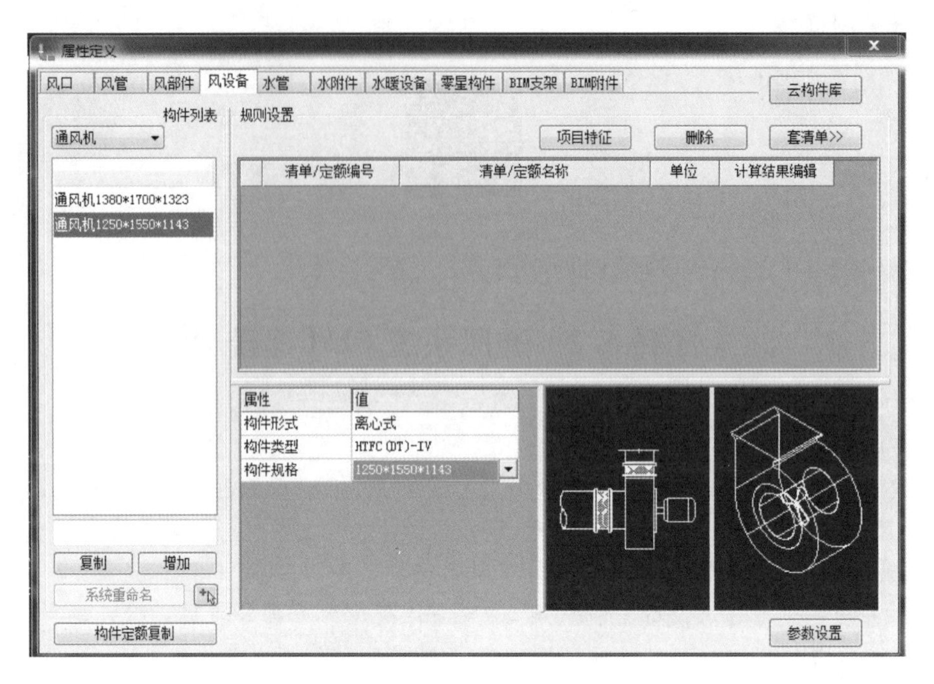

图 5.2.1 “属性定义”界面

2. 风机布置

风机布置可采用手动布置与转化布置两种。

(1)手动布置

单击左边中文工具栏中“通风设备”图标，软件弹出如图 5.2.2 所示对话框。

图 5.2.2 “标高设置”对话框

直接输入楼层相对标高 2200mm，也可以单击后面的“标高提取”按钮自动提取。取消勾选“读风管”，输入角度 270°。

单击选取左边属性工具栏中要布置的通风设备的种类，选择“通风机 1380 * 1700 * 1323”，再选择系统编号“通风系统”，命令行提示“指定插入点【A—旋转角度】”，按照提示在绘图区域内选择中心单击布置设备；布置完一种设备后，不退出命令，可以再重复选择新构件布置；布置完毕后右击，弹出右键菜单，选择“取消”并退出命令。

(2)转化布置

单击右侧工具栏中的“转化设备”按钮，软件弹出“批量转化设备”对话框，单击“提取二维”，软件自动转入绘图界面，光标变成小方框，单击 CAD 图形中的“通风机 EXF-B2-01”，右击选择插入点(通风机中心点)。二维提取完成后，单击“选择三维”，页面跳转到“选择三维”页面，在页面中依次选择“风设备—通风机—通风机 1380 * 1700 * 132”，完成风机三维模型选定。构件、系统、标高及转化范围设置如图 5.2.3 所示。需要增加构件，单击“增加”按钮，重复上述操作，继续提取其他构件。最后单击“转化”按钮完成通风设备转化。

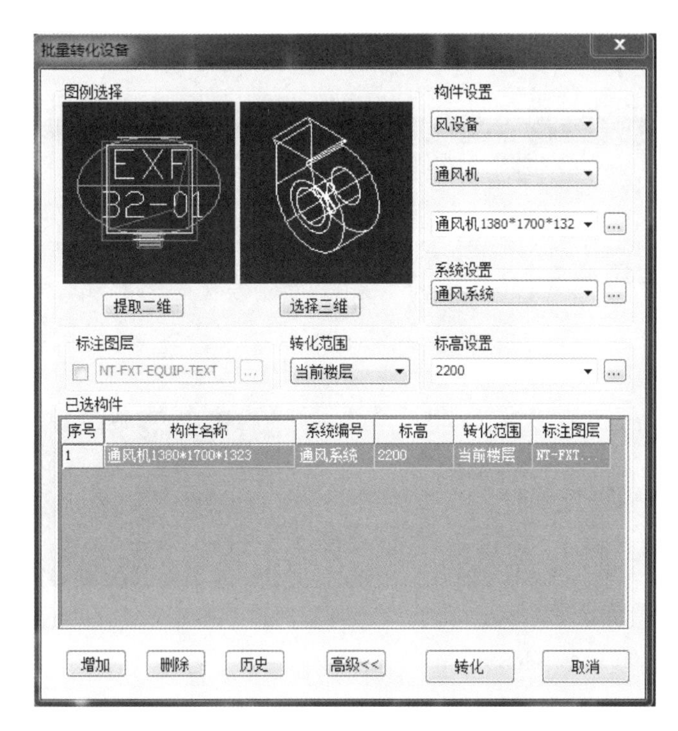

图 5.2.3 “批量转化设备”对话框

【提示】

设备转化历史可反复调用，便于类似构件信息的重复利用，有效提升转化工作效率；转化成功个数也被记录，可检查历史转化的成功率，未转化成功的会以红色标注，方便用户修改调用。设备转化条目无法转化的以红色标识，包括构件名称重复、未提取二维信息等问题，若单击转化时仍存在问题，则进行弹框提示，注明问题内容与问题条目序号，方便校验。

5.2.2 风管布置

视频 5.2.2
风管布置

我们仍旧以公安局地下二层通风系统为例，进行通风系统风管布置。在地下二层中，有送风系统和排风系统，其中排风管尺寸有 2000mm×320mm、1600mm×320mm、1400mm×320mm、1250mm×320mm、1000mm×320mm、800mm×320mm、800mm×250mm、1100mm×630mm、630mm×800mm 等，送风管尺寸有 1500mm×320mm、1250mm×500mm 等，风管采用优质镀锌钢板制作。

1. 属性定义

在暖通专业模块下，双击属性工具栏空白处，或单击“”按钮，或单击菜单“属性”—“属性定义”，软件弹出构件“属性定义”界面，如图 5.2.4 所示。

选择“风管”标签，在“构件列表”下拉列表中选择“送风管”，单击“增加”，在“构件定义”对话框中对风管的材质、截面形状、壁厚、接口形式、保温材料、保温厚度等进行定义。根据本工程施工总说明，地下二层送风管的材质为镀锌钢板，保温材料为玻璃棉，保温厚度为30mm，法兰连接，截面形状为矩形，截面尺寸有 1500mm×320mm、1250mm×500mm 等，根据截面尺寸得出风管壁厚为 1mm。在图形显示区可对截面尺寸进行编辑。

排风管的属性定义同送风管。

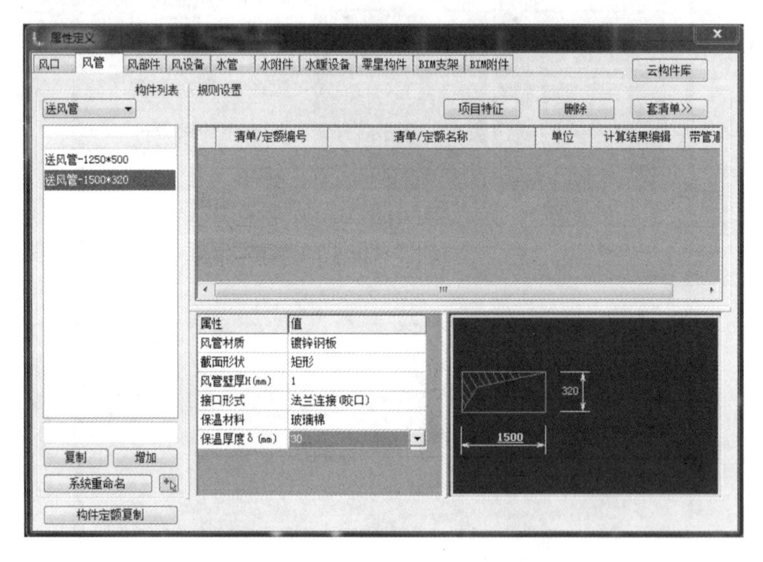

图 5.2.4 构件“属性定义”界面

2. 风管布置

风管布置可采用手动布置与转化布置两种。

(1)手动布置

单击左边中文工具栏“风管”下的“水平风管”图标，软件弹出如图 5.2.5 所示对话框。

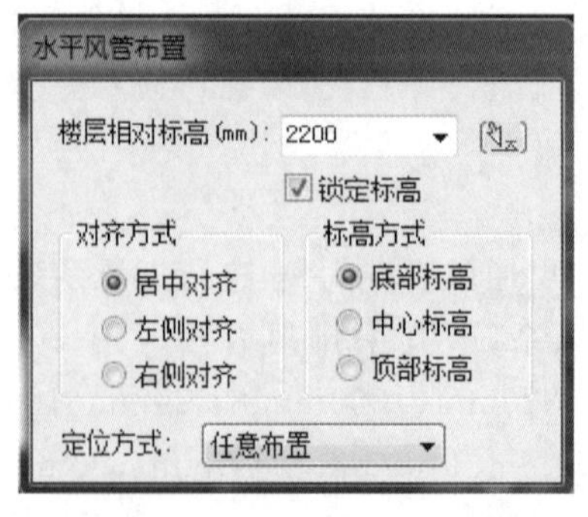

图 5.2.5 “水平风管布置”对话框

根据地下二层通风平面图，风管标高为 H+2.2m，则输入楼层相对标高 2200mm，也可以单击后面的“标高提取”按钮自动提取。风管对齐方式有居中对齐、左侧对齐、右侧对齐，选择居中对齐。标高方式也有底部标高、中心标高、顶部标高，选择底部标高。定位方式有任意布置、墙角布置、沿线布置，选择任意布置。

单击选取左边属性工具栏中要布置的风管的种类“送风管”，选择“送风管 1500 * 320”，再选择系统编号“通风系统”，命令行提示“指定第一点【选参考点(R)】”，按照提示在绘图区域内，选择风管起点中心点；再根据提示指定下一点，软件自动生成水平风管；布置完毕后右击，弹出右键菜单，选择“取消”并退出命令。

(2)转化布置

在暖通专业下，选择菜单“CAD 转化”—“转化风管”命令或直接单击快捷键按钮，如图 5.2.6 所示。

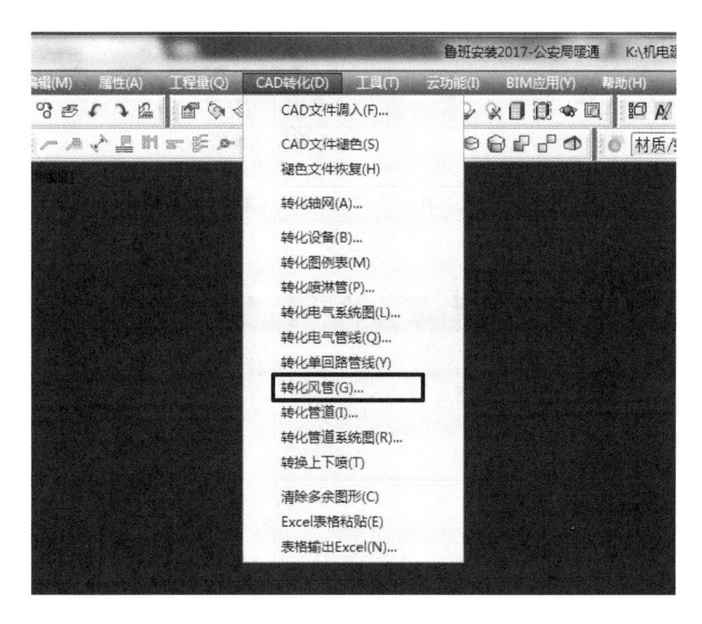

图 5.2.6　菜单选择

出现“选择转化图层”对话框，如图 5.2.7 所示。转化范围：默认为“整个图形”。

最大合并距离：指软件自动将同线方向的两条管线合并时允许的最大距离，按默认值 1000mm。

选择风管边线：单击“提取边线”，对话框消失，命令行提示“选择需转化的风管”，在图形操作区单击选择一根风管，右击确认，回到该对话框，提取的图层会显示在下方列表内。

选择风管标注：单击“提取标注”，对话框消失，在图形操作区单击选择一根风管的标注，右击确认，回到该对话框，提取的标注图层会显示在下方列表内。

删除：选择已提取的管线图层，或标注图层，单击“删除”，即删除该图层。

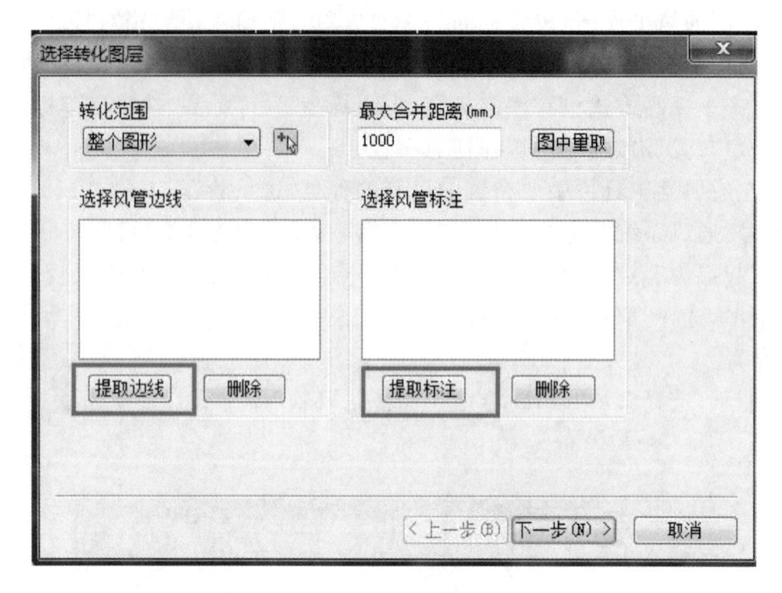

图 5.2.7 “选择转化图层”对话框

依次提取边线与标注，提取好后单击“下一步”，软件开始分析回路，弹出对话框，如图 5.2.8所示。

图 5.2.8 分析回路

反查回路位置：选中其中一条回路，单击“反查回路位置”按钮，软件返回绘图界面，高亮闪烁，显示反查到的风管。

修改风管类型：选择好需要修改的风管类型，再单击“修改风管类型”按钮，弹出如图 5.2.9 所示对话框，在此对话框中修改。

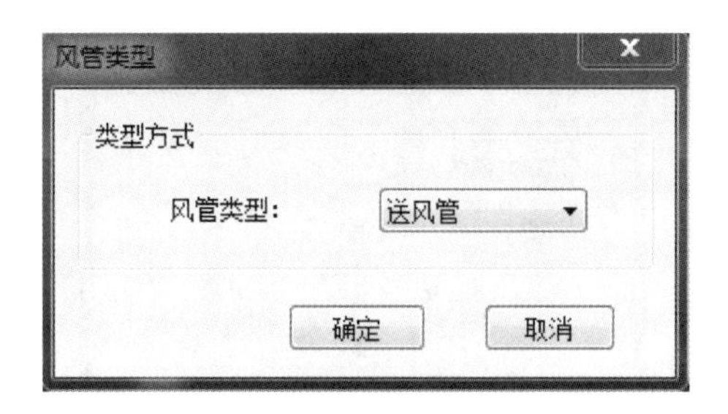

图 5.2.9 修改风管类型

系统编号:选中系统编号栏,弹出“选择系统编号”对话框,如图 5.2.10 所示。选取相应系统编号,单击“确定”,完成系统编号修改。

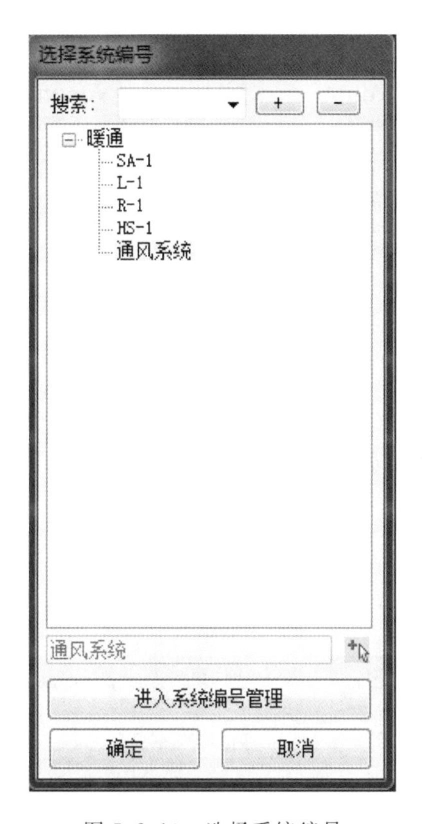

图 5.2.10 选择系统编号

修改风管信息:选中风管信息,单击“修改风管信息”按钮,弹出“风管信息”对话框,如图 5.2.11所示。回路(1)风管楼层相对标高为 2200mm,直接输入即可。风管标高方式有管底标高、中心标高、管顶标高,在下拉菜单中选择,本回路风管标高方式为管底标高。地下二层风管转化信息如图 5.2.12 所示。

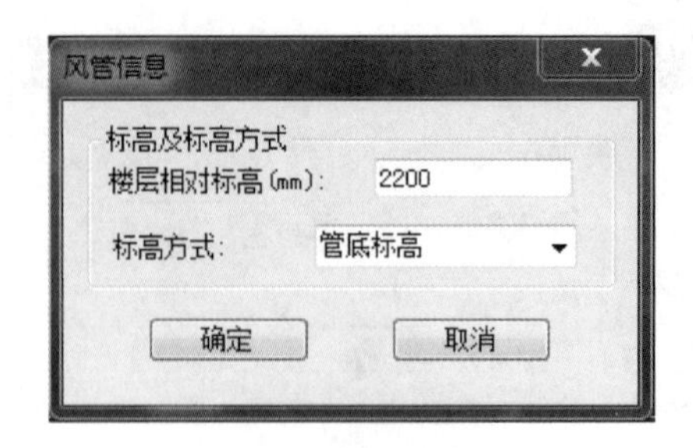

图 5.2.11 “风管信息”对话框

图 5.2.12 地下二层风管转化信息

清除风管信息:单击此命令可清除所在行的回路的风管信息,直接拉选,批量删除。

定义好后,单击“下一步”,弹出“风管属性定义”对话框,如图 5.2.13 所示。设置风管材质、壁厚、接口形式、保温厚度等。

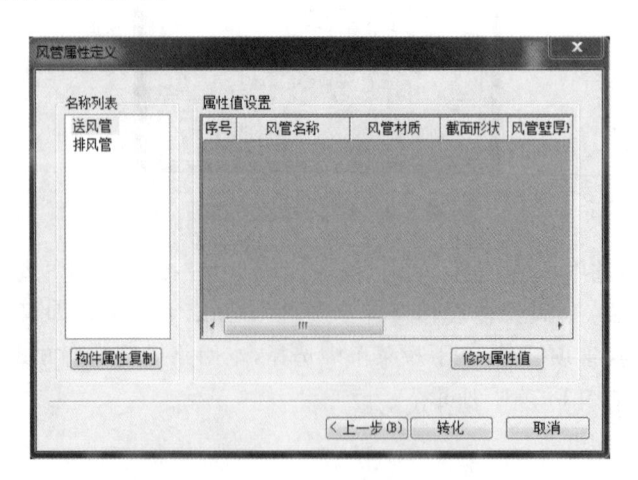

图 5.2.13 “风管属性定义”对话框

构件属性复制:复制风管信息到其他风管,如图 5.2.14 所示。

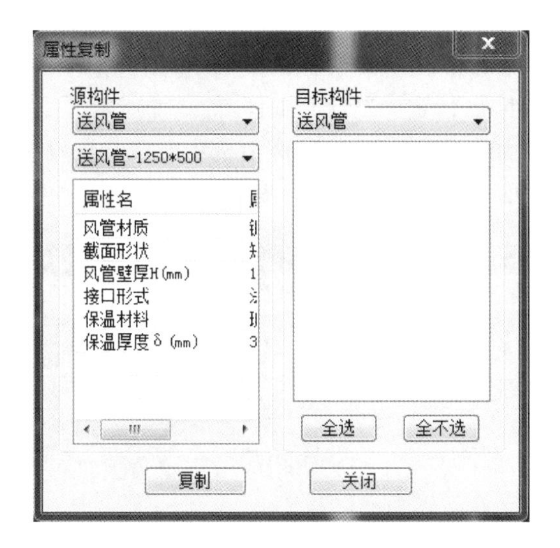

图 5.2.14　属性复制

风管属性定义好后,单击“关闭”按钮,软件回到如图 5.2.13 所示“风管属性定义”界面,单击“转化”,完成风管转化。转化后需检查是否有风管未转化成功,如有,需手动绘制。

【提示】

对于不同标高的水平风管,其布置方法与给排水专业的水平管布置类似。单击“布置水平风管”命令,定义好起点标高,直接在对话框里面修改,然后在绘图区域内单击一点,再在对话框中定义终点标高(不退出命令的情况下),单击指定下一点,软件会自动弹出浮动式对话框,如图 5.2.15 所示。

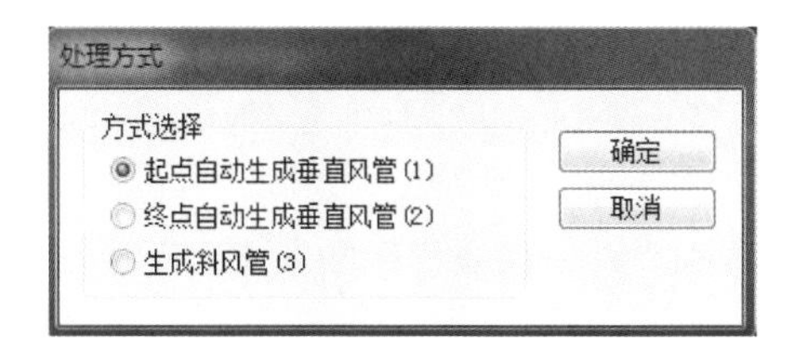

图 5.2.15　处理方式选择

【讨论与练习】

1. 垂直风管如何布置?
2. 选择布风管与任意布风管有哪些区别?

5.2.3　风口布置

视频 5.2.3
风口布置

我们仍旧以公安局地下二层通风系统为例,进行通风系统风口布置。在地下口类型主要有:送风口,尺寸规格 1200mm×1200mm,平布;吸风口(排风口),尺寸规格 800mm×250mm,10 个,尺寸规格 800mm×200mm,18 个,侧布;消防补风风口,尺寸规格 1250mm×500mm, 1 个,侧布;防火百叶风口,尺寸规格

1500mm×1500mm，1个，侧布。

1.属性定义

在暖通专业模块下，双击属性工具栏空白处，或单击“”按钮，或单击菜单“属性”—“属性定义”，软件弹出构件“属性定义”界面，如图5.2.16所示。

选择“风口”，单击“增加”，在“构件定义”对话框中对风口的材质、类型、材质、重量等进行定义。在图形显示区，可对属性值直接进行编辑。

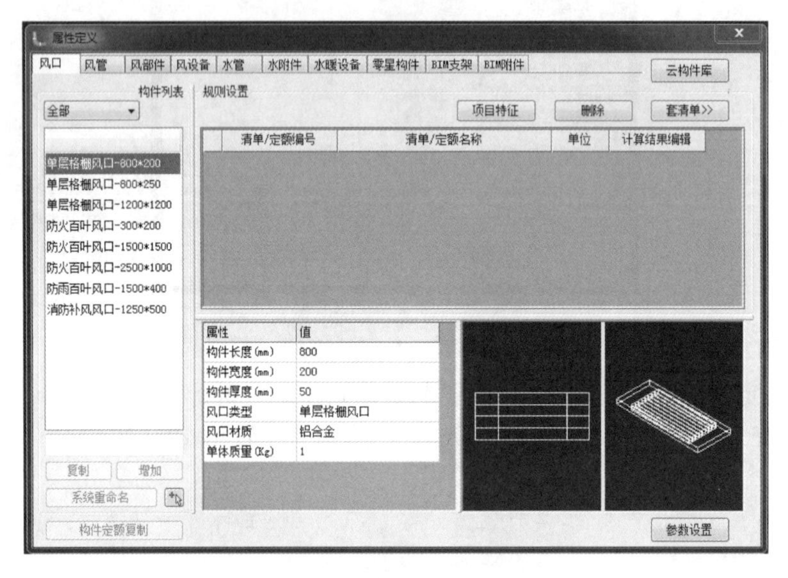

图5.2.16 “属性定义”界面

2.风口布置

风口布置可采用手动布置与转化布置两种。我们以送风口1200mm×1200mm为例，进行风口布置。

(1)手动布置

我们单击左边中文工具栏中“风口设备”下的“任布风口”图标，软件弹出“任布风口”对话框，如图5.2.17所示。

图5.2.17 “任布风口”对话框

构件旋转：根据地下二层通风平面图，送风口为平布风口；角度，输入风口的旋转角度，角度遵循逆时针为正值，顺时针为负值的原则，软件默认值为0；读风管，对平面风口没有影响。

风口标高：可直接输入参数进行设定，也可以点击后面的标高提取按钮自动提取，本风口在管底布置，所以我们选择“读取标高—管底标高”。

单击选取左边属性工具栏中要布置的风口的种类“送风口”，选择“单层格栅风口1200mm*1200mm”，再选择系统编号“通风系统”，命令行提示“指定插入点【切换布置模式(D)】”，按照提示在绘图区域内选择风口中心点进行布置，按照命令行提示可连续单击布置风口；布置完一种风口后，不退出命令，可以在属性工具栏重新选择构件名称再布置；布置完毕后右击，弹出右键菜单，选择“取消”并退出命令。

【提示】

侧面风口布置方式同平布风口，选择“侧布风口”后，角度、标高选项为不可选，直接默认风管的中心标高，如图5.2.18所示。选择风管边线的插入点，单击，即可完成布置。

图5.2.18　侧布风口

(2)转化布置

在暖通专业下，选择菜单“CAD转化”—“转化设备”命令或直接单击快捷键按钮。转化布置方式同“通风设备”。

【提示】

风口手动布置除了任意布置外，结合工程实际可采用沿线布置、矩形布置、扇形布置等方式，进一步提高建模速度。

(1)沿线布置

该命令用于沿一条直线或弧线均匀布置所选取的风口。单击左边中文工具栏中的“沿线布风口”图标，软件属性工具栏自动跳转到“风口—送风口”构件中，并弹出“沿线布风口”对话框，如图5.2.19所示。

布置模式：根据工程实际选择平布风口或侧布风口。

布置数量：用于确定沿线所需布置的风口数量，可直接在该编辑框中输入。

距边距离：用于确定风口离所定义的直线两端的距离。

楼层相对标高：相对于本层楼地面的高度，可以直接输入参数进行调整，也可单击后面

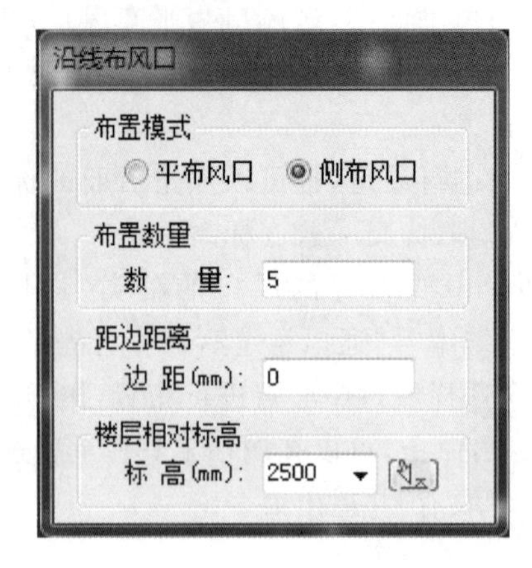

图 5.2.19 “沿线布风口”对话框

的“标高提取”按钮自动提取，但该按钮只能提取 X 方向的构件的标高参数，Y 方向如垂直管线的标高参数不能读取。

单击选取左边属性工具栏中要布置的风口的种类，命令行提示见表 5.2.1。

表 5.2.1 命令行提示及意义

提示	意义
请选择直线、弧线【D—自行绘制】:	单击选择要布置风口的弧线或直线
请选择直线、弧线【D—自行绘制】:d	选择自行绘制的方式来布置
第一点【R—选参考点】:	确定自行绘制方式下的第一点位置
确定下一点【A—圆弧】＜回车结束＞:	确定自行绘制方式下的下一点位置
确定下一点【A—圆弧】＜回车结束＞:a	确定自行绘制方式下的弧线绘制模式
确定圆弧的中间一点：指定圆弧的起点或【圆心(C)】:	确定弧线中间点位置
指定圆弧的第二个点或【圆心(C)/ 端点(E)】:	确定弧线下一点位置
指定圆弧的端点:	确定弧线端点位置

确定好风口的起点位置后，软件在该直线或弧线内自动布置。

布置完一种风口后，不退出命令，重新选择构件名称再布置；布置完毕后右击，弹出右键菜单，选择“取消”并退出命令。

(2)矩形布置

此命令在平面图中由用户拉出一个矩形框并在此框中绘制风口。单击左边中文工具栏中的“矩形平布”图标，软件属性工具栏自动跳转到“风口—送风口”构件中，并弹出“矩形平布”对话框，如图 5.2.20 所示。

布置数量：行数，矩形框中要布置的风口行数，可直接输入；列数，矩形框中要布置的风口列数，可直接输入；角度，风口绘制时的旋转角度，逆时针为正值，顺时针为负值，默认值为 0。

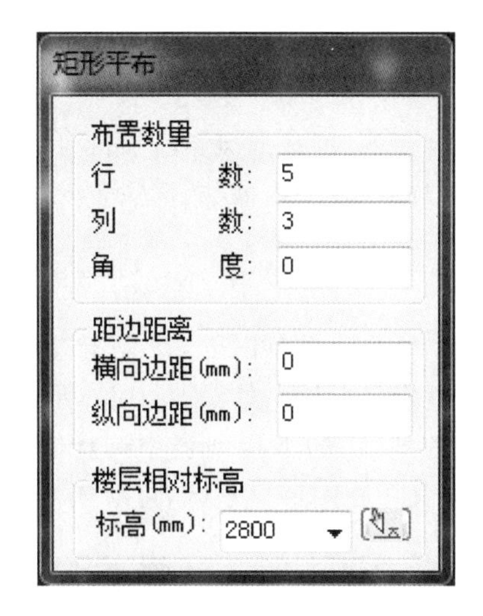

图 5.2.20 “矩形平布”对话框

距边距离:风口离矩形边框边缘的距离。

楼层相对标高:相对于本层楼地面的高度,可以直接输入参数进行调整,也可单击后面的“标高提取”按钮自动提取,但该按钮只能提取 X 方向的构件的标高参数,Y 方向如垂直管线的标高参数不能读取。

(3)扇形布置

单击左边中文工具栏中的“扇形平布”图标,软件属性工具栏自动跳转到“风口—送风口”构件中,并弹出“扇形平布”对话框,如图 5.2.21 所示。

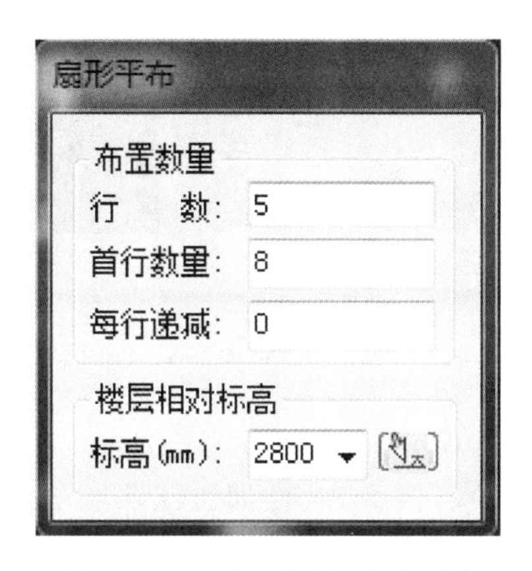

图 5.2.21 “扇形平布”对话框

布置数量:行数,直接输入扇形区域内要布置的风口的行数;首行数量,直接输入扇形区域内第一行的风口个数;每行递减,输入下一行相对上一行递减的风口个数。风口间距根据所布风口个数自动调整。

楼层相对标高:相对于本层楼地面的高度,可以直接输入参数进行调整,也可单击后面的“标高提取”按钮自动提取,但该按钮只能提取 X 方向的构件的标高参数,Y 方向如垂直管线的标高参数不能读取。

5.2.4　风部件布置

视频 5.2.4
风部件布置

以公安局地下二层通风系统为例，进行通风系统风部件布置。在地下二层中，风部件主要有风阀、风法兰、静压箱、消声器等。

1. 风阀

(1)属性定义

在暖通专业模块下，双击属性工具栏空白处，或单击“”按钮，或单击菜单“属性”—“属性定义”，软件弹出构件“属性定义”界面，如图 5.2.22 所示。

选择“风部件”标签，在“构件列表”的下拉列表中选择“风阀”，单击“增加”，在“构件定义”对话框中对风阀类型进行定义。在图形显示区，可对属性值直接进行编辑。

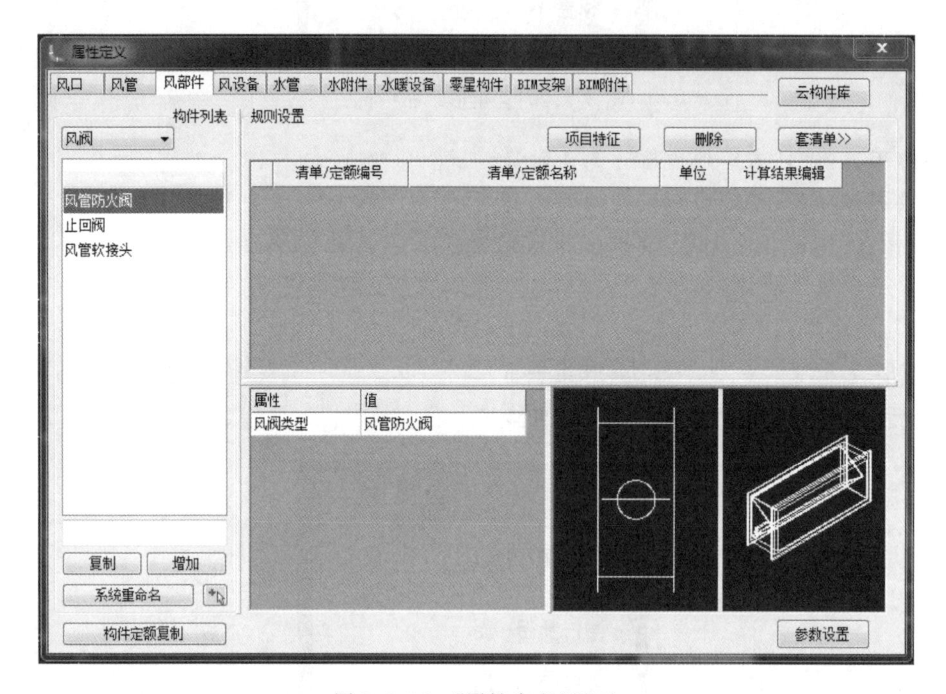

图 5.2.22　“属性定义”界面

(2)风阀布置

单击中文工具栏中的“风阀”图标，软件属性工具栏自动跳转到“风部件—风阀”中。选择要布置的风阀名称及系统编号，同时命令行提示“请选择需要布置部件的风管”，选择要布置风阀的风管，按照命令行提示单击要布置风阀的位置。

【提示】

在垂直风管上布置风阀时，在选择要布置风阀的风管后会弹出“布风阀”对话框，如图 5.2.23所示。

楼层相对标高：相对本层楼地面的标高，可以直接在对话框里面定义。

风阀长度：软件默认风阀长度查表，不可以修改；如果取消勾选“查表”，可直接修改风阀长度。

图 5.2.23 “布风阀”对话框

定义好标高后，选择插入点，单击布置即可。

2.风法兰

(1)属性定义

在暖通专业模块下，双击属性工具栏空白处，或单击“”按钮，或单击菜单“属性”标签，在“构件列表”下拉列表中选择“属性定义”，软件弹出构件“属性定义”界面。

选择“风部件”标签，在“构件列表”下拉列表中选择“风法兰”，点击“增加”，在“构件定义”对话框中对风法兰片数、规格等进行定义。在图形显示区，可对属性值直接进行编辑。

(2)风法兰布置

单击中文工具栏中的“风法兰”图标，软件属性工具栏自动跳转到“风部件—风法兰”中。选择要布置的风法兰名称及系统编号，同时命令行提示“请选择需要布置部件的风管”，选择要布置风法兰的风管，按照命令行提示单击要布置风法兰的位置。

【提示】

为提高建模速度，风法兰除了手动布置外，还可以选择直接生成。

单击左边中文工具栏中的“生成风法兰”图标，软件弹出“生成风法兰”对话框，如图5.2.24所示。

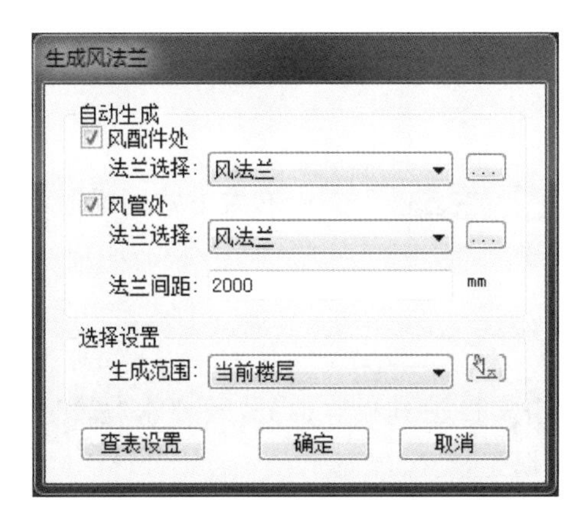

图 5.2.24 “生成风法兰”对话框

法兰选择：下拉选项中支持选择构件属性中的风法兰构件，后面的“...”按钮的作用是进入构件“属性定义”界面。

法兰间距：直风管上法兰自动生成的间隔距离，默认为2000mm。

生成范围：默认为当前楼层。后面的"[选择]"按钮为选择构件，此处的选择构件应仅支持同一小类构件之间的选择，且支持同系统、同名构件的选择。当单击选择构件的按钮后，生成范围将改为"选择当前"。

单击"查表设置"按钮，弹出"查表设置"对话框，如图5.2.25所示。参数设置好后单击"确定"按钮，软件根据设置参数在平面图上自动生成风法兰。

图5.2.25 "查表设置"对话框

3. 消声器

(1)属性定义

在暖通专业模块下，双击属性工具栏空白处，或单击"[属性定义]"按钮，或单击菜单"属性"—"属性定义"，软件弹出构件"属性定义"界面。

选择"风部件"标签，在"构件列表"下拉列表中选择"消声器"，单击"增加"，在"构件定义"对话框中对消声器的长度、高度、宽度、规格、类型等进行定义。在图形显示区，可对属性值直接进行编辑。

(2)消声器布置

单击中文工具栏中的"其它部件"图标，布置方式同暖通专业"布法兰"。

静压箱布置同消声器。

4. 导流片

(1)属性定义

在暖通专业模块下，双击属性工具栏空白处，或单击"[属性定义]"按钮，或单击菜单"属性"—"属性定义"，软件弹出构件"属性定义"界面。

选择"风部件"标签，在"构件列表"下拉列表中选择"导流片"，单击"增加"，在"构件定义"对话框中对导流片的类型、面积等进行定义。

(2)导流片布置

单击中文工具栏中的"导流片"图标，在属性工具栏中选择导流片类型，命令行提示

“请选择风管配件”。选择好风管配件之后，命令行提示“请指定导流片片数”，软件默认是 4 片，输入所需要的片数后右击，弹出右键菜单，选择“取消”并退出命令。

导流片也可选择自动生成功能，单击中文工具栏中的“生成导流片”图标，弹出“生成导流片”对话框，如图 5.2.26 所示。参数设置好后单击“确定”按钮，软件根据设置参数在平面图上自动生成导流片。

图 5.2.26 “生成导流片”对话框

5. 风帽

(1)属性定义

在暖通专业模块下，双击属性工具栏空白处，或单击“”按钮，或单击菜单“属性”—“属性定义”，软件弹出构件“属性定义”界面。

选择“风部件”标签，在“构件列表”的下拉列表中选择“风帽”，单击“增加”，在“构件定义”对话框中对风帽的类型、材质、规格等进行定义。在图形显示区，可对属性值直接进行编辑。

(2)风帽布置

单击中文工具栏中的“风帽”图标，在属性工具栏中选择风帽类型，单击需要布置风帽的风管，弹出“布置风帽”对话框，如图 5.2.27 所示。

图 5.2.27 “布置风帽”对话框

楼层相对标高：相对本层楼地面的标高，可以直接在对话框里面定义。

短立管：取消勾选“自动生成短立管”，短立管选择框变灰，按软件默认的生成；勾选“自动生成短立管”，短立管可以选择，如果下拉选择中没有选项，点击“...”按钮进入构件“属性定义”对话框，定义之后再选择，如图 5.2.28所示。

选择好后，命令行提示“请选择插入点”，按提示在风管上选择一点即可。该命令可循环执行。布置完毕后右击，退出命令。

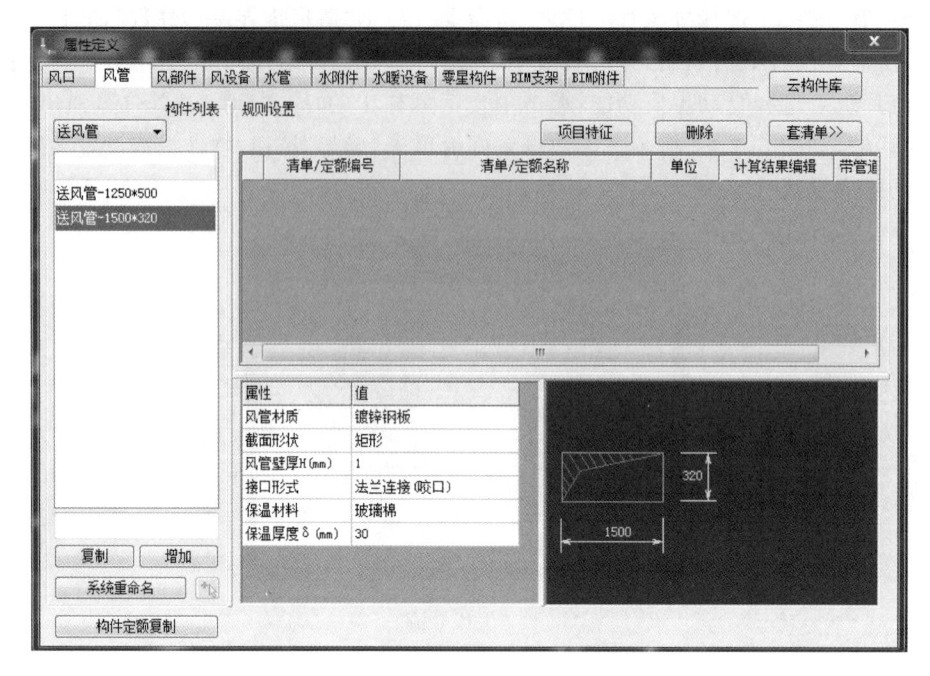

图 5.2.28 “属性定义”界面

5.2.5 风管配件布置

视频 5.2.5
风管配件
布置

风管配件主要包括弯头、三通、四通、大小头、来回弯等。风管配件布置可以采用手动布置、工程生成、楼层生成、选择生成等方式。

1. 手动布置

(1)弯头

单击中文工具栏中的“弯头”图标，命令行提示“选择第一根风管”，选取需布置弯头的一根风管；命令行提示“选择第二根风管”，选取与第一根中心线在同一水平平面的风管。选择完成后，软件按照“风管配件设置”中默认弯头形式生成弯头。

(2)三通

单击中文工具栏中的“三通”图标，命令行提示“选择第一根风管”，选取需布置三通的一根风管；命令行提示“选择第二根风管”，选取第二根风管；命令行提示“选择第三根风管”，选取第三根风管。选择完成后，软件按照“风管配件设置”中默认三通形式生成弯头。

(3)四通

单击中文工具栏中的“四通”图标，布置方式同三通。

(4)大小头

单击中文工具栏中的“大小头”图标，命令行提示“选择第一根风管”，选取需布置大小头的一根风管；命令行提示“选择第二根风管”，选取第二根风管。选择完成后，软件弹出“大小头”对话框，如图 5.2.29 所示。

大小头长度：按工程实际输入参数即可。

图 5.2.29 “大小头”对话框

生成方式：有“按端面中心连线中点”“按大截面风管端面”“按两风管端面”三种方式，按需求选择即可。

最后单击“确定”按钮完成大小头布置。

(5)来回弯

单击中文工具栏中的“来回弯”图标，命令行提示“选择第一根风管”，选取需布置来回弯的一根风管；命令行提示“选择第二根风管”，选取第二根风管。选择完成后，软件弹出“来回弯”对话框，如图 5.2.30 所示。

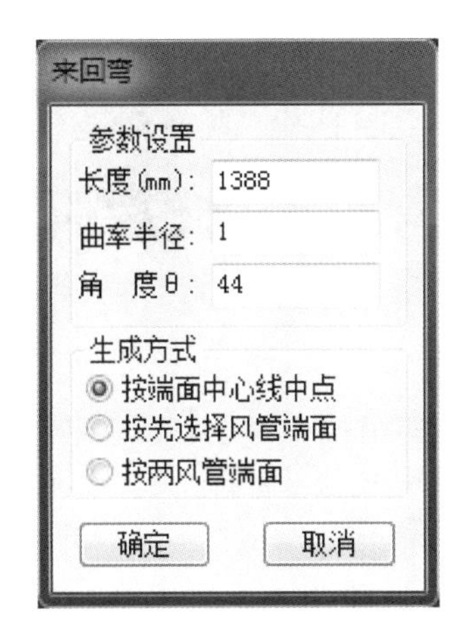

图 5.2.30 “来回弯”对话框

参数设置：包括长度、曲率半径、角度三个参数。这三个参数是联动的，给定其中一个参数，软件会自动计算得出其他两个参数。

生成方式：有“按端面中心连线中点”“按先选择风管端面”“按两风管端面”三种方式，按需求选择即可。

最后单击“确定”按钮完成来回弯布置。

(6)风管封头

单击中文工具栏中的“选布封头”图标，根据命令行提示选择要生成的风管，右击确定即可完成封头布置。

2. 工程生成

单击中文工具栏中的"工程生成"图标,软件会自动搜寻工程中所有的风管连接点,并按照风管连接方式自动生成相应的风管配件。

其中大小头按大风管端面形式自动生成,风管不相交时不能生成。大小头长度=风管宽度+200mm,当小端面风管长度小于大小头长度(风管宽度+200mm)时,不生成大小头。

3. 楼层生成

单击中文工具栏中的"楼层生成"图标,软件会自动搜寻本层楼层中所有的风管连接点,并按照风管连接方式自动生成相应的风管配件。

4. 选择生成

单击中文工具栏中的"选择生成"图标,根据命令行提示选择要生成的风管,右击确定即可。

【提示】

风管配件除了手动布置、工程生成、楼层生成、选择生成等布置方式以外,还可以随画风管随自动生成风管配件,在绘制前先进行选项设置。

单击菜单栏"工具"—"选项"—"配件",弹出选项设置对话框如图 5.2.31 所示。选择风管配件后单击"应用"—"确定"即可,在编辑修改后实时自动更新。

配件生成会自动修正删除之前生成不正确的配件,并建立新的配件维护系统,拖动相交自动生成新的配件,拖动分开自动改变或删除关联配件,规范风管配件生成范围,支持工程相对标高的垂直风管生成配件,支持侧边对齐的风管生成大小头。

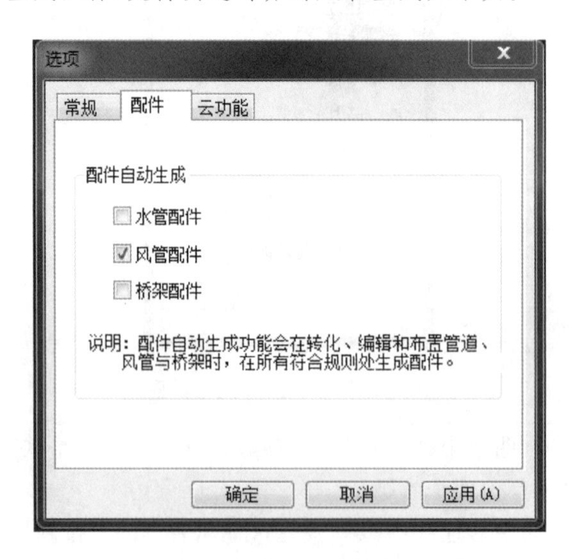

图 5.2.31 选项设置

5.2.6 通风系统 BIM 模型展示

单击工具栏中"本层三维"图标,即可查看本工程地下二层通风系统 BIM 模型,如图 5.2.32所示。

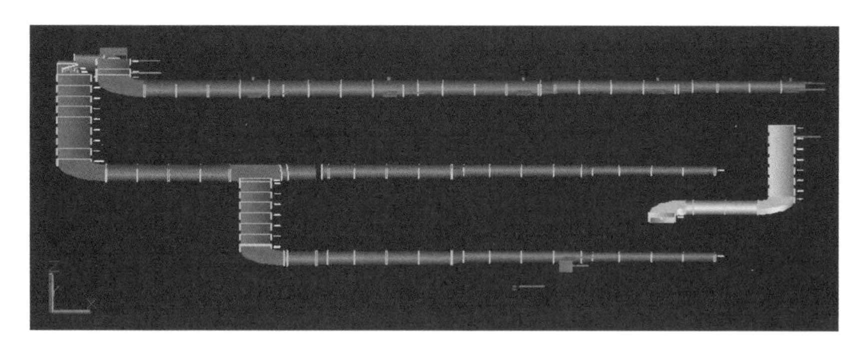

图 5.2.32　通风系统 BIM 模型

◎任务测试◎

任务 5.2 测试

◎任务训练◎

完成某公安局业务用房通风系统 BIM 建模。

任务 5.3　空调系统 BIM 建模

◎任务引入◎

空气调节是指为满足生活、生产或工作的需要，改善劳动卫生条件，用人工的方法使室内空气的温度、湿度、清洁度和气流速度达到一定要求的工程技术，简称空调。为使空气温度、湿度、清洁度和气流速度等参数达到一定的要求，所采用的一系列设备、装置的总体，称为空调系统。本公安局业务用房工程采用变冷媒流量小中央空调系统。本空调系统由变制冷剂流量空调机组（室外机）、变制冷剂流量空调机组（室内机）、风管系统、冷媒管系统、冷凝水管系统、风管系统等组成。

BIM 建模流程为：设备→风管系统→冷媒管系统→采暖系统。建模的顺序：先定义构件属性，再绘制平面图进行建模。

下面我们以公安局业务用房地上一层通风空调系统为例进行通风空调系统 BIM 建模。

◎任务实施◎

5.3.1　设备布置

通风空调设备主要包括风机、空气处理设备两大类。风机的布置在前面通风系统中已讲述，不再赘述，在这里主要讲解风机盘管、换气扇的布置。

1.风机盘管布置

视频 5.3.1 风机盘管布置

在暖通专业模块下，双击属性工具栏空白处或单击“ ”按钮，软件弹出构件“属性定义”界面。选择“风设备”标签，在“构件列表”的下拉列表中选择“风机盘管”，单击“增加”，在“构件定义”对话框中对构件的类型、规格、安装方式等进行定义。

本工程地上一层风机盘管规格如表 5.3.1 所示。

表 5.3.1　地上一层风机盘管规格

编　号	变冷媒流量空调室内机组型号规格	性能和参数	用电量(W) 1P220V	数　量	备　注
VRD100	MDV-D100T2/N1-C,风管暗藏型	制冷/热量:10.0/11.0kW	327	1	
VRD90	MDV-D90T2/DN1-C,风管暗藏型	制冷/热量:9.0/10.0	170	2	
VRD56	MDV-D56T2/N1-C,风管暗藏型	制冷/热量:5.6/6.3kW	110	8	
VRD45	MDV-D45T2/N1-C,风管暗藏型	制冷/热量:4.5/5.0kW	110	1	
VRD36	MDV-D36T2/N1-C,风管暗藏型	制冷/热量:3.6/4.0kW	66	7	
VRD28	MDV-D28T2/N1-C,风管暗藏型	制冷/热量:2.8/3.2kW	66	4	

风机布置可采用手动布置与转化布置两种。

(1)手动布置

单击左边中文工具栏中“通风设备”图标，选择已经定义好的风机盘管，直接输入楼层相对标高 2400mm，也可以单击后面的“标高提取”按钮 自动提取。在风机盘管位置插入风机盘管，如图 5.3.1 所示。

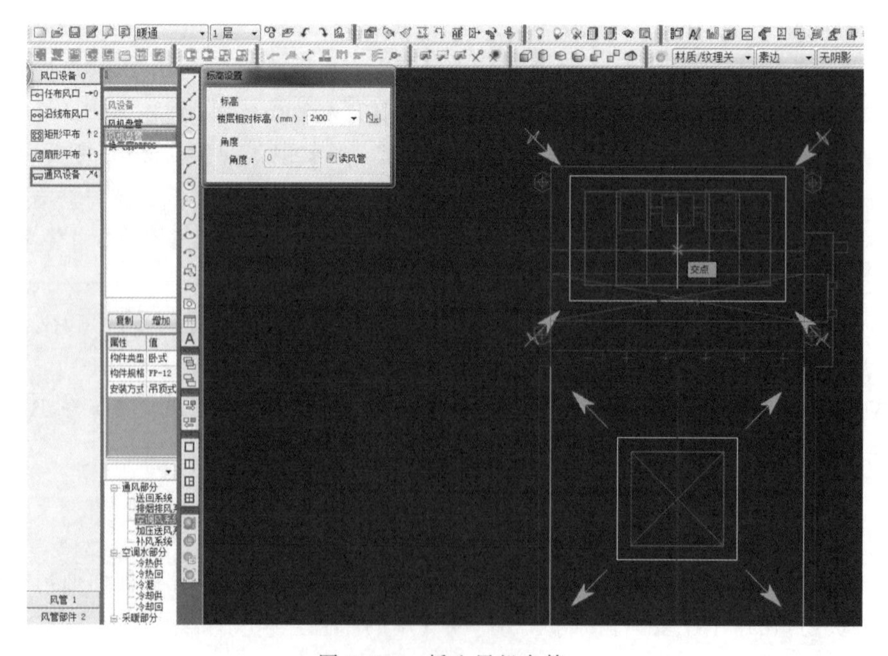

图 5.3.1　插入风机盘管

单击确定,风机盘管模型如图 5.3.2 所示。

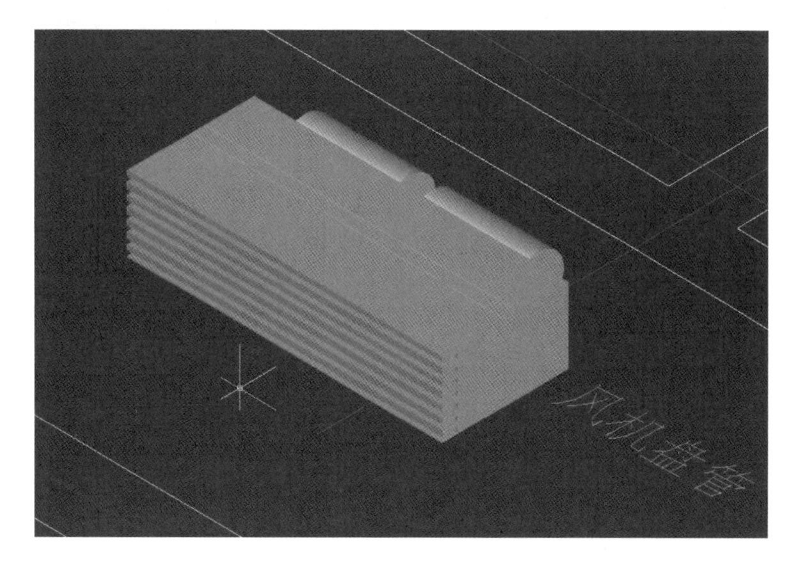

图 5.3.2 风机盘管模型

(2)转化布置

单击右侧工具栏中的“转化设备”按钮,软件弹出“批量转化设备”对话框。单击“提取二维”,软件自动转入绘图界面,光标变成小方框,单击 CAD 图形中的“风机盘管”,右击,选择插入点(中心点)。二维提取完成后,单击“选择三维”,页面跳转到“选择三维”页面,在页面上依次选择“风设备—风机盘管—风机盘管”,完成风机盘管三维模型选定。对构件、系统、标高及转化范围进行设置。需要增加构件,单击“增加”按钮,重复上述操作,继续提取其他构件。最后单击“转化”按钮完成风机盘管转化。

2. 换气扇布置

本工程一层通风空调系统中,换气扇编号为 DEF06,其规格为 FV-27CH9C,数量 4 个,为嵌入式,即换气扇安装位置为吊顶底,故换气扇底标高为吊顶标高 2400mm,换气扇的属性定义与“风机盘管”类似,这里不再赘述。

换气扇的布置可采用手动布置与转化布置两种,布置方式同“风机盘管”。

我们以转化布置为例进行一层换气扇布置。单击右侧工具栏中的“转化设备”按钮,软件界面弹出对话框。单击“提取二维”按钮,软件自动转入绘图界面,光标变成小方框,单击 CAD 图形中的换气扇,右击选择插入点(换气扇中心点)。二维提取完成后,软件会默认生成一个三维图形,我们也可以单击“选择三维”按钮进入图库选择对应图形,如图 5.3.3 所示。

构件设置:选择构件类型,手动定义构件名称,或单击“…”按钮在图纸中提取名称。本工程换气扇设置为:风设备—风机盘管—换气扇。

系统设置:系统选择排烟排风系统,也可以单击“…”按钮进行设置。

标高设置:因为本层吊顶高度为 2400mm,故换气扇标高设置为 2400mm。

转化范围:支持全部楼层转化、当前楼层转化和当前范围转化,我们根据需要选择“当前

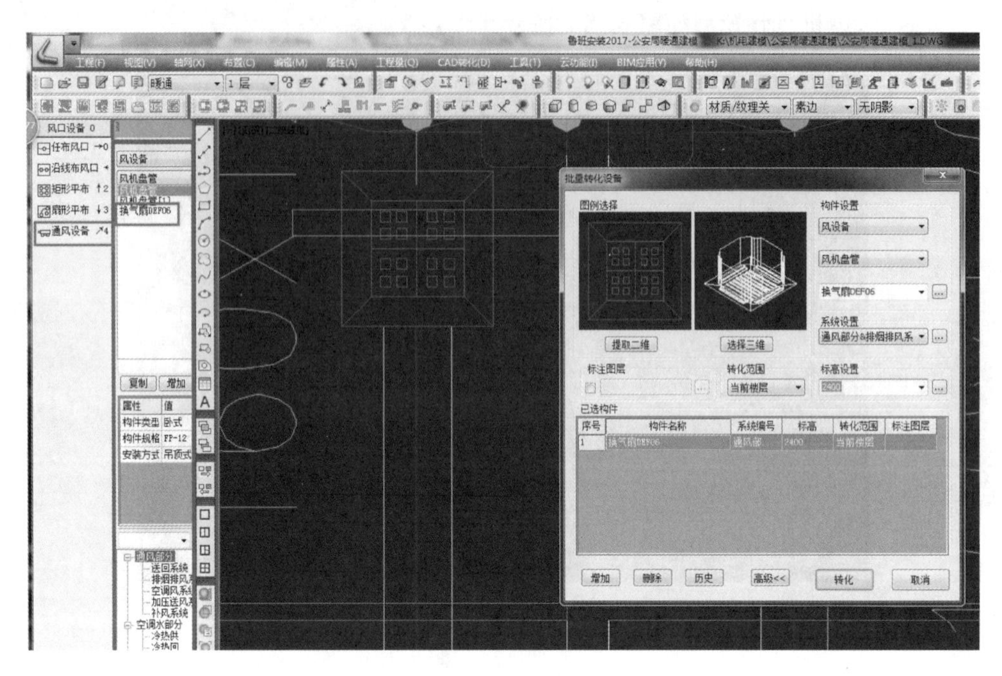

图 5.3.3　换气扇布置

楼层”转化。

标注图层：选中后，单击“…”按钮，可以选择构件标注的图层，转化时将标注信息加入构件名称中。

增加：需要增加构件，单击“增加”按钮，重复上述操作，继续提取其他构件。

各参数设置完成后单击“转化”按钮，开始换气扇的转化。转化后的效果如图 5.3.4 所示。

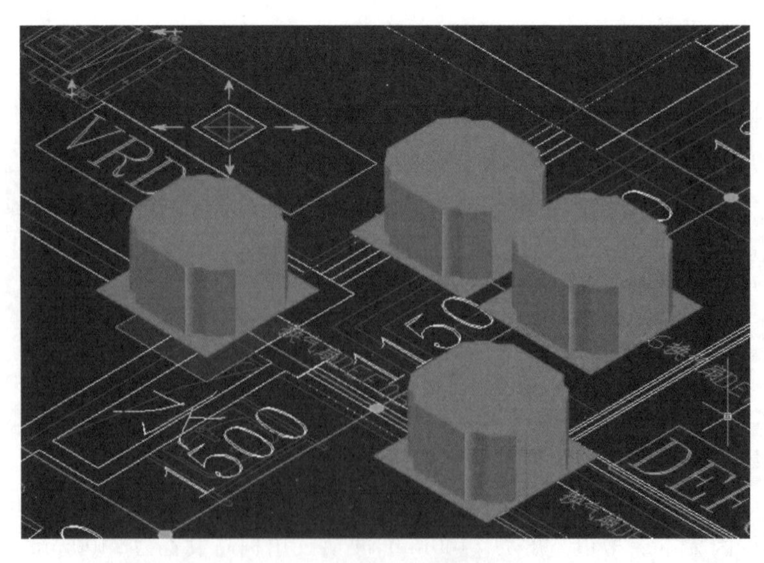

图 5.3.4　换气扇转化效果

【思考与练习】

如果换气扇布置时系统未选择排风排烟系统，如何在换气扇已布置完毕后调整系统为排风排烟系统？

5.3.2 风管系统布置

1. 风管布置

布置方式同第 5.2.2 小节通风系统的风管布置。

(1)转化风管

选择菜单“CAD 转化”—“转化风管”或直接单击快捷键“转化风管”按钮，如图 5.3.5 所示。

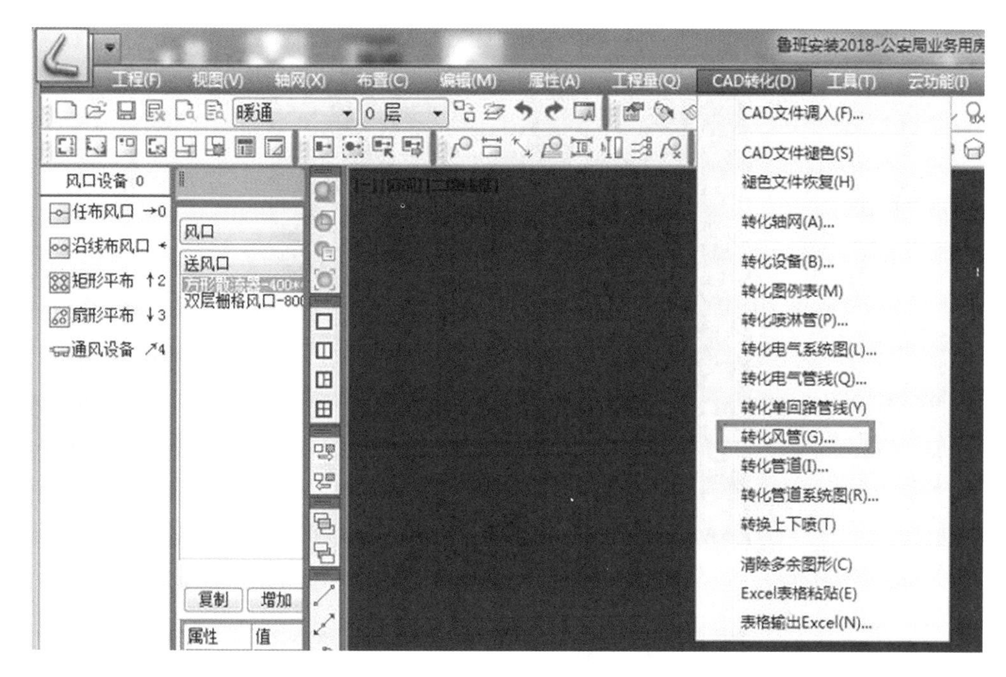

图 5.3.5 菜单选择

出现“转化风管”对话框，选择转化类型和转化方式，单击“下一步”，出现如图 5.3.6 所示对话框，依次提取边线与标注。

转化范围：默认为“整个图形”。

最大合并距离：指软件自动将同线方向的两条管线合并时允许的最大距离值，按默认值 1000mm。

选择风管边线：单击“提取边线”，对话框消失，命令行提示“选择需转化的风管”，在图形操作区，单击选择一根风管，右击确认，回到该对话框，被提取的图层显示在该对话框内。

选择风管标注：单击“提取标注”，对话框消失，在图形操作区，单击选择一根风管的标注，右击确认，回到该对话框，被提取的标注图层显示在该对话框内。

删除：选择已提取的边线图层或标注图层，单击“删除”，即删除该图层。

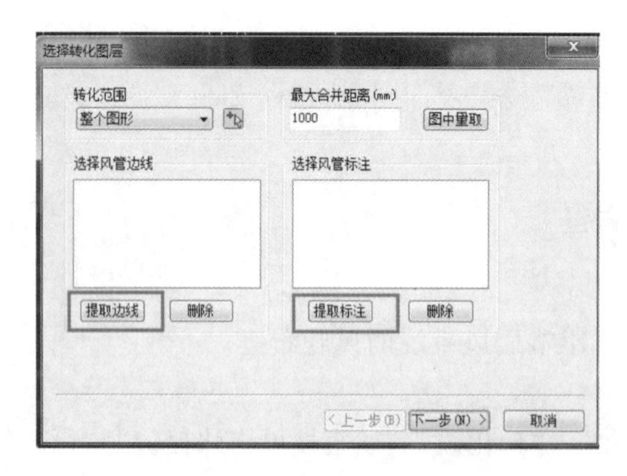

图 5.3.6 选择转化风管

提取风管边线如图 5.3.7 所示；提取标注如图 5.3.8 所示。

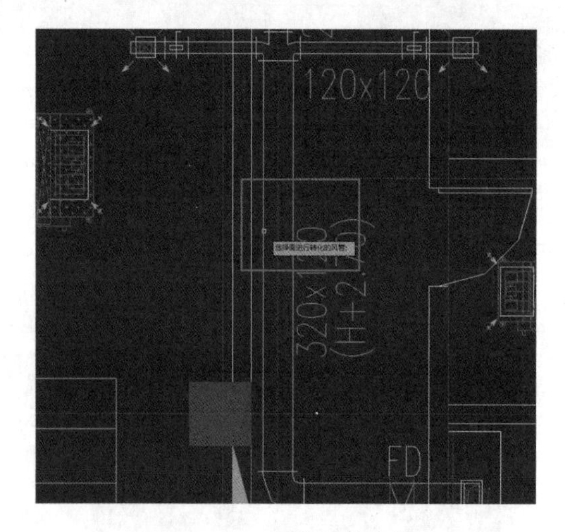

图 5.3.7 提取风管边线

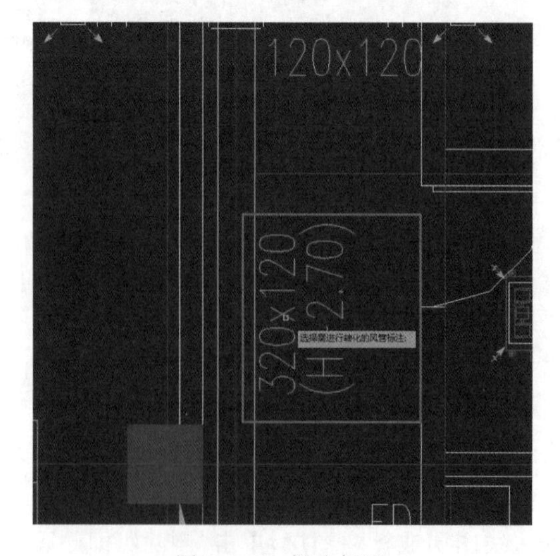

图 5.3.8 提取标注

单击“下一步”，出现如图 5.3.9 所示对话框，双击“风管信息”栏下的“回路(1)”后面的蓝色框，弹出“风管信息”对话框，填入标高 2700mm。

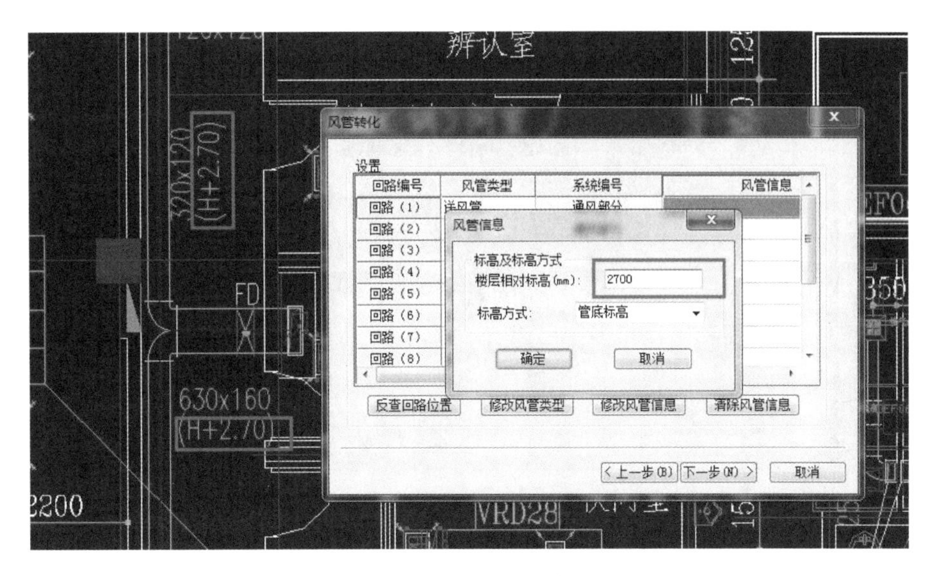

图 5.3.9　填写风管信息

单击“确定”，出现如图 5.3.10 所示对话框，依次双击各个回路后面的蓝色框，填入风管标高 2700mm。

图 5.3.10　依次填写风管标高

单击“下一步”，弹出如图 5.3.11 所示对话框。

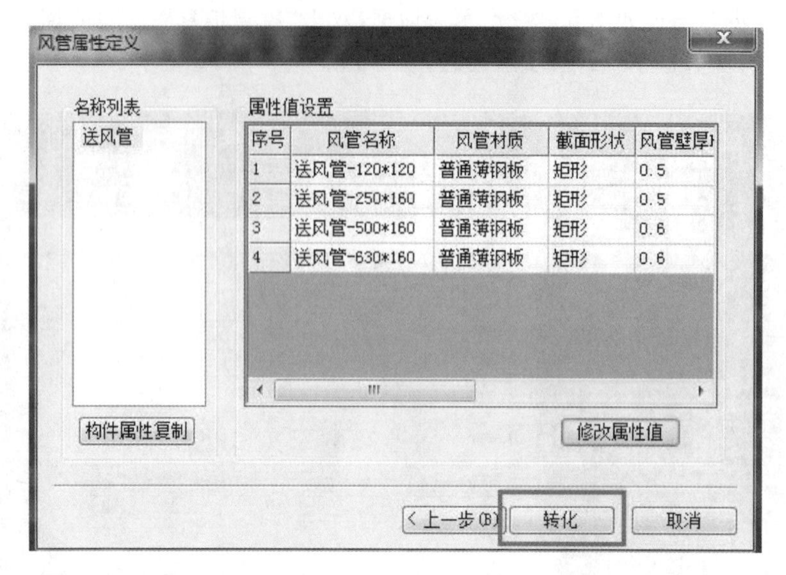

图 5.3.11 “风管属性定义”对话框

单击“转化”,转化完成后的风管模型如图 5.3.12 所示。

图 5.3.12 转化完成的风管模型

转化后需检查是否有风管未转化成功,如有需手动绘制。

(2)布置风管

本工程空调风管尺寸未在风管中标注,需阅读图纸材料设备表,可知 VRD56 风管尺寸为 900mm×200mm,选择布置风管的命令,如图 5.3.13 所示。

空调风管布置在吊顶内,故风管底标高为 2400mm。

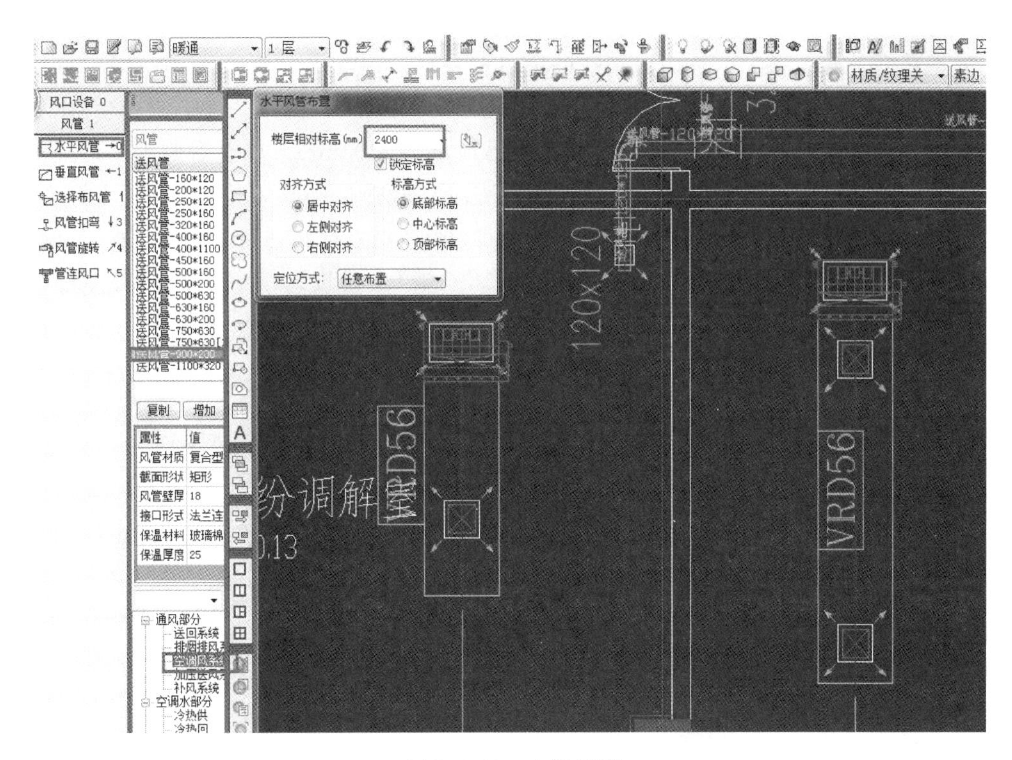

图 5.3.13　布置风管

【提示】

此时风管与风机盘管未连接，可用柔性软管将其连接，在“风管”下选择定义好的柔性软管进行布置。布置好的模型如图 5.3.14 所示。

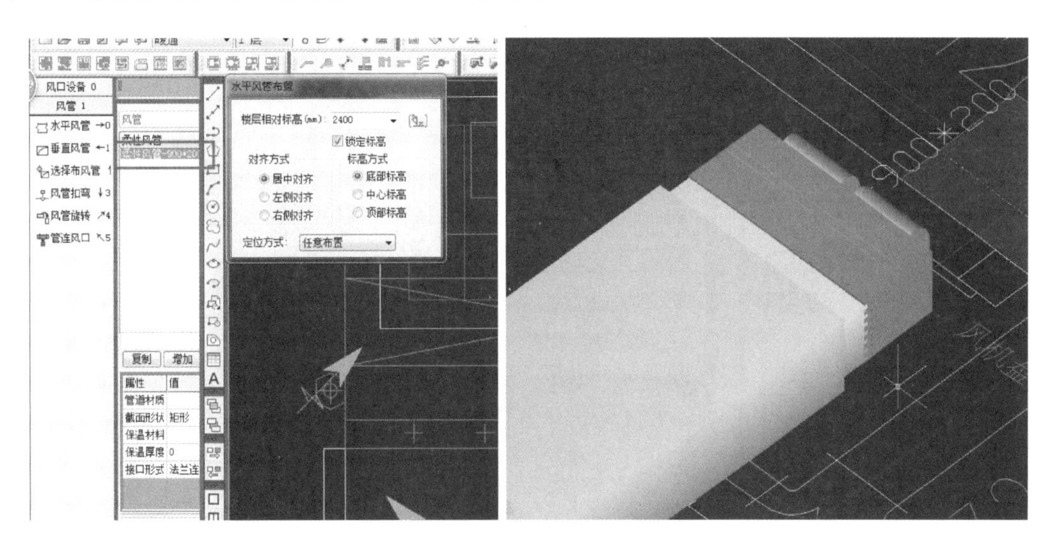

图 5.3.14　风管与风机盘管连接

2.风口布置

布置方式同第 5.2.3 小节通风系统的风口布置。

(1)转化风口

风口安装位置即吊顶底,故风口底标高为吊顶标高 2400mm。单击右侧工具栏“转化设备”按钮,软件弹出对话框。单击“提取二维”按钮,软件自动转入绘图界面,光标变成小方框,单击 CAD 图形中的风口,右击选择插入点(风口中心点)。二维提取完成后,软件会默认生成一个三维图形,我们也可以单击“选择三维”按钮进入图库选择对应图形,如图 5.3.15 所示。

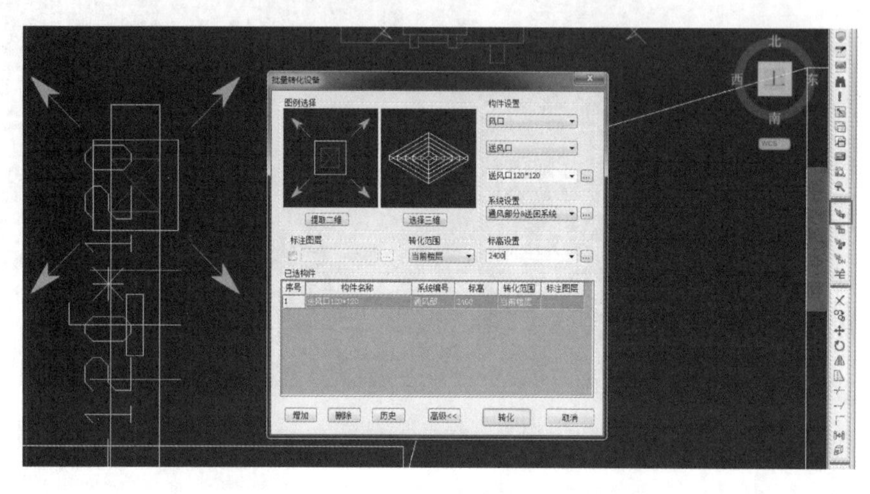

图 5.3.15 转化风口

(2)任布风口

选择风口设备下的“任布风口”,根据图纸材料设备表可知 VRD56 两个风口的尺寸为 240mm×240mm,选择“平布风口”,在绘图区风口位置插入风口即可,如图 5.3.16 所示。

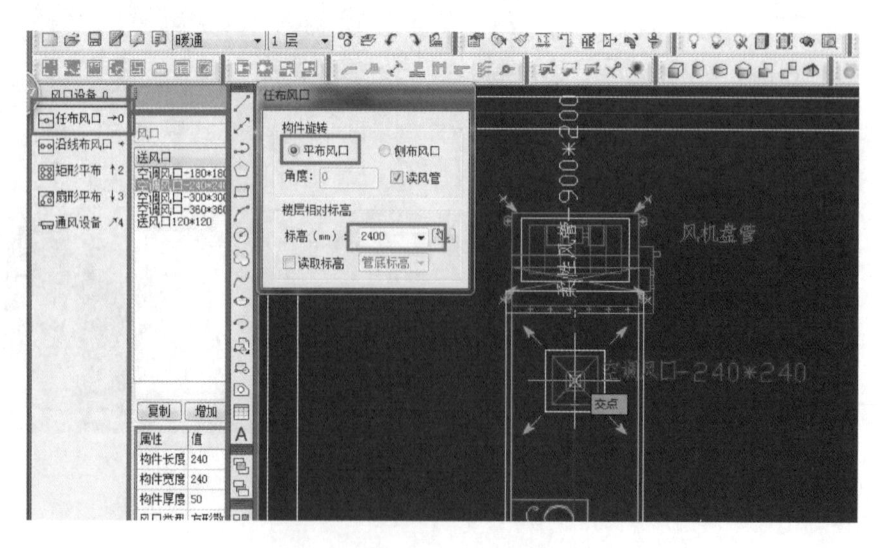

图 5.3.16 风口布置

【思考与练习】

如果风口布置完成后发现尺寸或其他信息有误，可用什么命令进行修改？

3. 风部件布置

(1)风阀布置

风管部件如阀门、法兰等为寄生构件，必须生成风管后才能布置。

单击“风管部件”—“风阀”按钮，选择要布置的阀门的名称，同时命令行提示“选择需要布置附件的管道：选择要布置阀门的风管”，按照命令行提示单击要布置阀门的位置，如图 5.3.17所示。

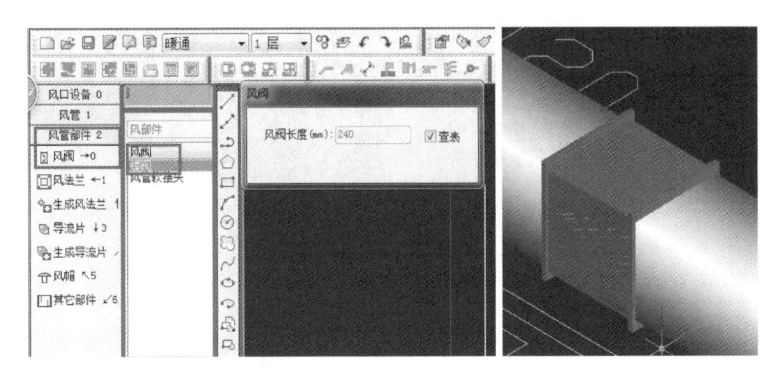

图 5.3.17　风阀布置

【思考与练习】

风阀布置时除了手动布置外还可采用什么方式布置？如何布置？

(2)选布封头

风管绘制完成后端口是敞开的，我们需在末端进行封堵。选择“风管配件”中的“选布封头”，单击选中需要封口的风管，右击确定，如图 5.3.18 所示。

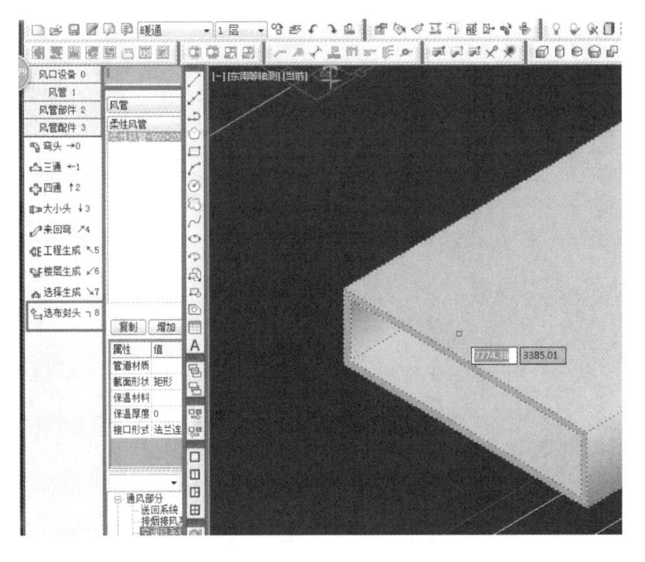

图 5.3.18　选布封头

(3)布置风管弯头等配件

手动绘制风管时，风管弯头、三通、大小头等配件需手动布置。在“风管配件”下选择“弯头”，光标变成小方框，依次单击选中需要布置弯头的两根风管，如图 5.3.19 所示，选中第二根风管后软件自动布置弯头。

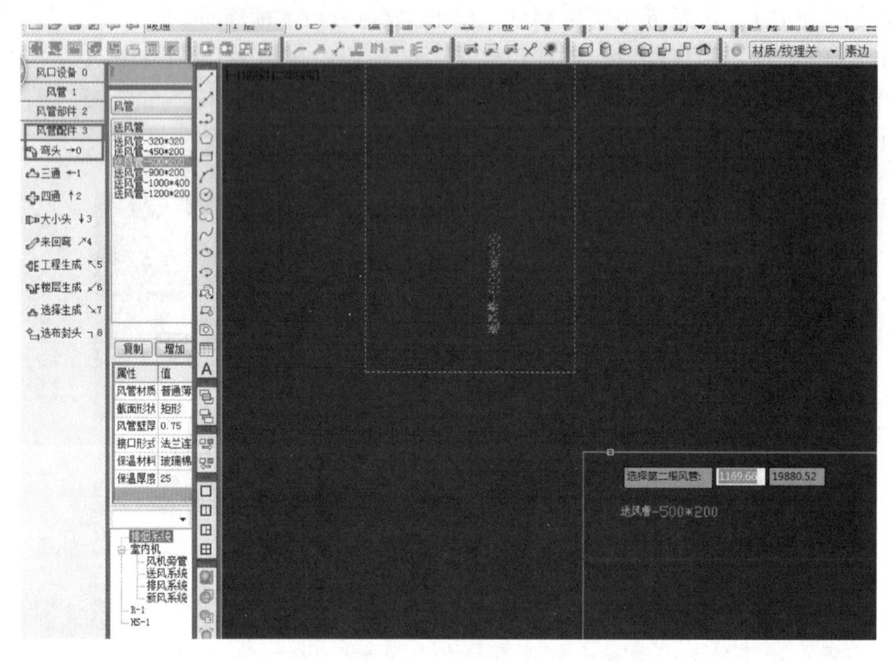

图 5.3.19　布置弯头

【提示】

风管在生成三通或大小头时，需要连接的所有风管的轴线必须相交于一点，否则将无法生成三通或大小头，如图 5.3.20 所示。

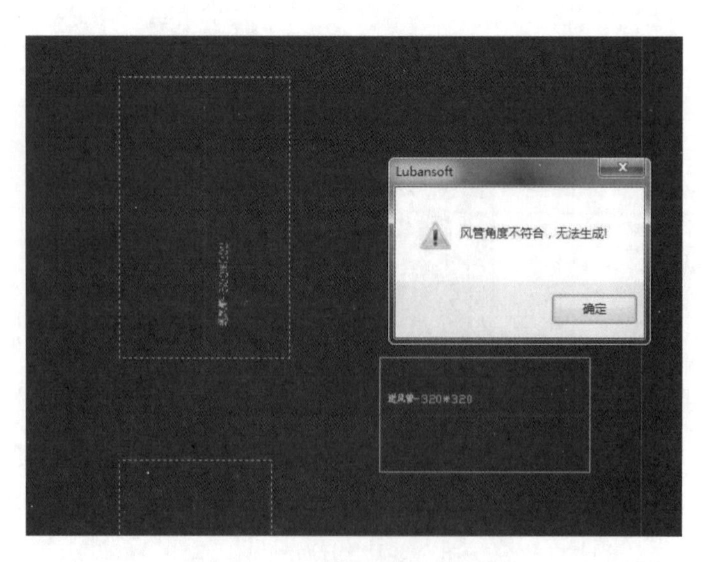

图 5.3.20　轴线不相交于一点

5.3.3 冷媒管系统布置

1. 水管布置

空调水管的布置与给排水工程中的水管布置方式相似，在暖通专业下“水管”命令下选择“水平管”，设定标高后进行冷凝管与冷媒管的绘制，如图 5.3.21 所示。

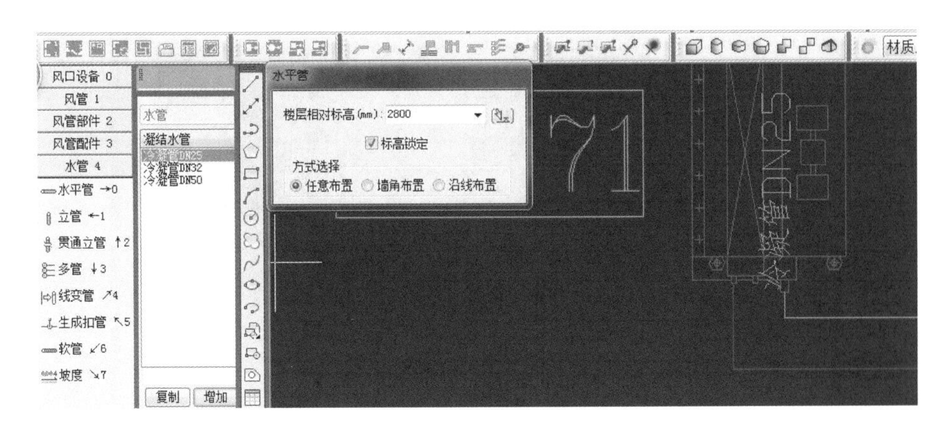

图 5.3.21　水管布置

2. 水管附件布置

空调水管附件的布置同给排水专业中的“水管附件”布置，在暖通专业“水管附件”命令下选择阀门、法兰、套管等附件进行布置。

3. 水管配件布置

空调水管配件的布置同给排水专业中的“水管配件”布置，在暖通专业“水管配件”命令下选择弯头、三通、四通等配件进行布置。

5.3.4 采暖系统布置

采暖就是用人工方法向室内供给热量，使室内保持一定的温度，以创造适宜的生活条件或工作条件的技术。采暖系统是由热源通过热风(管道)向热用户供应热能的系统，根据热媒种类可分为热水采暖系统、蒸汽采暖系统、热风采暖系统。该系统在我国北方使用较多。本工程位于上海，未采用采暖系统，主要利用空调系统进行温度调节。

室内采暖系统一般由供回水管道、附件及采暖设备等组成。采暖系统 BIM 建模流程为：设备→管道→附件。建模的顺序：先定义构件属性，再绘制平面图进行建模。

1. 采暖设备布置

(1)水暖设备

单击左边中文工具栏中的“水暖设备”图标，布置方式同暖通专业“通风设备”。

视频 5.3.2
地暖盘管
布置

(2)散热器

单击左边中文工具栏中的“散热器”图标，布置方式同暖通专业“通风设备”。

(3)地暖盘管

单击左边中文工具栏中的“回地暖盘管”图标，软件弹出“地暖盘管”对话框，如图 5.3.22 所示。

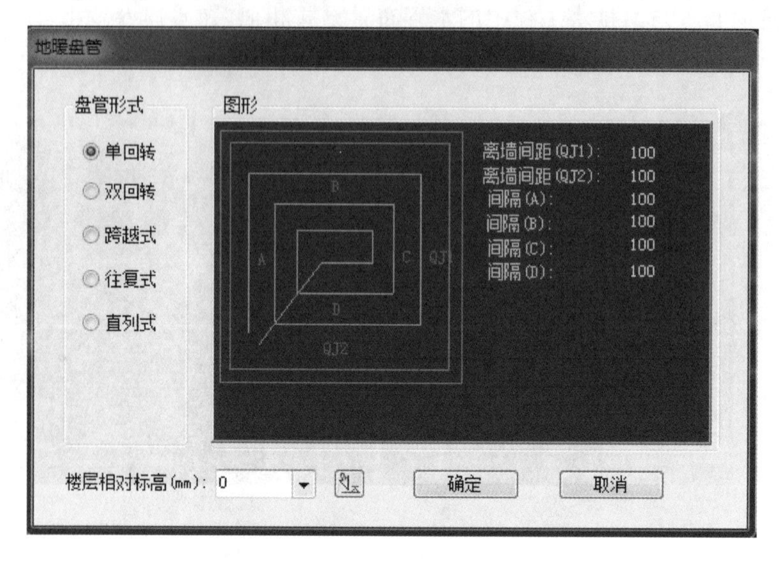

图 5.3.22　地暖盘管布置

盘管形式：分为单回转、双回转、跨越式、往复式、直列式五种。

图形：每种布置形式对应不同的图形和图形参数，图形参数可修改。单击需要修改的图形参数，软件弹出如图 5.3.23 所示对话框，在软件默认值 100 处输入数值，单击“确定”。按命令行提示完成布置。

图 5.3.23　修改变量值

2.管道布置

采暖系统管道的布置与给排水工程中的水管布置方式相似，在暖通专业“水管”命令下进行水平管、立管等的绘制。

3.管道附件布置

管道附件的布置同给排水专业中的水管附件布置，在暖通专业“水管附件”命令下选择阀门、法兰、套管等附件进行布置。

4.管道配件布置

管道配件的布置同给排水专业中的水管配件布置，在暖通专业“水管配件”命令下选择弯头、三通、四通等配件进行布置。

5.3.5 暖通系统 BIM 模型展示

单击菜单栏“视图”—“三维显示”—“整体”，即可查看本工程暖通系统的整体三维立体图，操作流程如图 5.3.24 所示。暖通系统 BIM 模型如图 5.3.25 所示。

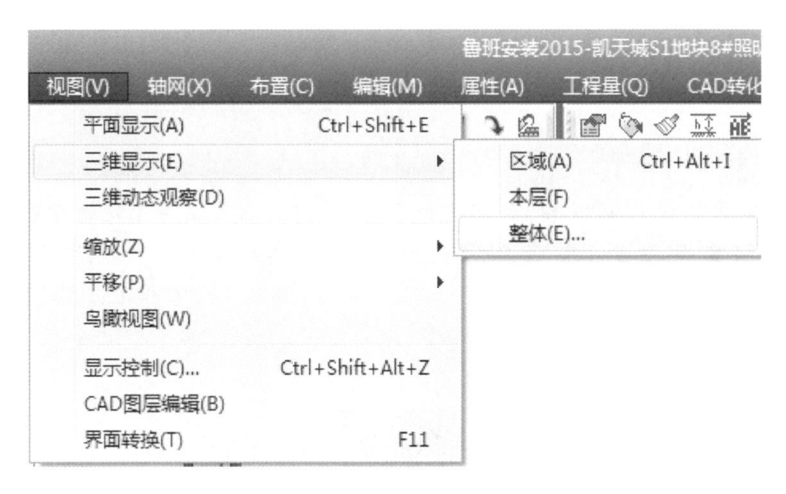

图 5.3.24　菜单选择

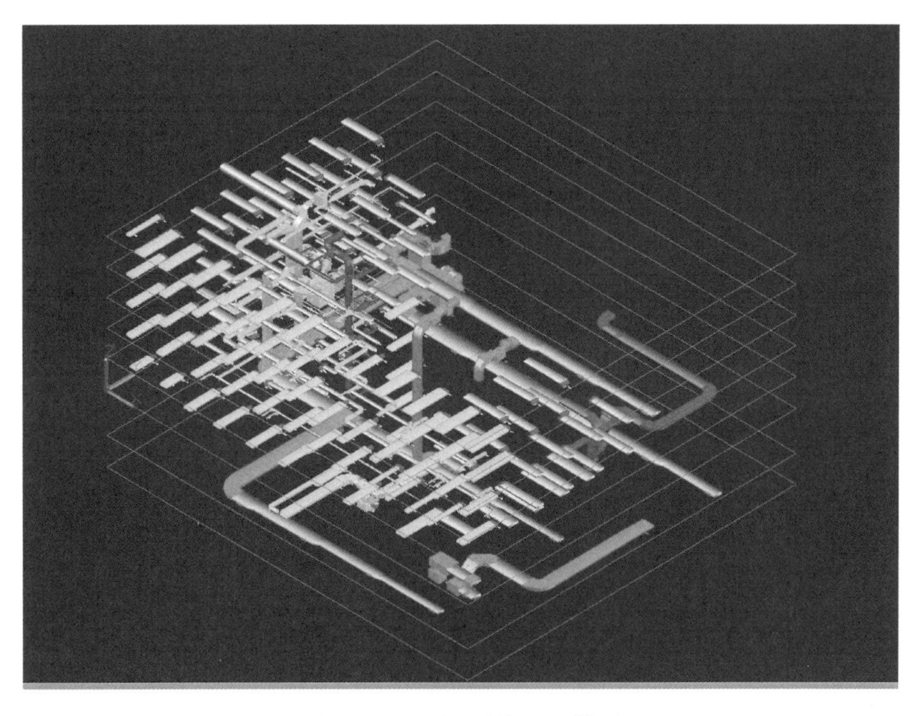

图 5.3.25　暖通系统 BIM 模型

◎任务测试◎

任务5.3测试

◎任务拓展◎

完成公安局业务用房空调系统BIM建模。

【项目小结】

学生通过暖通系统BIM建模，边建模边识图，提高了其暖通施工图识读能力；通过创建的暖通系统BIM模型，提高了对暖通系统的认知度，将构件信息三维化、可视化、数字化，便于工程量统计、模型维护与应用；通过对风口、风管的转化功能，省却了以往手动建模的烦琐步骤，大大提升了建模效率。

【项目测试】

项目测试

【项目拓展】

根据提供的图纸信息，完成通风空调系统BIM建模，建模内容有：

(1)坐标原点放在13轴与L轴的交点；

(2)完成设备、风管、风口、附件等构件属性定义；

(3)根据平面图、剖面图，完成通风空调系统的建模。

(备注：本项目任务来自2017年5月全国BIM应用技能等级考试试题)

附：

一、本层层高4500mm

二、A—A剖面图

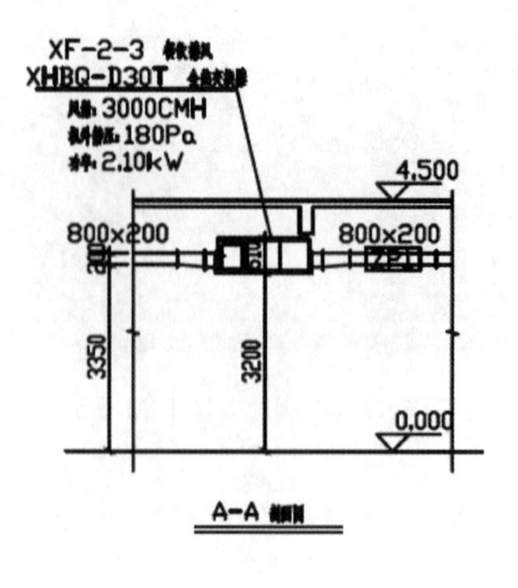

三、一层通风空调平面图

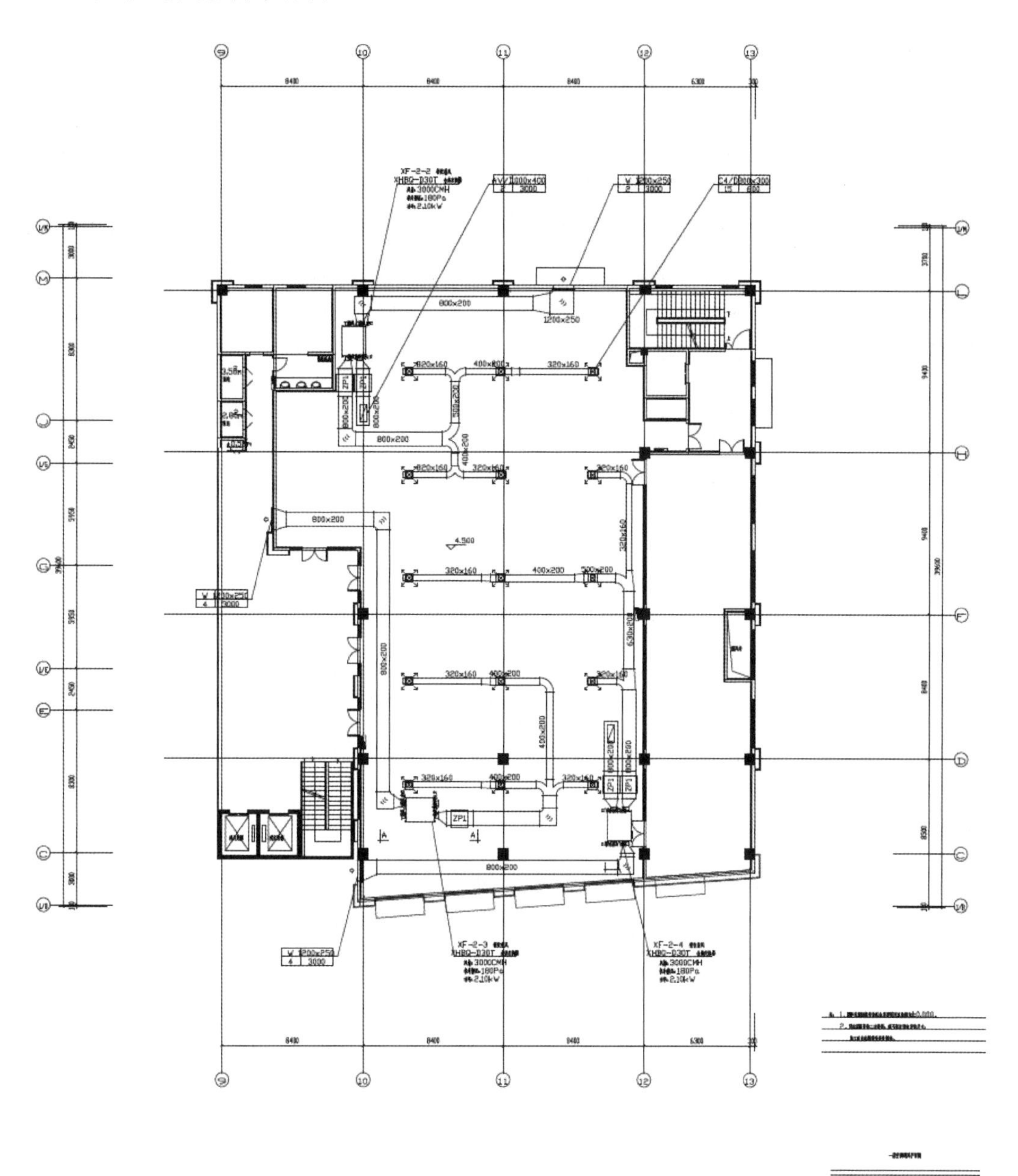

四、图例

符号	说明
X	矩形风管　宽X高　MM（　　）
Ø***	圆形风管　直径Ø MM（　　）
	送 新风管向上
	送 新风管向下
	排 回风管向上
	排 回风管向下
	风管上升摇手弯及气流方向
	风管下降摇手弯及气流方向
V.D　V.D	多叶调节风阀
B.D　B.D	调节蝶阀
V.D	电动双位调节风阀
EVD	电动多叶调节风阀
N.R.D　N.R.D	止回风阀
ECD	电动定风量阀
MCD	手动定风量阀
	风管软接头
	防火风管　（耐火极限1小时　　）
X	保温消声内衬风管 （内净尺寸　宽X高　　）
Ø***	保温消声内衬风管 （内净尺寸　直径　　）
	金属软风管
	消声弯头
	消声静压箱
ZP1　ZP1	消声器　ZP_{100}型
ZP2　ZP2	消声器　ZP_{200}型

符号	说明
A.D　A.D	检修门
B	远程手控盒　防排烟用　　）
风口表示方法	

1/2	3
4	5

1.风口代号

2.附件

3.风口颈尺寸　矩形为***X***

（圆形为D***　）

4.数量

5.风量

1.风口代号示例

代号	说明
AV	单层格栅风口，叶片垂直
AH	单层格栅风口，叶片水平
BV	双层格栅风口，前组叶片垂直
BH	双层格栅风口，前组叶片水平
C*	矩形散流器，* 为出风面数量
DF	圆形平面散流器
DS	圆形凸面散流器
DP	圆盘型散流器
DX*	圆型斜片散流器，* 为出风面数量
DH	圆环型散流器
E*	条缝型风口，　为条缝数
F*	细叶型斜出风散流器，* 为出风面数量
FH	门铰型细叶回风口
G	扁叶型直出风散流器
H	百叶回风口

图例	名称	代号	名称
	带导流片的矩形弯头	HH	门铰型百叶回风口
	圆弧形弯头	J	喷口
	轴（混 流式管道风机	K	蛋格型风口
	吊顶式排气扇	KH	门铰型蛋格式回风口
	方型风口	L	花板回风口
	条缝形风口	N	防结露送风口
	矩型风口	T	低温送风口
	圆型风口		注 N,T冠于所用类型风口代号前
	侧面风口		NDP
	防雨百叶	W	防雨百叶 由土建施工
	变风量末端	PS	板式排烟口
	带再加热器的变风量末端	GP	多叶送风口
	带风机的变风量末端	GS	多叶排烟口
	带再加热器 风机的变风量末端		自动关闭，输出信号

项目 6　BIM 安装建模软件应用

【学习目标】

学生通过本项目的学习，熟悉鲁班安装软件云功能应用，掌握云模型检查及模型错误快速修复的方法，了解工程量计算、图纸生成输出及 BIM 软件互导等 BIM 应用。

学生通过本项目的学习，能用鲁班安装软件对安装 BIM 模型进行检查修复、工程量计算及图纸生成输出。

【项目导入】

本工程为上海某厂项目 A 办公楼，在前面章节中进行了给排水、消防、电气、暖通等专业的 BIM 模型的建立，本项目主要任务是针对已建好的 BIM 模型进行云检查及修复，完成工程量的计算及图纸生成输出。

任务分解：

(1)云功能应用：云功能简介→云模型检查→云构件库→云自动套。

(2)BIM 安装建模应用：工程量计算→图纸生成与输出→软件互导功能。

任务 6.1　云功能应用

视频 6.1
云功能应用

◎任务引入◎

鲁班软件云功能是鲁班软件向用户提供的可自由选择是否使用的增值应用(见图 6.1.1)，是基于互联网的功能，是算量软件的有力助手，可以帮助用户进一步提高工作效率，创造更大价值，避免经济损失。

图 6.1.1　鲁班软件云功能

◎任务实施◎

6.1.1 云功能简介

云功能应用包含云模型检查、云构件库、云自动套等功能。

云模型检查主要是对已建好的模型进行错误检查。鲁班云模型检查汇集了数百位专家的知识和经验,可动态更新数据库,避免因少算、漏算、错算带来损失和风险。其具体价值表现在以下方面:检查项目数量更多,优化更及时;检查依据主动提供;定位反查和修复功能更强大;设置信任规则,提高检查效率;提供云模型检查模板;为模型检查错误分级等。

云构件库是基于互联网的应用,可随时更新断面,满足广大客户的需求。鲁班云构件库使得鲁班构件的更新可以脱离于软件的版本之外,可以不断地根据工程的实际需要在第一时间进行更新;用户可通过云构件库,查找到需要的一些零星节点、异型断面,可不用创建该断面,大大提高工作效率。

云自动套是利用专家预设的自动套模板,以及利用专家知识和系统智能判断,自动根据断面、标高、混凝土等级等条件,准确套取相应清单定额。鲁班云自动套由各地精通清单定额知识的技术专家配置而成,支持全国各地48套清单定额模板。

6.1.2 云模型检查

云模型检查功能的范围涵盖本地合法性检查功能,专业检查项目约400类近3600项;云模型检查功能在云端可以即时更新,专家知识库动态增加;大部分错误条目附上依据原理;支持反查到构件图形或属性,部分疑似错误支持一键自动修复,可以更便捷、更高效地查找与修改错误;同时根据工程实际情况用户可以自行设定信任规则和错误忽略条目,信任的规则和忽略的条目不再检查,减少疑似错误条目检查,提高检查效率。

1. 进入云模型检查界面

单击菜单栏中“云功能”—“云模型检查”,或者单击“”按钮出现“云模型检查”界面,如图6.1.2所示。

图6.1.2 “云模型检查”界面

2.选择检查项目及范围

检查项目大类分为属性合理性、建模遗漏、建模合理性、计算检查、设计规范；检查范围包括当前层检查、全工程检查、自定义检查(可选择楼层及构件，如图 6.1.3 所示)。

图 6.1.3　选择检查范围

3.修复定位出错构件

检查完成后，进入查询结果界面，如图 6.1.4 所示，可进行“查看确定错误”“重新检查”等操作。

图 6.1.4　查询结果界面

单击“查看确定错误”后的“▾”按钮，可选择“查看全部错误”“查看疑似错误”“查看提醒消息”，默认“查看确定错误”。单击每个检查大项，可以查看具体错误，如图 6.1.5 所示。

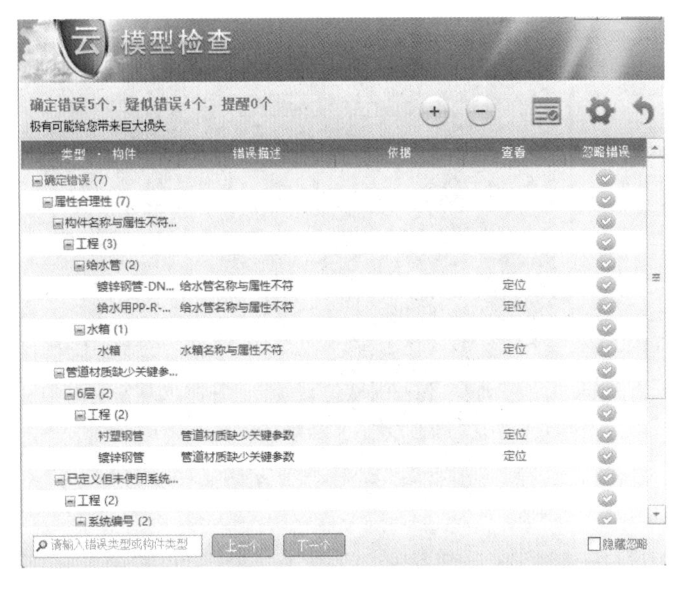

图 6.1.5　查看错误

单击对应问题，展开至最底层，单击“定位”，软件自动反查至模型端对应位置（问题位置会以虚线闪烁状态显示），方便用户进行问题查看及整改，大大减少模型检查时间，对模型进行查漏补缺，保证模型质量及工程量准确性，如图 6.1.6 所示。

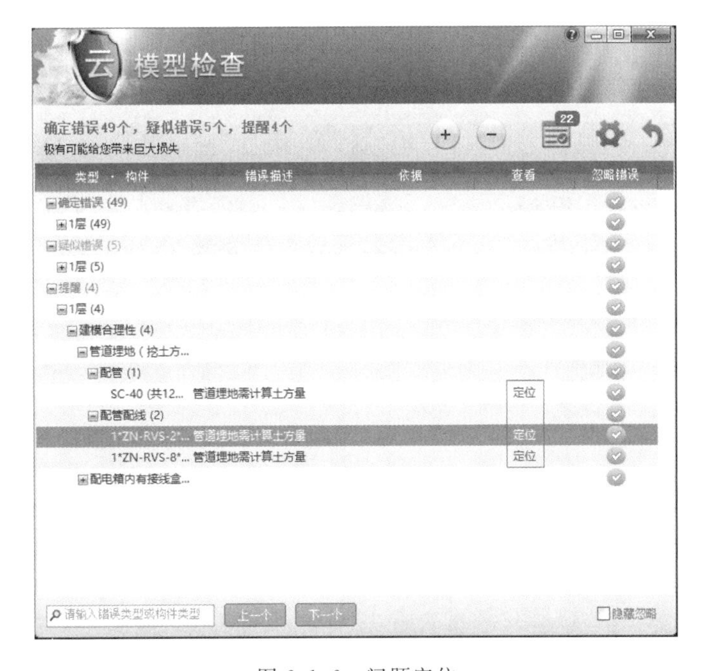

图 6.1.6　问题定位

定位后根据模型进行检查核对，对有问题的地方进行属性编辑或重新绘制，如图 6.1.7 所示。

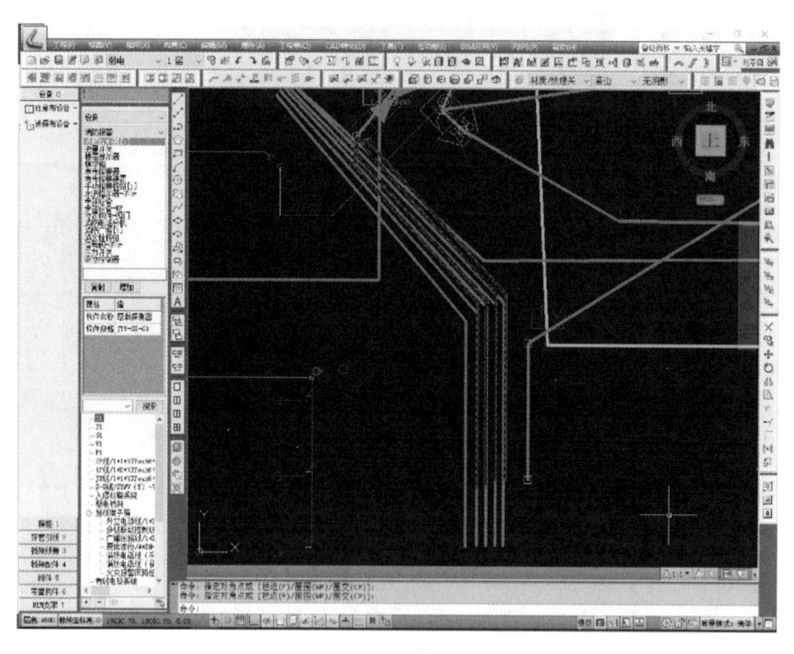

图 6.1.7 问题修复

【提示】

单击“定位”对出错构件或属性进行反查，反查的构件支持高亮闪烁，方便直接修复。

单击查看详细错误界面中具体错误所对应的“忽略错误”下的“ ”图标后，该错误将添加到信任列表中，并在该界面中信任列表图标上显示出忽略错误的个数，如图 6.1.8 所示。

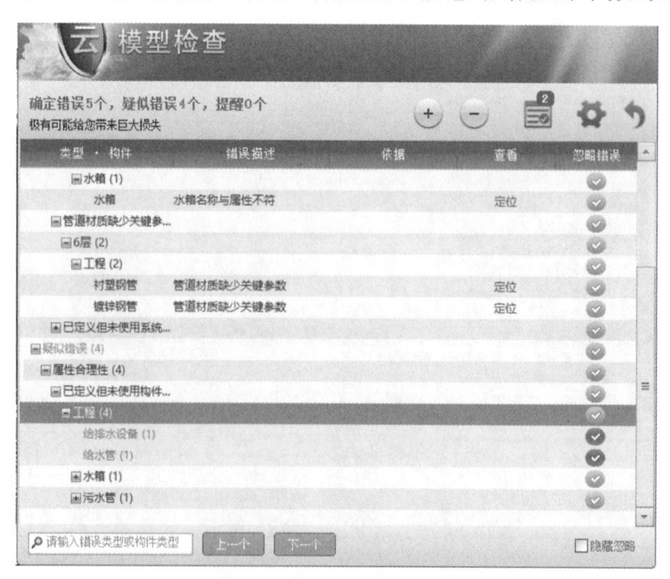

图 6.1.8 忽略错误

信任列表支持忽略错误及信任规则，添加到信任列表中的内容下次将不再检查，如图6.1.9所示。

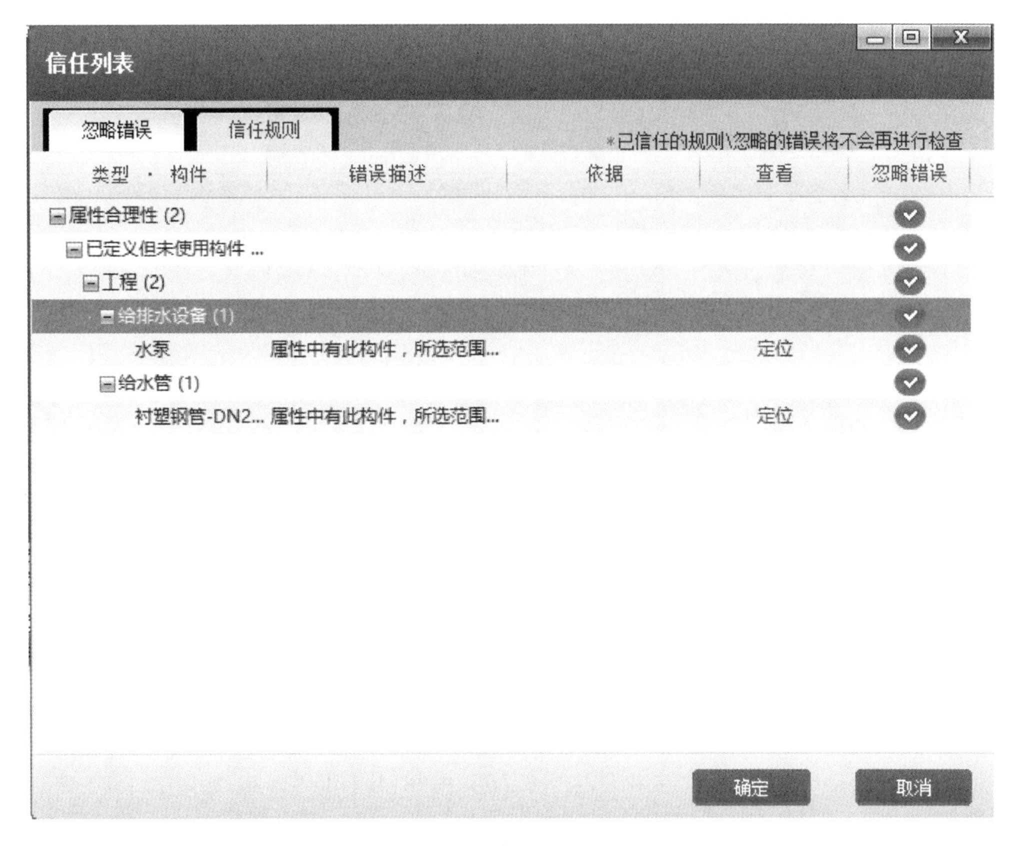

图6.1.9 “信任列表”界面

【提示】

忽略错误与信任规则的区别如下。

忽略错误：指具体的某一个错误下次将不再检查，如某个楼层图形上某个具体位置的构件下次将不再提示，但其他位置的该类错误还将提示。

信任规则：信任某条检查规则，根据用户的设置，下次整个工程或某些楼层将不再检查此条规则。

修改完错误及规则后可单击“重新检查”，以便查看所有错误是否完成修改。

在云模型检查初始界面中单击“查看历史”，可查看最近5次检查结果，如图6.1.10所示。

【提示】

云模型检查汇集了数百位专家的知识和经验，可动态更新数据库，为你的工程实时把脉，避免因少算、漏算、错算带来的损失和风险，提高建模质量。

图 6.1.10　查看历史

6.1.3　云构件库

1. 进入云构件库界面

单击菜单栏中“云功能”—“云构件库”，软件弹出“云构件库”界面，如图 6.1.11 所示。

图 6.1.11　“云构件库”界面

左侧一列显示账号所有项目部(每个项目可单独定义一套属于自己的构件库);选择对应的设备或箱柜后,右侧会显示对应的名称、厂商等信息。

单击界面中“构件明细”下方的“”图标,弹出“构件明细”对话框。在该对话框中可在线预览构件三维图,显示构件厂商及联系人、电话等信息,如图 6.1.12 所示。

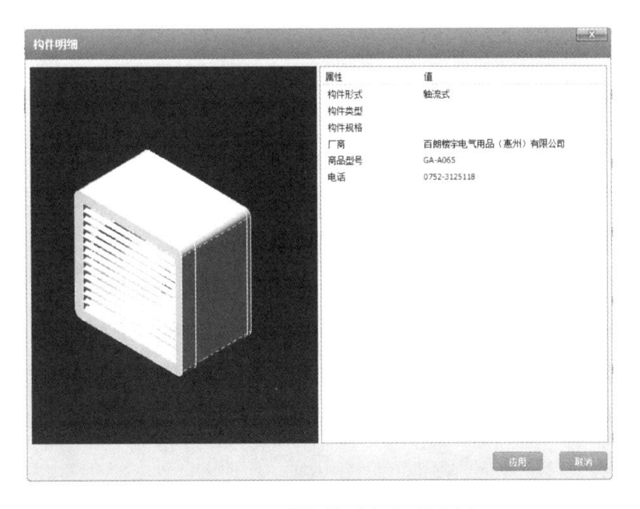

图 6.1.12 “构件明细”对话框

2. 云构件查询及应用

在云构件库界面中输入构件名称,单击“查询”,可对同类构件快速检索,快速定位同类构件,节约构件筛选时间,如图 6.1.13 所示。

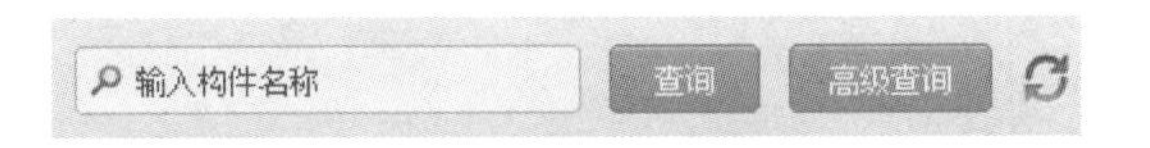

图 6.1.13 查询同类构件

单击“高级查询”,可精确定义项目部和构件大类、小类等,从而进行精细查找,如图 6.1.14所示。

图 6.1.14 高级查询

找到对应构件后单击“应用”，然后单击“查看属性”，可看到该构件已添加至属性应用界面，在建模构件转化时即可选择该构件进行应用。

【提示】

通过云构件库，可快速创建电气设备、卫生器具和冷暖风机等构件，可快速显示构件最佳真实三维效果，便于寻找构件真实厂商、产品型号和构件详细参数。

6.1.4 云自动套

单击菜单栏中“云功能”—“自动套”，如图 6.1.15 所示。

图 6.1.15 菜单选择

软件弹出“自动套-云模板”对话框，如图 6.1.16 所示。

自动套-云模板
算量模式
模式 清单模式 定额模式
清单
定额
下一步

图 6.1.16 “自动套-云模板”对话框

选择相应的算量模式、清单及定额，然后单击“下一步”，进入清单、定额设置，选择“高级”，可选择构件进行相应的清单、定额匹配，如图 6.1.17 所示。

【提示】

选择好构件的清单、定额之后可直接进入报表查看。

通过鲁班自动套功能，可提高 30%以上的建模效率，大幅提高套取清单、定额的准确性，轻松搞定外地工程；可协助建立企业套定额标准。

图 6.1.17　清单、定额设置

◎任务测试◎

任务 6.1 测试

◎任务训练◎

完成 A 办公楼安装 BIM 模型的云检查及维护。

任务 6.2　BIM 安装建模应用

视频 6.2
BIM 安装
建模应用

◎任务引入◎

在传统的工程量计算中，统计设备、部件、管道配件等都要从图纸中一个一个地点数，然后分类别统计列于表格中，大型工程系统的工程量计算的复杂程度可想而知。通过鲁班安装软件智能化识别，可一键将安装工程中的各专业设备构件转化过来，计算后可按型号、楼层、系统等显示数据，统计形成报表，轻松出量。

◎任务实施◎

6.2.1 工程量计算

建立安装 BIM 模型后，即可进行工程量计算。单击右边竖向工具栏内选择“工程量计算”图标，软件弹出“工程量计算”对话框，如图 6.2.1 所示。

软件支持按楼层和按系统进行工程量的统计，并且可以一键选择计算全部专业，也可以单独计算某层某个系统单个构件的工程量，在所要计算的楼层和构件前打钩即可。单击“计算”，软件会自动计算所选构件的工程量。

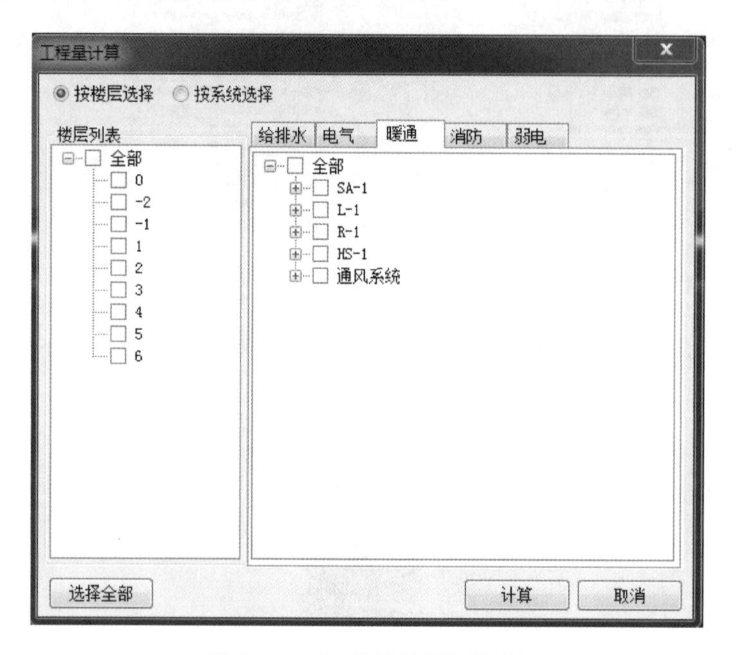

图 6.2.1 “工程量计算”对话框

计算完成后，弹出“计算监视器”对话框，如图 6.2.2 所示。

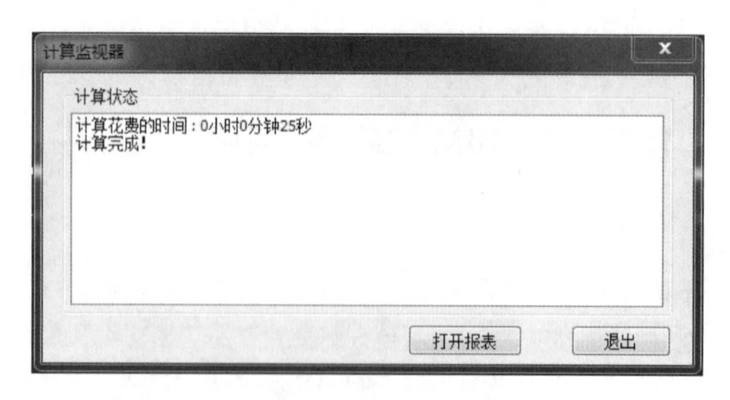

图 6.2.2 “计算监视器”对话框

单击“打开报表”，弹出鲁班安装计算报表，如图 6.2.3 所示。

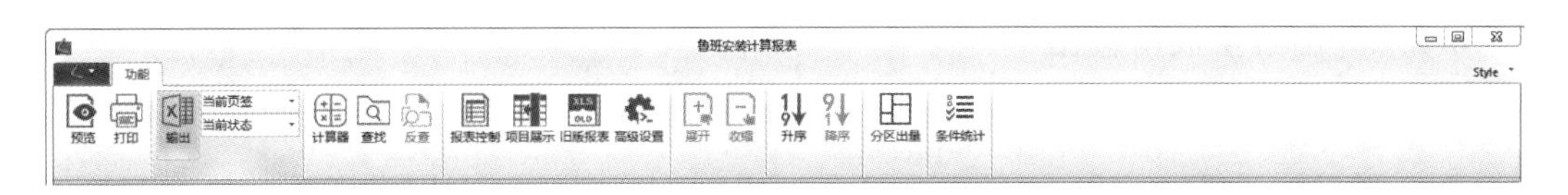

图 6.2.3 鲁班安装计算报表

再单击“旧版报表”，软件显示鲁班安装计算书，如图 6.2.4 所示。

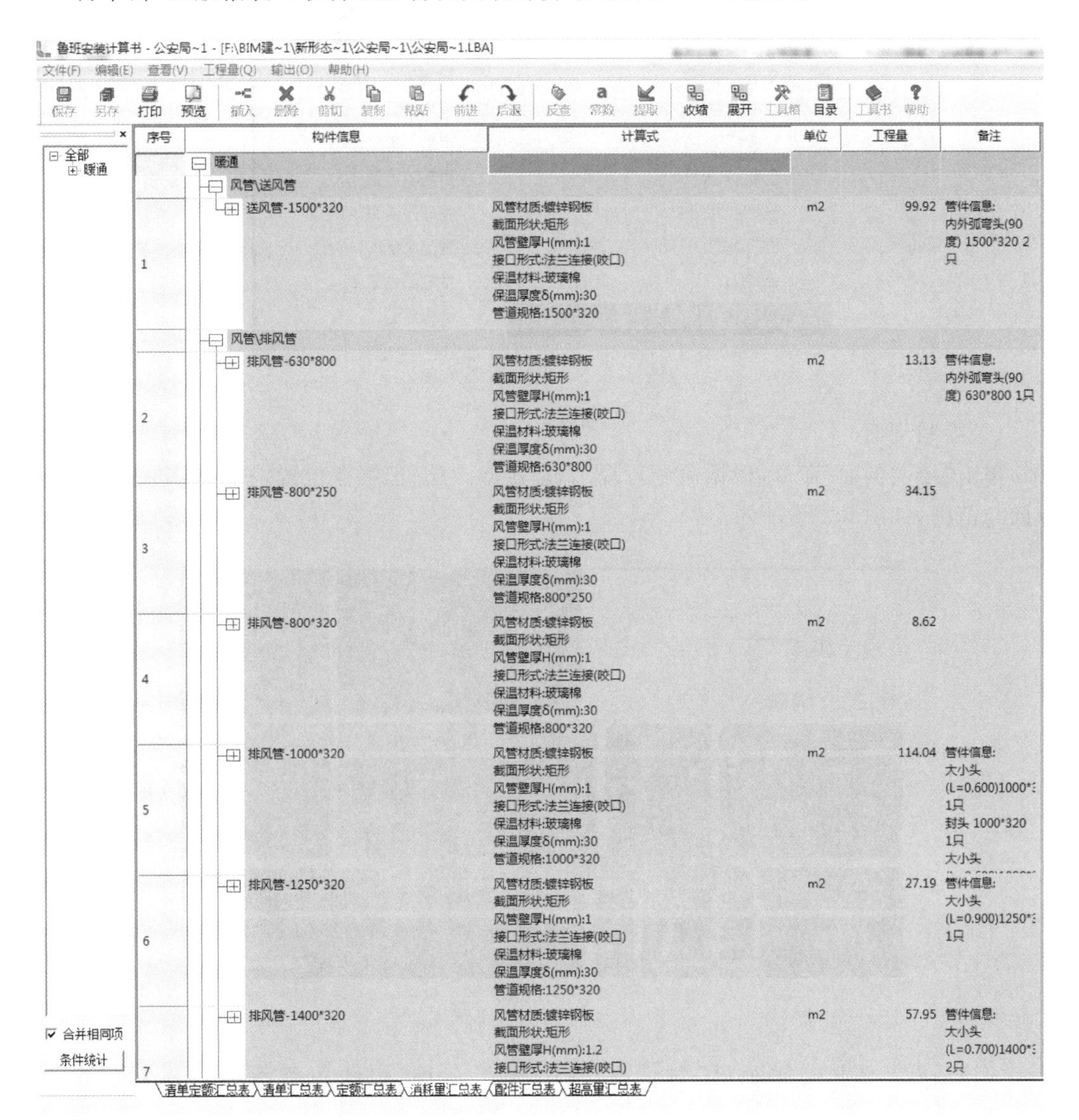

图 6.2.4 鲁班安装计算书

选择“打印”或“输出”，即可完成工程量输出、打印。

6.2.2 图纸生成与输出

1. 生成图纸

选择菜单栏“BIM 应用”—“生成图纸”，可以进行绘制剖面、组合剖面、生成剖面图、更新剖面图、生成平面图、输出图纸、生成图例表、图纸管理等多种操作，如图 6.2.5 所示。

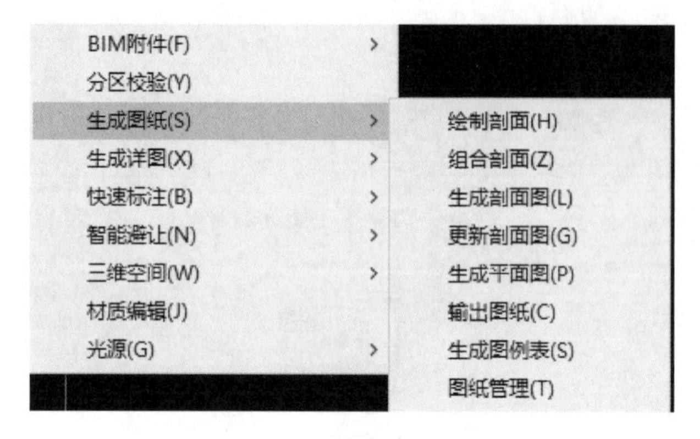

图 6.2.5 生成图纸菜单

(1)绘制剖面

单击“绘制剖面”命令，根据命令行提示，指定起点位置、终点位置，右击确定后指定剖切方向与范围，如图 6.2.6 所示。

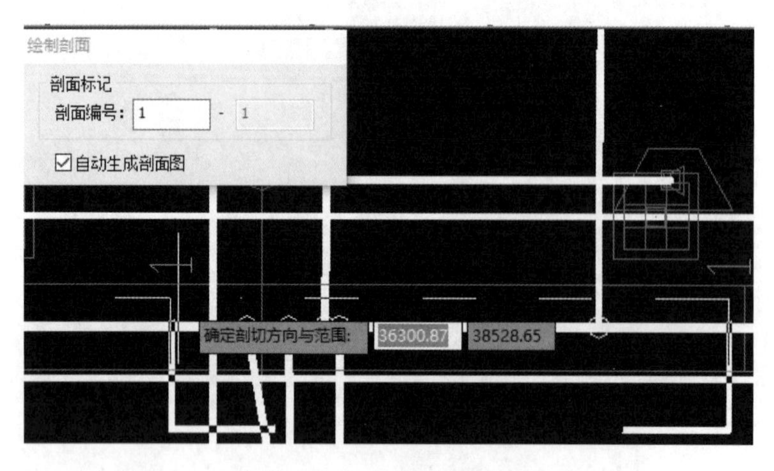

图 6.2.6 绘制剖面操作

完成后弹出“生成剖面图”对话框，可对图纸名称、边线粗细等内容进行编辑，如图 6.2.7所示。

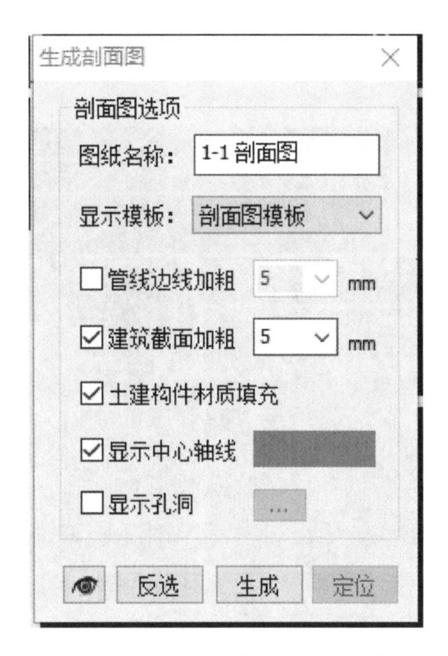

图 6.2.7 “生成剖面图”对话框

编辑完成后，单击“生成”，软件提示正在处理状态，处理完成后在绘图区域空白位置单击指定剖面图放置位置，即可查看剖面图纸，如图 6.2.8 所示。

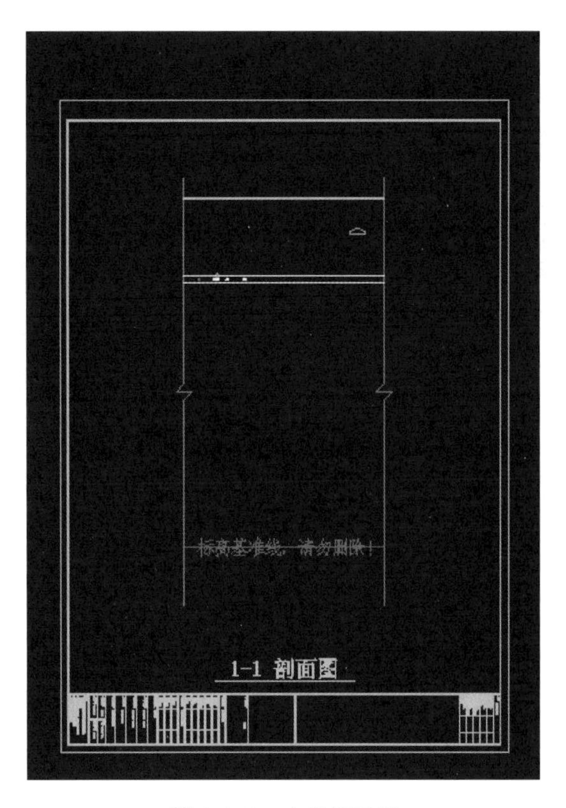

图 6.2.8 查看剖面图

(2)组合剖面

组合剖面操作方式与绘制剖面相同,区别在于可进行多位置剖切,如图 6.2.9 所示。

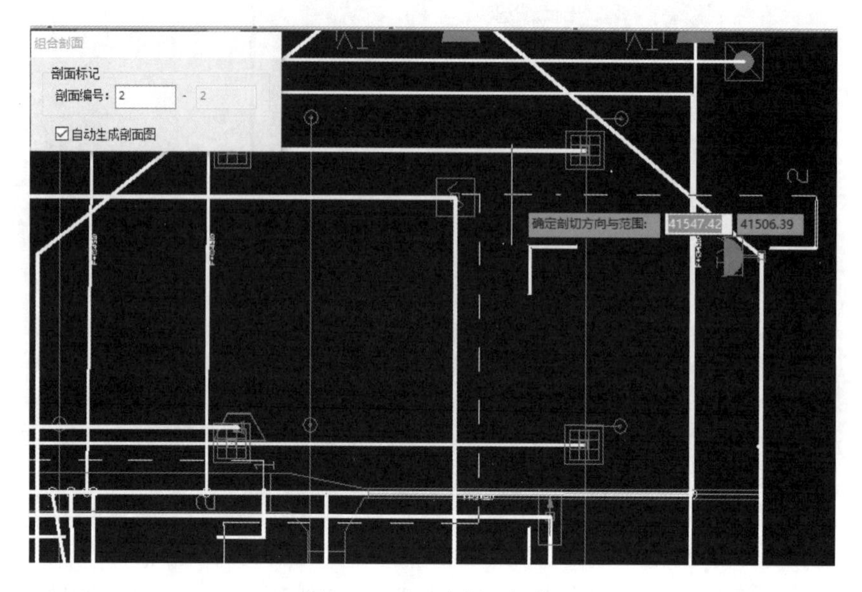

图 6.2.9　组合剖面操作

生成后的剖面图如图 6.2.10 所示。

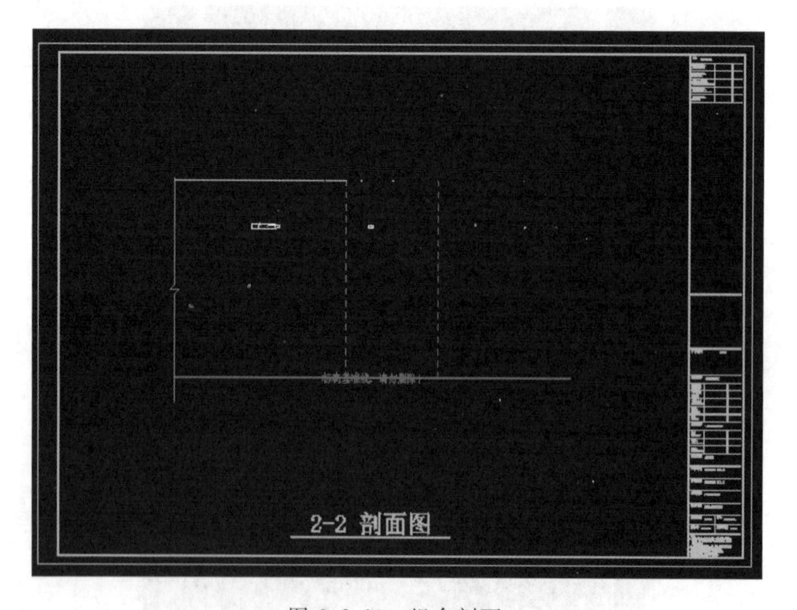

图 6.2.10　组合剖面

(3)生成剖面图

“生成剖面图”命令是对剖切过的位置进行重新生成图纸。

(4)更新剖面图

“更新剖面图”则是在剖切位置构件的位置发生变化后,对已经剖切过的图纸进行更新。

(5)生成平面图

该命令可将绘制调整后的安装模型以CAD图纸方式进行输出，生成平面图的生成范围有两种，即“当前楼层”和“选择范围”，设置好对应参数后单击“生成”即可，如图6.2.11所示。

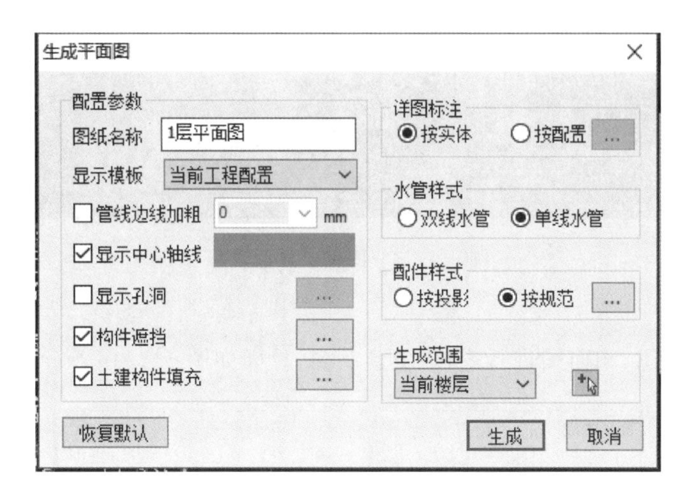

图 6.2.11 “生成平面图”对话框

生成后效果如图6.2.12所示。

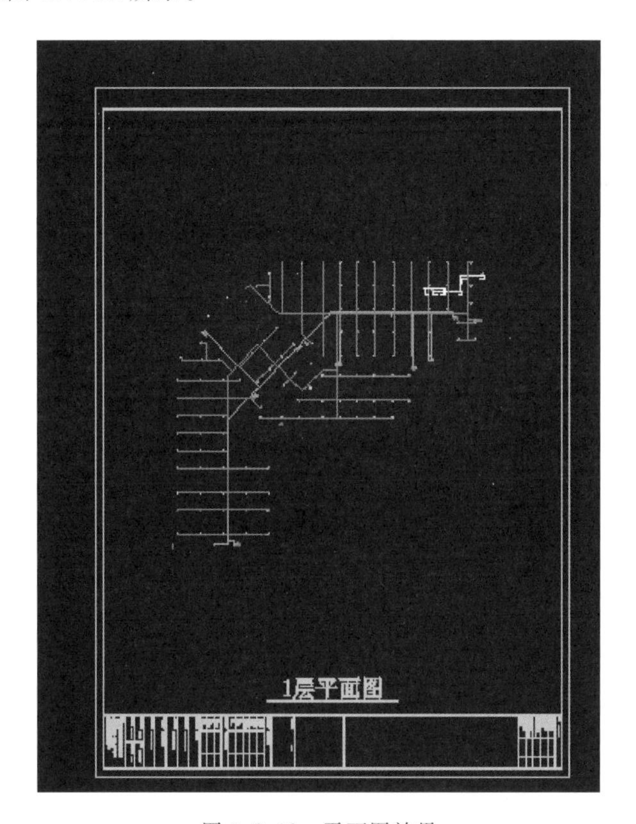

图 6.2.12 平面图效果

(6)输出图纸

“输出图纸”可对生成的图纸(剖面图、平面图)输出 DWG 格式图纸,框选需输出的图纸,右击确定,选择保存的位置及名称,单击“确定”即可。

(7)生成图例表

该命令是将模型中对应线型生成图例表,显示效果如图 6.2.13 所示。

1层图例表(电气)			
序号	系统编号	专业	线型样式
1	桥架	电气	

图 6.2.13　图例表显示效果

(8)图纸管理

该命令可对详图、剖面图进行定位、更新编辑,界面如图 6.2.14 所示。

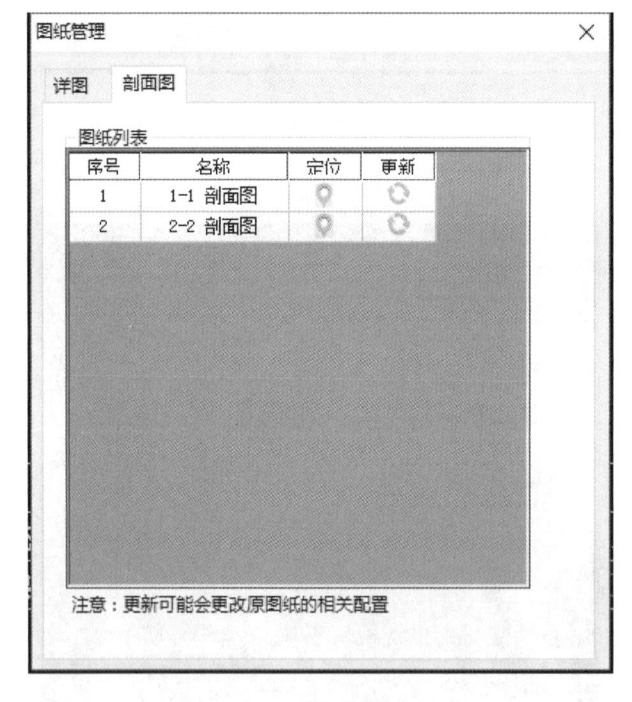

图 6.2.14　“图纸管理”界面

2.输出 CAD 图纸

输出 CAD 图纸支持将鲁班的 CAD 构件根据需要有选择地输出 CAD 图形,方便施工交底、竣工图使用。

单击“BIM 应用”,在下拉菜单中单击“输出 CAD 图纸”。可以根据需要选择相应的楼层,然后单击“确定”,软件会将楼层中显示的所有构件全部输出,如图 6.2.15 所示。

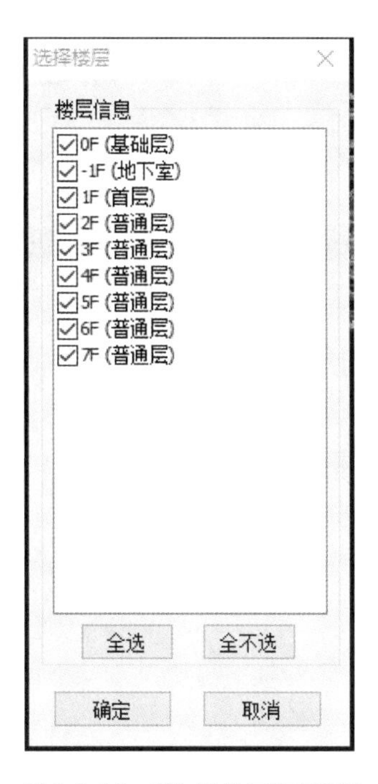

图6.2.15 “选择楼层”对话框

完成之后，会弹出一个对话框，如图 6.2.16 所示。

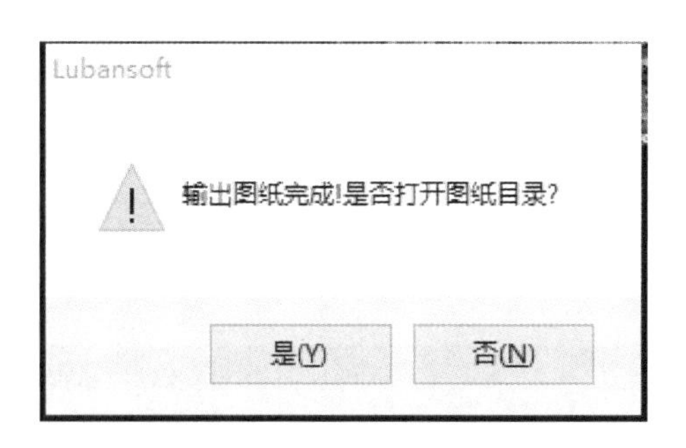

图 6.2.16 确定打开图纸目录

单击“是”，会自动打开工程文件夹下的 exportdwg 文件夹。

【提示】

配合显示控制命令，可以单独输出你想输出的图形。如：让相同系统编号的单独显示，然后输出；让某些类似构件单独显示，然后输出；将构件信息显示然后输出等。

6.2.3 软件互导功能

1. LBIM 互导应用

LBIM(Luban Building Information Model，鲁班建筑信息模型)是鲁班全系列软件通用建筑信息模型的文件格式。其实现了软件之间建筑模型的数据共享，可显著提高建模工作的效率。

(1)打开 LBIM

在新建一个工程以后,执行菜单中“工程”—“打开 LBIM”命令,弹出如图 6.2.17 所示对话框。选择以前做好的已保存的 LBIM 工程,单击“打开”以后。软件中新建工程会自动生成已保存 LBIM 工程的构件和属性。

图 6.2.17　打开已保存工程

(2)导入 LBIM

执行菜单中“工程”—“导入 LBIM”命令,弹出文件打开界面,选择以前做好的已保存的 LBIM 工程,单击“打开”以后,软件中自动生成已保存 LBIM 工程的构件和属性。

(3)保存 LBIM

执行菜单中“工程”—“导入和导出”—“保存 LBIM”,弹出如图 6.2.18 所示对话框。在弹出的对话框中,选择保存位置,单击“保存”即可。

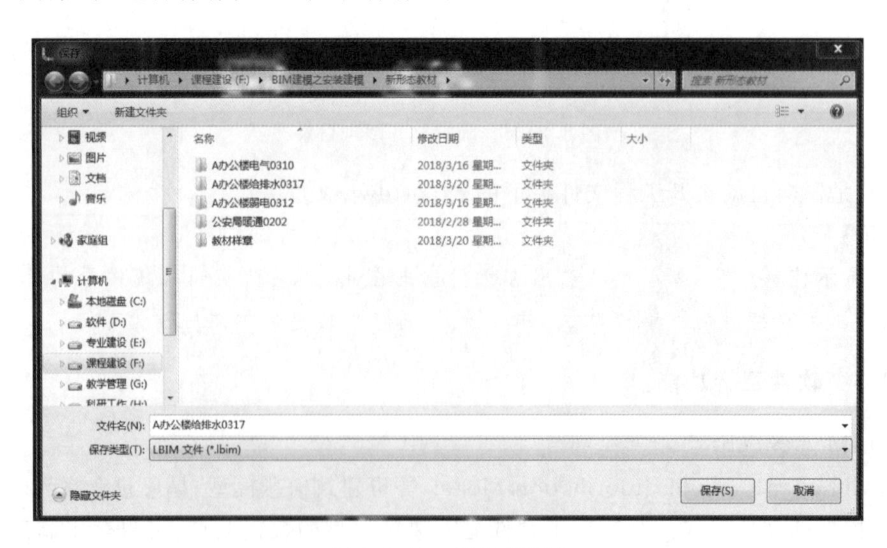

图 6.2.18　保存 LBIM

(4)输出造价

软件可以将当前工程的建筑模型信息导出成 LBIM 文件,供鲁班软件其他产品导入使用。执行菜单中“工程”—“导入导出”—“输出造价”命令,弹出“选项”对话框,如图 6.2.19 所示。

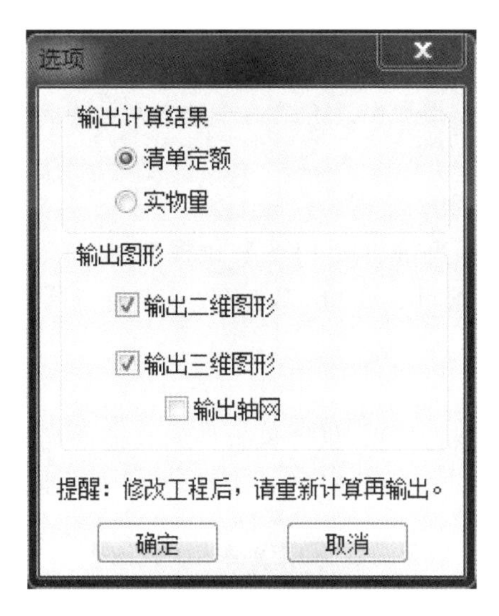

图 6.2.19 “选项”对话框

做好选择后,单击“确定”,弹出“另存为”对话框,如图 6.2.20 所示。选择或输入文件名称,单击“保存”,命令行提示“选择第 1 根轴线”,单击选取一根轴线,命令行提示“选择第 2 根轴线”,单击选取第二根与其相交的轴线,软件自动完成导出 LBIM 文件。

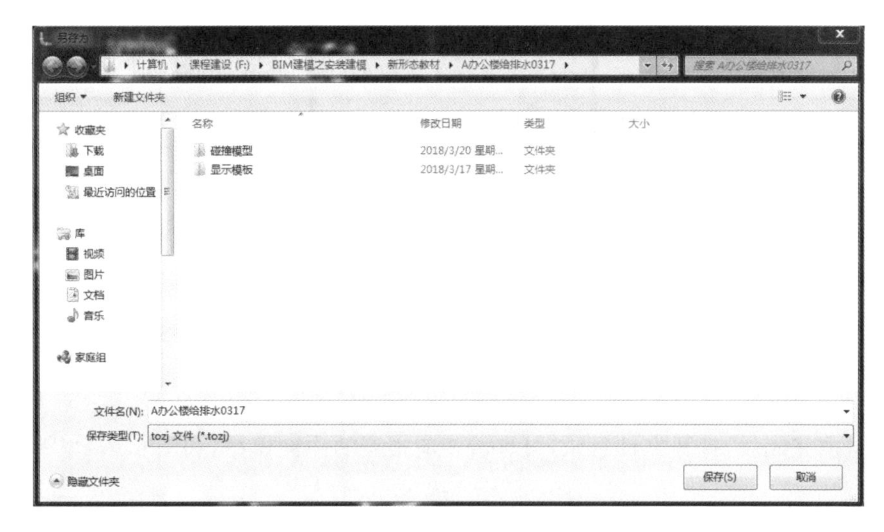

图 6.2.20 “另存为”对话框

【注意】

在土建、安装版本中,上、下楼层可以错开,而在钢筋版本中必须对齐,所以增加拾取轴交点的功能。

用户未选轴交点或所选轴交点无效时，将不记录轴交点实际情况输出，钢筋导入时，按绝对坐标导入。所选轴交点无效的情况如下：

①未选择轴交点；

②所选择轴线没有交点；

③所选择轴线出现多个交点(不包括重合交点)；

④所选择的轴交点在某一楼层中没有或有多个时(不包括重合交点)，其没有或有多个轴交点的楼层，将不记录。

(4)输出 PDS

软件可以将当前的安装模型输出成 PDS 三维模型，供鲁班软件其他产品使用。执行菜单中“工程”—“导入导出”—“输出.pds(p)”，打开“另存为”对话框，选择或是输入文件名称，单击“保存”，完成输出。

(5)生成碰撞

生成碰撞文件记录构件标高信息，供鲁班软件的其他产品使用。执行菜单中“工程”—“导入导出”—“生成碰撞”，弹出“选择楼层”对话框，如图 6.2.21 所示。

图 6.2.21 “选择楼层”对话框

生成碰撞完成后，打开文件目录，可查看相应楼层的碰撞模型，如图 6.2.22 所示。

图 6.2.22　查看碰撞模型

(6)LBIM 互导

BIM 安装建模软件各专业工程的构件可实现完全互导,支持整体导入、分层分构件导入,便于两个相似安装工程构件的重复利用。新建一个工程,执行菜单中“工程”—“导入LBIM”命令,弹出“楼层对应”对话框,如图 6.2.23 所示。

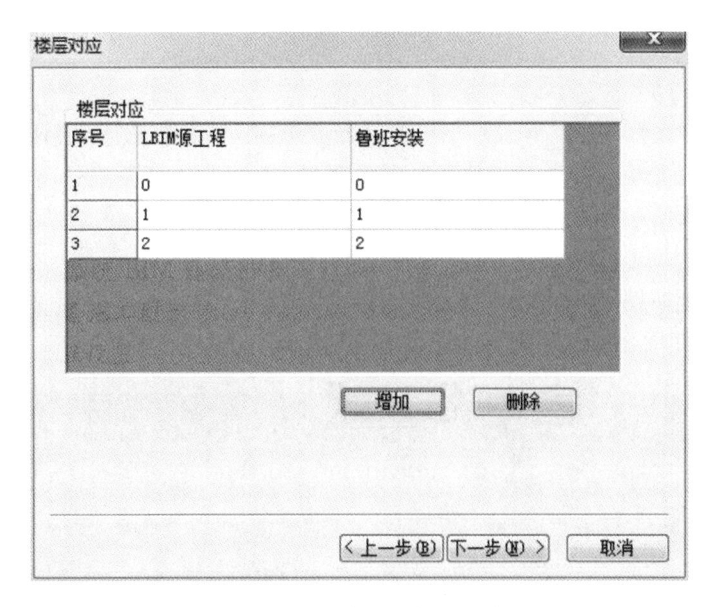

序号	LBIM源工程	鲁班安装
1	0	0
2	1	1
3	2	2

图 6.2.23　“楼层对应”对话框

单击“增加”,添加相对应的楼层。完成后,单击“下一步”,弹出“专业选择”对话框,如图 6.2.24所示。选择需导入的构件,单击“完成”即可。

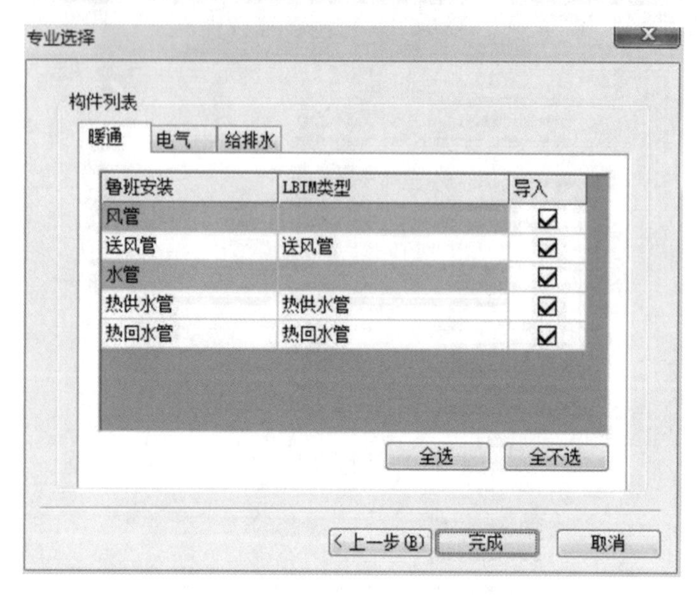

图 6.2.24 “专业选择”对话框

【提示】

导入土建构件后,可在三维状态下查看模拟施工现场,同时可以检查各类问题。

2. BIM 软件间互导

(1)导入 Revit

支持完美导入 Revit,并直接算量。使用该功能,需安装 transrevit 插件,可以到鲁班官网下载。

【提示】

在操作前,需下载并安装 Revit、鲁班安装建模软件,以及鲁班万通(Revit 版)插件。在利用 Revit 软件或者鲁班安装建模软件建立模型时,建模人员需要遵循“基于可导入 LBIM 的 Revit 建模标准”,即可完成 100%双向互导。

操作步骤:

①打开 Revit 插件,导入 Revit 工程。

②进入附加模块,单击“导出”,如图 6.2.25 所示。

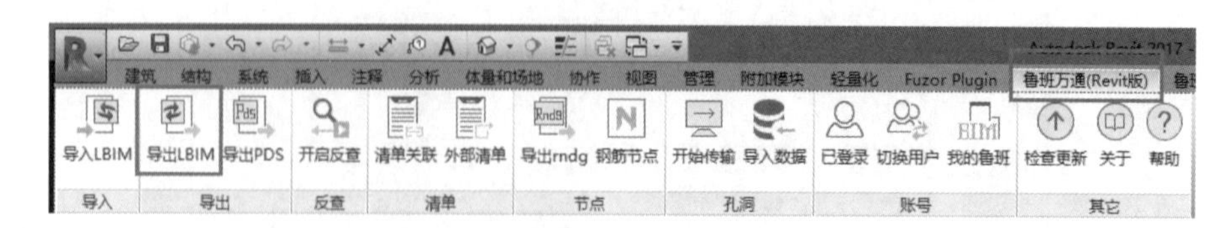

图 6.2.25 导出 LBIM

③选择导出文件的保存位置,弹出“楼层设置”对话框,如图 6.2.26 所示。

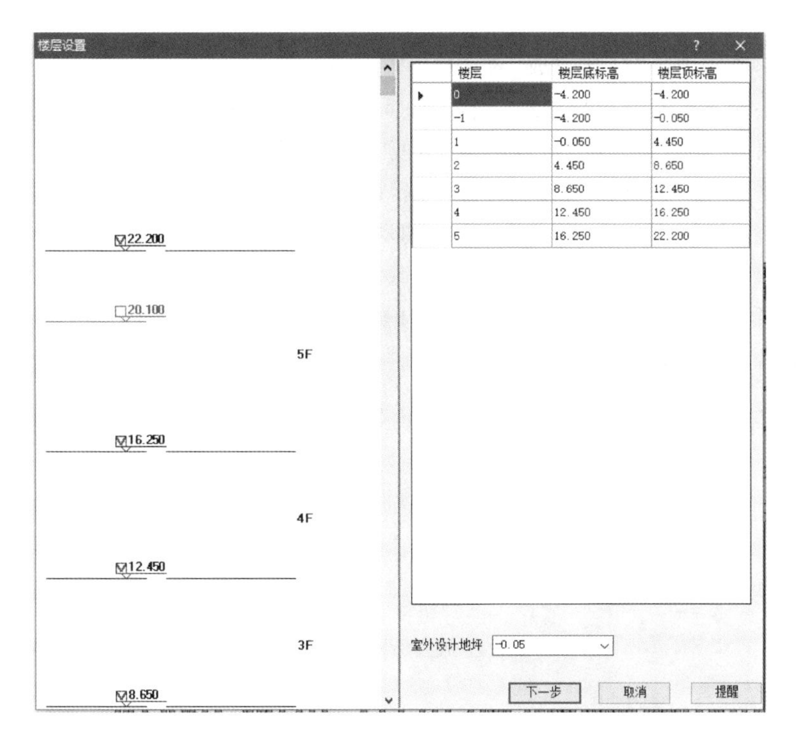

图 6.2.26 “楼层设置”对话框

④设置好后单击“下一步”，会弹出“导出设置”，设置分土建和安装专业，可以选择对应的专业和相关的导出内容。

⑤单击“导出”就完成 Revit 转化成 LBIM 格式文件工作。

⑥打开鲁班工程，单击“楼层设置”，将鲁班楼层与 Revit 工程的楼层一一对应。

⑦单击“导入 revit”，选择上述步骤转化的 LBIM 文件。

⑧在弹出的“楼层对应”对话框中，增加楼层，使 Revit 楼层和鲁班楼层一一对应，完成后单击“下一步”。

⑨在“构件列表”对话框中，选择需要导入的构件，单击“完成”。

⑩导入后可进行计算、出量。

(2)导入 IFC

导入 IFC 文件，无须插件就可以把 MagiCAD 导入软件中，机电设备、水暖设备、管道管线等各类构件一键导入，自动匹配属性类型。导入后的工程可以直接计算，大幅度缩短建模时间。

操作步骤：

①选择“BIM 应用”功能下拉菜单中“导入 IFC”，弹出“打开”对话框，选择 IFC 文件的存放路径。

②单击 “打开”，弹出“楼层设置”对话框，选择楼层导入方式，导入方式有“按 IFC 文件楼层”和“按当前工程楼层”两种。

③选择“按 IFC 文件楼层”，单击“确定”，弹出“导入方式选择”对话框，选择方式有“工

程整体导入”和“选择楼层导入”。

④单击“完成”，弹出“打开完成”对话框，单击“确定”。

⑤回到“导入方式选择”对话框，选择“选择楼层导入”，找到 IFC 的存放路径，单击“打开”，弹出“楼层设置”对话框，进行楼层编辑，使 IFC 楼层和鲁班楼层一一对应。

⑥单击“下一步”，弹出“专业选择”对话框，在构件中选择要导入的构件。

⑦单击“完成”，弹出对话框，单击“确定”即可。

(3)导出 IFC

选择“BIM 应用”功能下拉菜单中“导出 IFC”，弹出“导出 IFC”对话框，选择 IFC 文件的存放路径，单击“保存”，如图 6.2.27 所示。

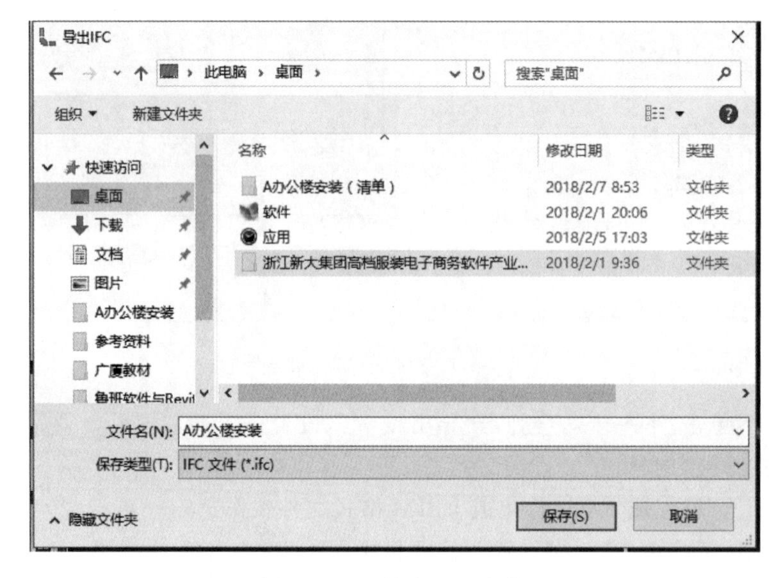

图 6.2.27 导出 IFC 文件

软件出现如图 6.2.28 所示进度条，表明软件正在处理。处理完成后，即完成 IFC 格式文件输出。

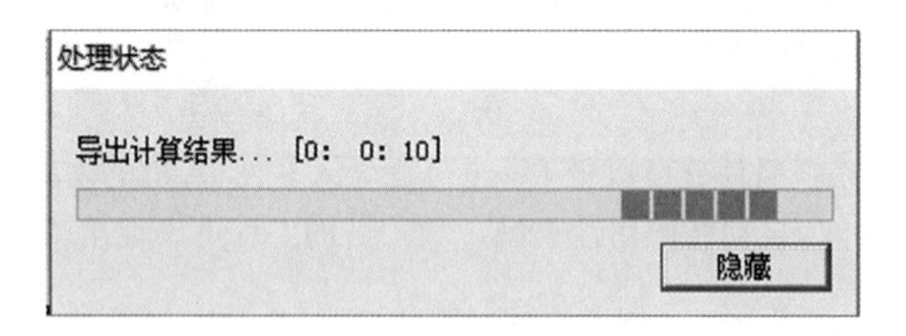

图 6.2.28 “处理状态”进度条

(4)导出 DAE

操作方式同“导出 IFC”。

◎任务测试◎

任务6.2测试

◎任务训练◎

完成A办公楼安装各专业工程量计算及图纸生成输出。

【项目小结】

BIM建模为BIM应用提供了基础的工程数据，模型精细化程度越高，为精细化的管理提供的条件越好。BIM综合来说就是一个生产建筑数据和使用建筑数据的过程，BIM技术的发展必将引领工程领域技术及管理方式变革，也将带领工程建设领域从粗放向精细化、信息化、智能化的方向发展。BIM技术的发展也是国家"互联网+"发展的一部分，是工程领域未来发展的必然趋势。

【项目测试】

项目测试

【项目拓展】

完成公安局业务用房工程暖通专业BIM模型碰撞检查、修护及工程量计算。

全书各项目施工图由以下二维码地址下载：

本书图纸